1門,
28채

집 속에 있는 생각들

1門, 28채

집 속에 있는 생각들

전연익 지음

프롤로그

문화는 학문이나 예술 법도나 예의와 생활 현상을 변화시키거나 달라지게 이어주는 가르침을 학습하는 것이다.

문화재는 문화가 역사를 통해 유산이 된 것을 가치로 판단하여 보호받아야 할 대상이 된 것이다. 문화재는 고고학, 역사학, 예술, 과학, 종교, 민속, 생활양식의 소산이다.

문화와 문화재는 한 나라의 얼굴이며, 심상이고, 정체성이 이어지는 형상이 된다. 그래서 문화와 문화재를 보면 그 나라를 안다고 하는 것이다. 문화재는 건축물이 많다. 건축은 아키텍처(architecture)이다. archi는 그리스어로 '처음'을 뜻한다. tecture는 기술이다. 건축은 사람들의 첫 기술이다.

신이 사람에게 감정을 준 것은 사람들이 공감 능력을 가지라고 한 것이다. 사람들은 집을 지으면서 공감과 협력과 하나 됨을 느낀다. 집은 부재가 서로 공감하면서 맞춤을 하고 있기 때문이다. 집을 알아야 나를 알 수 있다. 나를 알아야 우리를 안다. 나를 분명하고, 확실하게 알았을 때 주변인과 전체를 바르게 상대할 수 있다. 그래서 집이 근본이 되는 것이다.

집은 사람의 인생을 계획하도록 도와주는 설계사다. 우주라는 것도 사람의 인생을 포용하면서 자신의 뜻을 펼쳐보라고, 하는 큰 공간을 사람들에게 마련해 주기 때문에 집의 뜻을 가지게 된 것이다. 그 속에서 생각과 행동의 설계를 하는 것이 인생이란 연극이다.

생각과 행동의 소망이 다르기에 집도 큰 집이 있고, 작은 집이 있다. 집은 모두 다르다. 나를 중요시하는 것이 사람들이기 때문에 사람들이 모두 다르다. 사람들은 평균 60조 개의 세포를 가지고 있다. 이 중에 매일 50만 개가 바뀌는 순환이 일어나는 것이 사람 몸의 세포 활동이다. 그러니 사람들은 다양하며, 개성이 다 다른 것 같다. 그래서 집도 다를 수밖에 없을 것이다. 월트 휘트먼의 〈나 자신을 위한 노래〉는 나를 가장 중요시하며, 나의 생각을 나 자신이 가꾸어야 남도 가꾼다는 것을 강조한다. 때문에 사람들은 개성이란 것을 가졌다고 본다.

집도 기능에 따라 분류된다. 살림의 공간, 오사의 공간, 유통의 공간, 민의의 공간, 의례의 공간, 교육의 공간 등 다양한 기능을 가지는 것이 집이다. 모든 집들은 자연에 의해 표현되고, 자연이란 대 스승으로부터 절대적인 믿음의 교육을 받는 것이 사람들이다. 집은 말이 없이 서 있다. 교육 중에 가장 힘든 것이 침묵이라고 한다. 묵언 수행은 모든 종교가 다 가지는 최고의 수행법이다. 집은 그것을 가르치고 있는 것이다.

우리의 역사와 문화재를 볼 때는 앉아서 보고, 서서 보고, 누워서 보고, 돌아서 보고, 엎드려서 보고, 거꾸로 보는 등 최소 여섯 방향에서 봐야 배울 점과 문화재의 힘이 보이는 것이다. 지금은 아파트에 많이 살고 있다. 원래 우리들의 집은 아파트가 아니다. 그래서 전통 주택을 볼 때 사는 곳과 이질감을 느낀다. 일체가 안된다. 그래서 행동과 보는 것과 듣는 것이 따로따로가 되어가고 있다. 우리 것에서 우리가 사는 것이 그래서 중요하다.

콘크리트 숲에서 살다가 주말이면, 교외로 나가 나무숲에서 쉬고, 오는 것이 요즘의 일상이다. 요일 할 때 요(曜)는 빛날 요 자다. 토요일은 흙이 빛나고, 일요일은 해가 빛나는 날이기 때문에 본능적으로 교외로 나가게 되어 있는 것이다. 흙과 빛은 이상향의 터이기 때문이다. 나가는 길에 우리의 건축물을 찾아보고, 동천도 찾아가야 한다. 여행은 동천(洞天) 여행이 최고다. 정자나 누각이 경치가 좋고, 공기의 흐름이 좋은 곳에 지어진 원인이 동천이기 때문이다. 동천은 하늘의 경관이다. 동천을 이용한 조상들은 미래 세대에 대한 안내자다.

고대의 집은 자연을 위하고, 자연과 같이 있는 건축물이었고, 중세는 신을 위한 신전 건축물이 발전하였지만, 근대는 사람을 위한 건축물이 발전하고 있다. 실존이 존재보다 우월한 논리가 지금의 건축물이다.

현대는 슈퍼톨(supertall)과 메가톨(megatall)의 시대다. 안주하는 시대가 아니다. 유목민과 정착민의 의식이 변하고 있다. 건축에 대한 카오스의 정점이 지금이다. 건축이 온 세상을 슈퍼톨과 메가톨로 이끌고 있다. 그러나 우리의 고(古) 건축물은 미스 반 데어 로에의 말 "덜 한 것이 더 한 것이다(Less is more)"와 같이 사면의 벽을 비워놓고, 가득 채운 루(樓) 정(亭)이 있고, 빈 공간과 구조가 단순한 건축물이 많다. 그래서 묵자의 '나를 비워야 타인을 채울 수 있다'는 논리가 우리의 건축물에는 있다.

빛과 바람을 찾으러 동굴에서 세상으로 나온 것이 사람들이다. 빛과 바람의 흡수와 방출을 조절하는 것이 집이다. 사람들에게 빛과 바람이 없다면 생명은 끝났을 것이다. 우리의 집은 빛과 바람을 친근하게 대하고, 유익하게 활용하는 최고의 집이다. "고건축물을 본다는 것은 느낌과 생각을 가져야 한다는 것이다. 감상으로 이어지기 때문이다. 아는 것만큼 보기 위함이다."라는 글을 어디선가 읽었다.

꾸며지지 않은 진실이 집이라고 한다. 세상을 받아들이고, 말없이 이어 가는 집이 문화재이다. 또한 사람에 붙는 집 가(家) 자도 아무에게나 붙지 않는다. 진정으로 상대를 사랑하며, 아껴줄 줄 아는 전문적인 직업인에게 집 가(家) 자가 붙는다. 예술가, 작가 등 어떤 일에 능하거나 지식이 남보다 뛰어난 사람이란 것을 나타낼 때 가(家) 자가 붙는다. 정치꾼이나 정치인은 정치가가 되도록 노력하여야 한다.

역사로부터 기억할 것을 기억하지 못하면 같은 역사를 쓸 수밖에 없다고 하였다. 모두의 잘잘못을 기억하여 되풀이되지 않는 역사를 가져야 하는 것도 우리의 건축물에서 배워야 한다. 전통 건축물은 급격히 변하지 않는다. 문화와 문명과 같이 서서히 변한다. 과학은 자연을 여러 분야로 분리한 학문이다. 지학이라는 학문도 과학이다. 지형은 서서히 변하듯 한 나라의 자연조건이 서서히 변하기에 전통 건축물은 천천히 변한다.

실존과 존재는 가치를 가지고 있느냐? 그냥 있느냐? 의 차이다. 실존하려면 서서히 변하면서도 이름을 지켜야 한다. 사람들이 이름을 중요하게 생각하듯이 전통 건축물도 이름을 가지고 있다. 편액이라고 한다. 성은 구미식으로 뒤에 붙어 있다. 그러나 앞에 붙어 있는 이름은 다양하다. 물론 이름이 없는 건축물도 있다. 자기를 숨기는 미가 있는 집이다. 유명과 무명의 차이다. 하지만 건축물의 상량에는 모든 건축물의 공정이 기록되어 있다.

각 건축물은 나름의 특징과 기능이 있다. 특징과 기능은 이름 속에 다 있다. 우리의 생각을 깊게 하는 사서오경에서 가져온 이름이 많아 해석과 출처를 공부해야 하는 즐거움이 있어야 의미를 제대로 알 수 있다. 이름을 사랑하면 자기애가 생기고, 자기애가 생기면 모든 것이 사랑스럽게 보이는 것이다. 사랑의 감정으로 보는 것은 겉만 보는 것이 아니고 요모조모를 같이 보기에 타인애를 만든다. 이름은 하늘에 전달되어 있기 때문에 소중히 하여야 한다.

단풍이 절정이든 날에 고궁에서 본 어느 아빠의 당황한 얼굴이 기억에 남아 전통 건축물의 글을 써보고 싶었다. 초등학교 4학년이나 5학년쯤 되어 보이는 학생이 아빠에게 편액과 공자, 맹자, 순자 등의 질문을 하는데 나도 매우 놀랐다. 지금 그 아빠는 문학과 역사에 대한 스승이 되어 있을 것이다.

나도 손자를 생각하며, 정년 퇴임 후 자료를 조사하고, 답사를 하고 책만 읽으며, 2년 동안 이 글을 정리하였다. 아는 것이 집 짓는 일인지라 우리의 전통 건축물을 꼭 지어보고 싶다. 아는 것만큼 보이고, 보이는 것만큼 마음에 새긴다고 본다. 역사의 이음은 세월의 시간이다. 그 속에서 실존하는 우리가 되어야 한다. 이 책을 통해 우리의 전통 건축물에서 나오는 정감과 인정을 다시 느끼고, 새로운 눈으로 전통 건축물을 보면서 공감하는 시간이 되었으면 기쁘겠다.

우리가 흔히 말하는 전(殿), 당(堂), 합(閤), 각(閣), 재(齋), 헌(軒), 루(樓), 정(亭) 이라는 집의 서열화는 잘못된 것이다. 집은 서열화 되어 있는 것이 아니고, 수평인 땅 위에 지어졌기에 평등하고, 소중하게 여기는 것이 중요하다.

우리의 전통 주택은 계서제(hierarchy)의 대상이 아니라는 것을 덧붙인다.

차 례

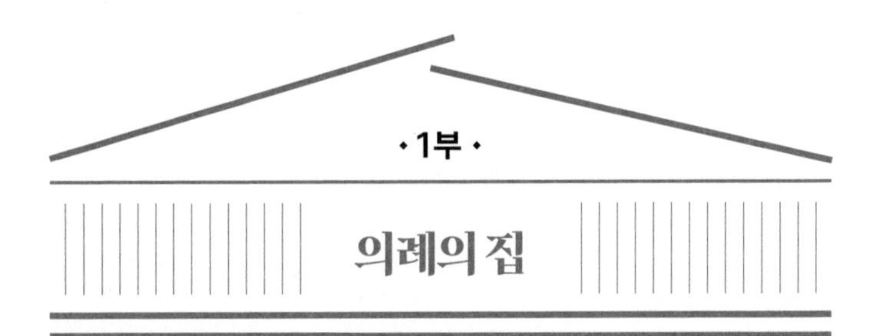

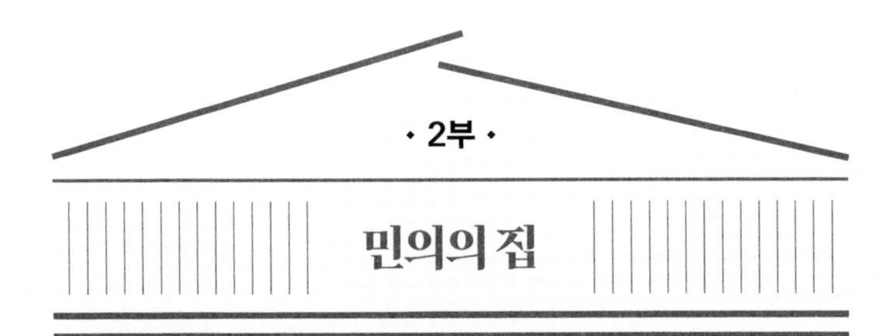
• 2부 •
민의의 집

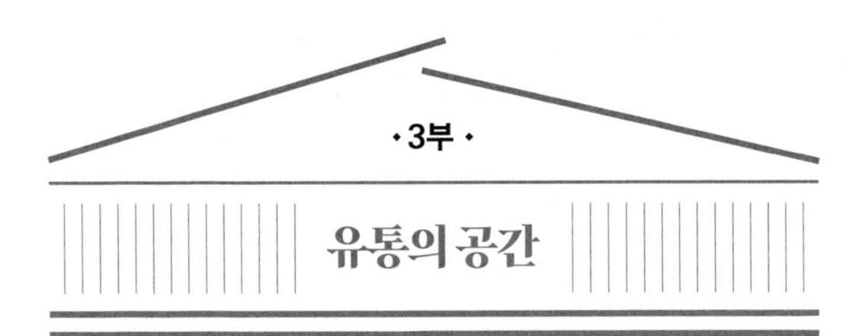
• 3부 •
유통의 공간

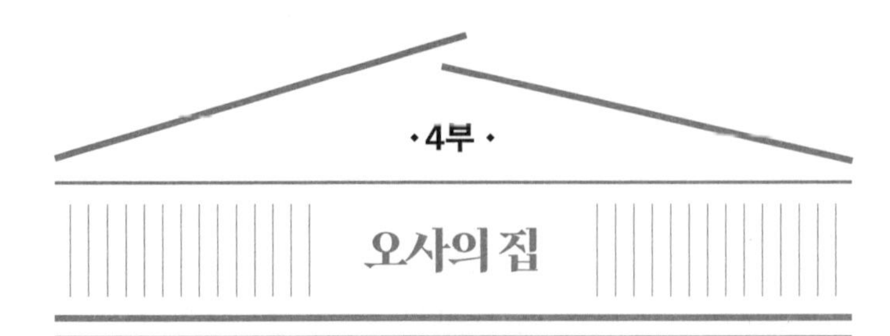

• 4부 •
오사의 집

• 5부 •
살림의 공간

1
부

의례의 집

의례의 집

알랭드 보통이 쓴 《행복의 건축》에 보면 비트루비우스는 "도리스 기둥은 그 장식 없는 주두와 납작한 옆모습 때문에 근육질에 군인다운 영웅 헤라클레스와 동등하다고 보았다. 이오니아식 기둥은 소용돌이 장식이 있는 주두와 주기 때문에 둔감한 중년의 여신 헤라와 동일시했다. 코린트 기둥은 셋 가운데 가장 복잡한 장식, 그리고 가장 큰 키에 늘씬한 종단면 때문에 아름다운 사춘기의 여신 아프로디테와 같다"고 하였다. 이는 건축물의 기능과 용도를 말하는 것이다.

우리는 서구 유럽을 여행하면서 기능과 용도에 따른 많은 건축물을 본다. 이 중에 기둥이 있는 건축물은 공공 건축물과 신전 건축물이며, 일반 건축물은 벽식 구조가 대부분이다. 그러나 우리의 건축물은 기둥 구조로 벽과 처마를 가지고 있어 공공 건축물과 관혼상제의 건축물의 구별이 어렵다.

우리도 집을 지을 때 집의 용도와 기능에 따라 짓는다. 그리고 상량에 건축 일자를 써서 기록도 한다. 마치 우리가 글을 쓰듯이 집을 지을 때 계획을 상세히 하여 자연과 삶의 기능에 맞추어 짓는다.

산다는 것은 각종의 의례와 형식을 거치는 것이다. 힘과 형식의 조화가 삶이라고 한다. 산 자의 공간이든 죽은 자의 공간이든 힘의 논리는 벗어 날 수 없고, 형식의 미도 벗어날 수 없다. 비트루비우스가 도리스와 이오니아와 코린트를 말했듯이 우리도 형식을 강조하는 의례의 공간은 기둥 주두를 포작계의 공포로 하여 주심포, 다포, 익공으로 하여 우아함과 아름다움을 강조하고 있다.

의(儀)는 거동, 법도, 법식, 예절 등의 뜻을 가진 글자이다. 사람 인(人) 자와 옳을 의(義) 자가 결합한 모습이다. 의(義) 자는 창 위에 양의 머리가 있는 모습이다. 양의 뿔이 달린 창은 권위를 상징한다. 권위를 가진 자가 옳은 일을 행한다고 하여 옳다, 의롭다의 뜻을 가지고 있다. 여기에 사람 인(人) 자가 붙어 거동 의(儀)가 된다. 그래서 '의로운 사람이 갖춘 행동이나 본보기'의 뜻이 된다.

예(禮)는 예도, 예절, 인사 등의 뜻을 가진 글자다. 예(禮) 자는 보일 시(示) 자와 예도 예(豊) 자가 결합한 모습이다. 예 자는 그릇에 곡식이 가득 담겨 있는 모습으로 '예도'라는 뜻을 갖고 있다. 신에게 수확한 곡식을 그릇에 담아 올렸는데 예 자가 그런 모습이다. 제사 지낼 때 풍성하게 차려 놓고 예의를 다하였다 하여 '예도'를 뜻한다. 의례는 행사를 치르는 일정법식 또는 정하여진 방식에 따라 치르는 행사를 말한다.

제사 지내는 집을 통해 산사람과 죽은 사람이 하나가 된다. 사당제, 사시제, 이제, 기일제, 묘제를 통해 효를 표하고 조상을 모시는 것이 제사이다.

사당이 있는 집은 북쪽에 4개의 감실을 만든다. 감실은 일가를 사등분 하여 나무판으로 막아서 만든다. 감실마다 상을 놓고 그 위에 신주를 모셔 두는 궤를 놓는데 이를 주독이라 한다. 주독 속에 신주를 모신다. 독은 남쪽으로 향하게 상을 북쪽 끝에 놓는다. 서쪽에 제일 선대를 모신다. 사당의 내부를 만드는 목수를 소목장이라 한다. 이들은 세심한 성격의 소유자들로 행동습관에도 빈틈이 없는 사람들이다.

축하와 조회의 공간을 전(殿)이라 하는데 혼례식, 등 최고의 의례를 행하는 곳이다. 잔치와 기쁨의 여민동락이 있는 공간이 된다. 이러한 공간은 담으로 둘러싸인 부지의 중간에 위치하여 사방을 아우르는 자리를 만든다.

각종 의례는 절차가 모두 다르다. 조직은 각자의 의례식을 가지고 있다. 사, 농, 공, 상의 의례는 각각의 특성이 있다. 종교의 의례도 각 종파가 독특하게 시행한다. 또한 가문의 의례도 가문마다 차이가 있다. 출생, 죽음, 혼인, 돌, 회갑 등도 있고, 이사를 가면 집들이도 한다. 제사나 고사는 절차는 달라 보이지만 같은 해결책을 뜻하는 의례이다.

의례는 보여주는 현상이 강하다. 참여하여 같은 생각을 가진다는 동의의 뜻을 보여주고, 같이 동참한다는 효과가 있어야 한다. 의례는 엄숙하고 경건한 분위기와 축하와 같은 문전성시의 기쁨 등 행사의 취지에 맞는 보여줌이 있어야 하는데 지금은 이런 면이 많이 부족한 것 같다.

그래서 분위기는 건축물이 담당한다. 의례에 관련된 건축물은 웅장하며 미적인 것이 많다. 의례는 보여주는 것에 대한 효과를 가진나는 특성 때문이다. 크고 아름다운 건축물에 행사의 특성에 맞는 장식을 하면 누구든지 보고 싶어 할 것이다. 의례는 크고 아름다운 건축물을 요구하는 바람잡이이다.

건축물의 웅장함도 중요하지만 정성이 스며 있는 내부의 닫집이나 제단에서 또는 내부 치장에서 겸손과 자기 낮춤이 보일 때 참가자들은 의례에 대하여 다시 한번 생각할 것이다. 꽃살 무늬의 문과 창에서 들어오는 빛과 향이 예를 만들며, 장식의 꽃이 의례를 가르쳐 주는 스승이 된다.

의례의 집이 아름다운 것은 천당과 에덴동산의 그리움이 우리의 마음에 상존해 있기 때문이다. 광상산의 궁전 같은 큰 집을 가지고 싶은 욕심 때문일 것이다. 이집트의 왕은 파라오(PHARAOH)라고 하였다. 이는 커다란 집을 뜻하는 이집트어인 페르아아(PER-AA)에서 파생된 말이다. 큰 집의 힘 때문에 최고의 권력이 나오는 것이다.

의례의 공간에서 우리는 옛 선비들의 예절과 소통을 배우는 향음주례와 선비들의 정신과 마음을 수련하든 향사례와 생활에 대한 의례를 배워야 한다. 《대학연의》에 "예라는 것은 장차 발생하기 전에 금하는 것이고 법이라는 것은 이미 발생한 뒤에 금하는 것이다"라고 하였으며, 《사기》의 〈태사공자서〉에는 "예는 일이 발생하기 전에 막는 것이고, 법은 사건이 발생한 뒤에 적용하는 것이다"라고 하였듯이 의례의 건축물 속에서 착하고, 바른 심성이 길러지게 하여야 법을 멀리할 수 있는 것이다.

좋은 집이나, 나쁜 집이나, 큰 집이나, 작은 집이나 개인이 차지하고 하루 동안 쉬는 수면의 면적은 별 차이가 없다. 중국 속담에 "만석지기 땅이 있을지라도 5척의 평상에서 잔다"라는 말이 있다. 임금도 마찬가지다. 집에 대하여 욕심을 낼 필요가 없다. 자기의 의례만 바로 세우고, 거기에 맞게 살아가면 되는 것이다. "인생은 한순간의 꿈이며, 인간은 영겁의 강의 흐름을 타는 나그네에 불과하다"고 임어당은 말하였다. 예의 공간에서 생각하면 더 깊은 생각이 될 말이다. 예의 공간을 방문하는 것도 삶을 돌아보는 회전추가 된다.

"예는 폭력과 교만을 제어하고 복수를 유발할 수 있는 호전적인 배외주의를 억제하기 위해 고안되었다"고 카렌 암스트롱은 '축의 시대'에서 말하였다. 노자는 도덕경 38장에서 "도를 잃은 후에 덕이 생기고, 덕을 잃은 후에 인이 생기고, 인을 잃은 후에 의가 생기고, 의를 잃은 후에 예가 생긴다"고 하였다. 예는 사람의 격을 만드는 기본을 말하는 것이라 생각한다. "예라는 것은 근본으로 돌아가서 옛것을 닦아서 그 시초를 잊지 않는 것이다"라고 예기에서 말하였듯이 집 짓는 사람들은 의례의 공간을 만들 때 제일 긴장하고, 빈틈없는 성격인 싸움거리를 유지한다.

묵자는 "비록 백공 종사자에게도 또한 법도가 있다. 백공은 곱자로 네모꼴을 만들고, 그림쇠로 원을 그리며, 먹줄로 직선을 긋고, 추 달린 줄로 수직을 바로잡고, 수준기로 수평을 잡는다"고 하였다. 묵자는 건축가이다. 묵자의 이 말은 집 짓는 사람들이 명심해야 할 말이다. 분수와 차원을 지키며, 새로운 생각으로 형상을 보라는 예를 가르치는 말이다.

건축은 자연과 소통하고, 사람들의 소망인 생활의 터를 만드는 것이다. 기둥과 보의 대화에 예(禮)가 없다면 집은 서 있지 못한다. 각 부제의 예가 집을 만들고, 지키는 것이다. 집은 거주자들에게 예를 가르치고 있는 멘토다.

식, 주, 의는 사람들의 삶의 근본이다. 이 세 가지가 의례를 만들었다. 음식은 축제를 만들고, 집은 삶의 전시를 만들고, 옷은 쇼를 만들었다. 이것은 역사와 계속 같이할 것이다. 먹고, 생활하고, 입는 공간을 가지는 것이 인생이다. 어릴 때부터 학습 받는 것이 식, 주, 의에 대한 예이다. 우리는 일본에서 번역된 외래어를 많이 쓴다. 의, 식, 주라고 한다. 그러나 서양 쪽은 식, 주, 의라고 많이 한다. 먹는 것이 가장 중요하기에 먹는 것에 대한 예가 가장 엄격할 것이다. 나폴레옹은 "전쟁으로 말하면 군대는 그 밥통으로 싸운다"고 하였다. 우리에게도 금강산도 식후경이란 말이 있다. 그래서 나는 식, 주, 의라고 한다.

예(禮) 또한 물질적인 생색을 가진 잔치 의례이다. 그래서 "마음으로 통하는 으뜸가는 길은 밥통이다"라는 속담도 있는 것이다. 흔히 "밥 한번 같이 먹자"고 하는데 동양이나 서양이나 식사 예절에서 사람의 격이 나오기 때문에 사람을 알고, 정을 느끼기 위한 의례공간을 만들기 위한 것이다.

Rite는 의식, 엄숙하게 올리는 의식, 종교적인 의례의 뜻을 가지고 있고, Ritual은 의식, 제례 등의 뜻을 가지고 있다. 두 말의 어원은 라틴어 Ritus이며 '성스러운 관습'이란 뜻이다. Ritual이 보다 일상적으로 쓰인다. Ceremony는 종교적 의례보다 세속적 의례에 쓰인다. Ceremony는 곡물인 Cere와 풍성한 상태인 Mony가 같이 모여 예를 표하는 것이 Ceremony이다. 예(禮)와 같은 뜻이 있는 것이 신기하다.

공자는 예, 악, 사, 어, 서, 수의 육 예를 만들었는데 "훌륭한 예는 반듯이 간결해야 한다. 예란 존중을 나타내는 방식일 뿐이다. 지나치게 형식을 중시하여야 예가 아니며, 사치스러워도 예가 아니며, 감정을 숨기는 것도 예가 아니고, 지나치게 굽실거려도 예가 아니다"라고 하였다. 과례는 비례인 것이다.

의례의 공간은 과례된 것들이 많다. 동양이든 서양이든 중용의 공간이 의례의 공간이 되어야 한다. 우리는 사람으로서 건축물로 된 의례의 공간도 가질 필요가 있지만 내 마음에 나의 의례에 대한 공간을 만드는 것도 중요하다. 건축물을 짓는데도 의례가 있다. 날받이 고사, 텃고사, 개공고사, 모탕고사, 성주 운보기, 상량고사, 집들이 고사, 성주고사가 건축물에 대한 의례이다. 묵자와 노반의 기술의 예는 지금도 현장에 있다. 의례의 문화는 끈과 같이 이어진다.

궁(宮)

연민의 샘이 사랑의 우물

궁은 왕이 기거하는 규모가 크고, 격식 있는 집이다. 격식이란 큰 쪽에서 작은 쪽에 베푸는 연민의 정을 말한다. 궁은 연민의 정을 중요하게 여겨야 한다.

디오니시오스의 왕이 다모클레스를 왕의 자리에 앉히고 천장을 가리켰다. 칼이 머리털 한 올에 얹혀 있었다. 다모클레스는 좋아 보이던 왕의 위치가 갑자기 싫어졌다. 항상 긴장과 두려움이 있는 곳이 궁이라는 생각이 들었을 것이다. 동양의 궁에는 임금이 앉는 옥좌 옆에는 월광참도가 숨겨져 있다고 신하들은 생각하였을 것이다. 냉정과 이성의 교차함이 연민을 만드는 궁이다.

지금의 사람들은 명여현사의 생각으로 자신들을 지키며 살아가고 있다. 궁은 집 면(宀) 자와 법칙, 등뼈, 풍류의 뜻을 가진 음률 려(呂) 자가 모여서 만든 모습이다. 작은 입(口)과 큰 입(口)이 연결되어 있다고 하는 뜻인데 여러 채의 큰 집과 작은 집이 연결되어 있어 궁이 되었다고 본다.

"궁은 본래 사람이 거주하는 집이었는데 후에 황제만 사는 곳을 궁이라 말하게 되었다. 중국의 자금성을 고궁이라 한다. 고(古) 자는 과거라는 뜻이므로 옛날 황제의 궁이라는 말이다"라고 《중국 문화와 한자》라는 책에 설명되어 있다. 또한 궁은 천자나 제왕의 왕족들이 살던 규모가 큰 건축물을 일컫는다. 궁이란 작은 뜻으로 집이고, 큰 뜻으로 궁궐이다. 궁궐은 왕이 공식적인 업무를 보는 곳을 조(朝)라 하고, 숙식을 하면서 삶을 잇는 곳을 정(廷)이라 한다. 권력의 핵심이 있는 장소를 두고 하는 말이다.

궁은 왕이 다스리던 시대에 왕의 거처와 관청을 아울러 갖춘 건축물로 궁전, 궁궐 등으로 활용된다. 전통 건축에서는 100칸 이상이 되어야 궁이었다. 큰 규모의 건축물 속에 들어가면 사람들은 자신을 낮추게 되고 기가 억눌린다. 이럴 때 우리는 왕은 군림한다고 하는데 통치의 수단과 방법을 왕들은 건축의 규모에서 찾는다.

궐(闕)은 대궐 궐이다. 이는 문 사이에 있는 궐(闕)은 결(缺) 자가 변한 것이라고 하는데 결(缺)은 모자라다, 비어 있다라는 뜻이다. 궐 또한 모자라며, 비어 있다는 것을 뜻한다. 문호개방이란 말이 있다. 문은 문짝이 2개라서 양쪽으로 열고 닫을 수 있어 문이고,

호(戶)는 문짝이 하나라서 한쪽으로만 열고 닫을 수 있다. 이 두 가지 문을 동시에 열어두고, 주고 받아들이는 것이 문호개방이다. 궐은 비어 있고, 모자라기에 뭔가를 충족시켜야 한다. 그래서 문호를 개방하여 궐석, 궐자, 궐문, 궐원을 줄이도록 노력해야 한다.

궐은 본래 마을 등의 어귀에 설치된 망루인데 후에 담을 쌓고, 문 역할과 대궐의 의미로 확장되었다. 현재 경복궁의 동십자각의 역할이 본래 궐의 의미를 이해할 수 있는 건축물이다. 후에는 궁의 대문 형식이 일반화되면서 궐의 본래 개념인 담장이나 대문에 포함되었다. 그리고 궁에 둘러친 담장이 궐에 포함되면서 왕이 거처하는 전체 공간을 통틀어 궐이라고도 한다.

궁과 궐은 별도로 생각할 수 없다. 민가에서 집과 담이라고 하듯이 왕이 사는 곳은 궁과 궐이라 하는데 같이 모아서 궁궐이라고 하였다. 정리하면 궁은 왕이 살던 규모가 큰 건축물을 말하고, 궐은 궁의 출입문 좌우에 설치된 망루와 궁을 지키기 위해 에워싸고 있는 담장, 대문을 일컫는다.

궁궐의 건축물은 독창적인 건축양식이 많다, 짓고 수리할 때 검소하게 하여 국민들에게 피해가 가지 않게 하려고 한 부분이 많이 보인다. 궁궐을 보고 있으면 '검이불루 화이불치(儉而不陋 華而不侈)'란 멋진 말을 하고 싶다. '검소하나 누추하지 않고, 화려하나 사치스럽지 않다.' 이 말은 김부식이 백제 궁궐을 보고, 한 말이라고도 하며, 일부에서는 백제의 온조왕이 궁궐을 지으며, 하명한 말이라고도 한다. 이 말은 백제 예술에도 밑받침이 되었다고 한다.

정도전도 "궁궐의 제도는 사치하면 반드시 백성을 수고롭게 하고, 재정을 손상시키는 지경에 이르게 될 것이고, 누추하면 조정에 대한 존엄을 보여줄 수가 없게 될 것이다. 검소하면서도 누추한 데 이르지 않고 화려하면서도 사치스러운 데 이르지 않도록 하는 것이 아름다운 것이다."라고 하였다.

궁궐 건축은 정전을 제외하고는 모두가 일반 가옥과 큰 차이가 없다. 우리 눈에 다르게 보이는 것은 일부 외관과 자연 공간의 어울림 때문이다. 건축물을 배치할 때 자연의 흐름과 조화가 잘되었기 때문이다. 기원전 3세기에 체계화된 장풍득수의 사상이 저변에 있어 자연과의 친밀도가 건축물에도 있다.

음양오행의 원리는 우주적 질서와 조화를 뜻하는데 집은 자연의 질서와 조화를 갖춘 소우주이다. 궁의 집들은 질서와 조화가 있어 우리 눈에 민가와 다르게 보일 뿐이다. 서로 겸손해한다. 그래서 궁의 건축물과 민가의 건축물은 서로 연민의 정을 가지고 있다.

궁궐은 자기감정을 도피시키는 냉정과 자기감정에 충실할 순수의 완충지대이어야 한다. 연민의 표현이 있어야 한다는 것이다. 연민은 불쌍할 연(憐)이다. 불쌍하다는 것은 처지가 애처롭다는 뜻이고, 민망할 민(憫)에서 민망하다는 것은 보기에 답답하고, 딱하여 안타깝다는 뜻이다. 이 말을 연결시키면 '연민'이 된다. 왕들은 연민의 지혜를 성숙시켜야 한다. 연민이 리더십의 기본이기 때문이다. 집이 말을 한다면 연민에 대한 이야기가 가장 많을 것이다. 집은 사람이 살기 때문이다.

집은 연민을 가진 리더이기 때문에 만인에게 지혜로운 연민을 학습시킨다. 연민에 대한 내용은 새무얼 스마일스의 《의무론》 편에 상세히 나온다. 몇 문장을 인용해 본다. "연민은 인생의 커다란 비밀 중의 하나이다. 연민은 악을 이기고 선을 북돋우며 완고한 마음을 녹이고 인간 본성의 보다 좋은 부분을 개발한다. 연민은 사랑에 기초하며 사심 없는 애정의 또 다른 표현이다. 우리는 다른 사람들의 마음을 추측해 보고 그 사람의 입장에서 생각해 본다. 그리하여 우리는 그에게 연민을 느끼고 그를 도우려 하게 된다. 연민 없이는 사랑도 불가능하고 우정도 불가능하다"는 말이 마음에 와닿는다. 집이 사람의 마음을 충분과 불충분으로 만들듯 연민은 사람의 모든 감정을 조절하는 비타민이다.

사람 사는 세상은 연민의 꽃밭이어야 한다. 궁궐에는 연민이 가득해야 한다. 건축물에는 오색의 색깔이 있고, 모든 건축선은 연민같이 부드러운 곡선이다. 궁궐에 연민이 있어야 국민을 사랑하게 되며, 국민을 즐겁게 하고, 신바람 나게 할 수 있다. 연민이 있어야 국민의 식, 주, 의를 생각할 수 있는 것이다.

국민이 원하는 것은 최소한의 식, 주, 의다. 국민보다 더 적은 것을 원하는 정치가와 관료들이 된다면 국민은 '덕분에'라 고 인사하며, 몸 둘 바를 몰라 할 것이다. 이것이 서로 간에 연민의 정이 생기게 하는 것이다.

연민은 사랑을 만들고, 사랑은 사람을 사람답게 만든다. 집도 마찬가지다. 집도 짓고 나면 처음에는 뒤틀리는 소리 등 정착을 위한 진통의 소리를 지르며, 연민의 정을 만든다. 연민이 사랑으로 정착되면 소리 없는 침묵의 공간을 만들어 준다. 궁궐은 집이 많다. 집은 사람이 살아야 집이 된다. 연민의 집, 사랑의 집, 사람의 집이 줄지어 있는 곳이 궁이며, 이러한 집들을 보호하기 위한 지킴이가 궐이다.

궁궐은 안전지대이면서도 시시비비가 많은 곳이다. 연민이 부족하기 때문이다. 세종대왕은 경회루 옆에 2칸의 초가를 짓는 연민의 정을 가지고 애민하였고, 정조대왕은 창경궁 후원에 청의정이란 초가 정자를 짓고, 벼를 농작하며 애민하였다. 이들은 연민의 집, 사랑의 집, 사람의 집을 지었기에 성군이 되었다. 측은지심(인), 수오지심(의), 사양지심(예), 시비지심(지)도 연민이 만들어 낸 마음의 표현이다.

사람들의 활동에는 끼리끼리의 권역이 있다. 자기들만의 소사회를 구성하면서 그것을 지키기 위한 힘도 가진다. 먹이사슬을 만들고자 하는 소인들의 헛된 작업이다. 새들도 3조 3문으로 힘자랑을 한다. 한 나무에 살면서도 힘 있는 종은 윗부분에 살고, 힘이 없는 종은 아랫부분에 살고, 중간 종은 중간에서 삶의 영역을 구성한다.

궁궐도 3조 3문으로 구성되어 있다. 연조, 치조(내조), 외조를 말한다. 연조는 왕과 왕비 및 왕실 가족이 생활하는 공간이고, 치조는 왕이 신하들과 함께 정치를 행하는 곳이며, 외조는 조정의 관료들이 집무하는 관청이 배치되어 있는 공간이다. 3문은 고문(외조의 정문), 치문(치조의 정문), 노문(연조의 정문)을 말한다. 각 권역을 보호하고, 보호받는 공간으로 만든 것이며, 삶의 영역을 구획한 것이다.

우리가 궁궐을 보러 간다는 것은 무엇을 보러 간다는 뜻일까? 당시 최고 지도자는 어떤 사람이었으며, 어떤 생각으로 국민을 대하였고, 문화의 계승은 어떻게 하였는지 등을 알려고 가는 것이다. 알고자 하는 것은 개인별로 다르다. 그러나 왔으면 보고, 듣고, 파야 한다. 우리를 찾자고, 들어가서 우리를 잊어버리고, 나오는 수가 더 많아 보인다. 물론 거부감이 일수도 있다. 건축물은 우리 것인데 이름표인 편액은 사서오경에서 가져와서 그런가도 나는 생각해 봤다.

문화재는 고고학, 선사학, 역사학, 문학, 예술, 과학, 민속, 생활양식 등에서 문화적 가치가 있다고 인정되는 인류문화 활동의 소산이라고 백과사전에 서술되어 있다. 문화는 사회 구성원에 의해 후천적으로 습득되어 공유되는 지식, 신념, 행위의 총체, 즉 인간과 환경의 상호작용으로 형성된 생활양식이다, 문화 구성요소는 언어, 관념, 신앙, 관습, 규범, 제도, 기술, 예술, 의례 등이 있다. 이 모든 요소가 우리 것이 우선되고 나서 남의 것이 합쳐져야 한다. 그렇게 형성된 문화는 후세대에도 우리 문화가 되는 것이다. 우리 것이 없는 문화는 우리 문화가 아니다.

흔히들 우리 것이 없다고 한다. 고대에는 중국, 근대는 일본, 현대는 구미 각국의 상충 속에 살아왔기 때문이다. 그러나 우리 몸에 흐르는 우리 정서의 문화가 있고, 이어져 오는 우리 문화의 명맥이 있다. 정서의 문화와 명맥이 우리의 건축물이다. 건축물은 어느 누가 말살하려 해도 없어지지 않고 이어진다. 일본 강점기가 36년이었지만 온돌을 고다쯔로 바꾸지 못했다. 자연이 조정하는 조건이 있기 때문이다.

건축은 역사와 문화를 이어주기 때문에 우리를 알게 해주고, 우리 것을 지켜준다. 우리도 이제는 확실한 정체성을 가지고, 주체성을 이룩해야 한다. 한나라의 건축물은 그 민족의 인체 구조에서 형성되기 때문에 자연조건과 더불어 바꾸기가 쉽지 않다. 발은 신장의 6분의 1, 팔길이는 키의 4분의 1, 팔 길이가 손바다 길이의 6배, 가슴 폭도 키의 4분의 1이라고 한다. 이 비율에 따라 건축물은 축조되고 있다.

건축물이 오래 존속되는 것은 균제와 비례의 구성이 잘 맞기 때문이다. 궁궐의 문살 모양이나 공포의 조립에서 풍겨 나오는 미, 오방색의 단청, 바닥에 깔린 돌, 기둥의 각, 처마의 선, 건축물의 간격과 기능 등을 상세히 보면 그 속에 사람들이 해야 할 것이 모두 있다. 특히 감정의 다스림은 건축물이 다 하고 있는 것을 알 수 있다. 사랑함과 좋아함이란 지혜를 찾을 수 있다. 용마루의 치미는 세상에 연민을 전하는 메신저다.

농자(나는 농사짓는 사람을 공자, 맹자와 같이 '農子'라 한다)가 콩을 심을 때 콩 세 알을 한곳에 심는다. 한 알은 하늘의 새를 위해, 또 한 알은 땅의 벌레를 위해, 나머지 한 알은 사람을 위해 심는다. 지도자의 마음은 이러한 연민을 가져야 한다. 궁궐의 3문 3조와 같은 뜻일 것이다.

연민과 나눔과 배려와 안녕을 생각하며, 궁궐을 봐야 하고, 궁궐은 더 큰 연민과 나눔과 배려와 안녕을 국민에게 돌려주어야 한다.

궁궐에는 나라를 이끌어 가는 왕의 열정이 있었고, 국민의 애달픈 삶을 풍부한 삶으로 일구려는 왕의 고뇌와 연민이 서린 곳이다. 짧게 보고 나오는 공간이 아니다. 나를 다시 만드는 생각으로 궁의 집들을 봐야 한다. 나라와 국민과 주권을 생각하면서 돌아봐야 하는 곳이 궁궐이다.

천진궁

"문장이란 책상머리에 있는 산이나 물이라 할 수 있고, 아름다운 산이나 맑은 물은 땅 위의 아름다운 문장이라고 할 수 있다."《유몽영》에 쓰여 있는 문장이다. 땅 위의 문장인 산과 강이 궐이 되어 보호하는 언덕 위에 집이 있다. 천진궁이다.

석화를 가진 바위가 바닥에 있다. 이런 터 무늬 위에 지은 집이 천진궁이다. 천진궁 주변에는 조각한 것은 아니지만 장미, 모란, 연꽃 같은 꽃무늬가 새겨진 석화가 천진궁은 꽃밭이라고 말하는 것 같다. 또한 건축물 앞의 편액은 '천진궁'이며, 후면에는 '대덕전'이란 2개의 편액을 가지고 있는 천상의 궁전이다.

천진궁은 누구나 가지고 있는 신성과 인간사랑, 나라사랑, 세계

사랑의 얼을 널리 펴라는 배달민족의 사상을 보여주는 집이다. 들어가는 문은 만덕문이다. 이는 《삼일신고》 제3편 〈천궁훈〉에 "유천궁 계만선 문만덕"이라는 구절에서 유래되었다. '하느님의 집에 이르기 위해서는 많은 선행과 덕을 베풀어야 한다'는 뜻이다.

만덕문은 다포식 삼문이며, 규모는 크지 않지만 웅장한 미가 있으면서 아름다움을 보여준다. 용마루가 역사의 시대 흐름을 보여준다. 중간문은 고대이며, 좌, 우문은 중세와 근세를 나타내는 것 같다. 천진궁과 만덕문은 겸손이 너무 지나쳐 모형이 된 것 같다.

천진궁은 전면은 3칸으로 천, 지, 인을 상징하고, 측면은 2칸으로 광명과 개천을 품고 있다. 지붕은 팔작지붕이며, 주심포식 건축물이다. 기초는 원형으로 천원지방을 나타내고, 기단은 국민과 친근감을 갖고 싶어 2단으로 되어 있다. 전면은 3칸 문이며, 후면은 3면 벽으로 되어 용 한 마리가 천장에 살면서 영웅들의 온기를 지켜주고 있다. 건축물은 거절할 수 없는 상징을 보여준다.

천진궁에 들어가면 정면에 단군의 어진이 삼태극 위에 있고, 단군의 오른쪽에 천부경과 "홍익인간 이화세계"라는 글이 걸려 있다. 왼쪽에는 천부경과 천지 사진이 걸려 있으며, 가운데는 고조선의 국기와 정신을 상징하는 천지인 원방각이 있다.

우리 민족은 인간(삼각형)과 땅(네모)에서의 사랑은 한계가 있어 하늘(원형)의 사랑을 바라고 있었다. 그래서 하늘을 찾았다. 이는 하늘의 사랑, 땅의 사랑, 인간의 사랑이 조화를 이루어야 완전한 사랑이 된다고 믿었기 때문이다. 사람이 사는 집은 사람의 집이고, 땅은 나라의 집이며, 하늘이 사는 집은 우주이다. 한 사람이 이 3채의 주인이 될 때 우리는 진정한 사랑의 집 주인이 될 수 있는 것이다. 집은 사랑의 완성을 이룩하는 것이다. 그래서 집이 무엇보다 중요한 가치를 가지는 것이다.

국조 단군이 중앙에 앉아 있고, 동쪽벽에는 부여, 고구려, 가야, 고려 태조의 위폐가 있고, 서쪽벽에는 신라, 백제, 발해, 조선 태조의 위폐가 있다. 1957년에 대대적으로 수리하여 일제 강점기의 수치를 없애고 새롭게 궁이란 이름을 사용하여 기분 좋게 어깨를 폈다. 천진궁에서 나는 자부심을 가져본다. 천부경을 보았기 때문이다.

천진궁은 《천부경》의 천자(天字)와 《삼일신고》의 설명인 삼진(性, 命, 精)의 진자(眞字)를 혼합하여 천진궁(天眞宮)이라 한 것 같다. 또는 남사고가 천부경을 "무궁한 조화가 출현하니 천부경은 진경이다"라고 한 데서 천진을 가져왔는지도 모른다.

천부경은 81자이다. 3을 3배하면 9가된다. 9는 분열의 최대수로 보았다. 9를 9배 하면 81로 극한수라 한다. 분열의 극에서 통일로 들어가게 된다고 한다. 우주의 생성이다. 그래서 옛날 사람들은 하나가 된다는 의미로 81을 좋아했다. 《천부경》 책 속에는 하나 됨이 기록되어 있다고 하였다. 《황제내경》도 81편, 《난경》도 81편, 《도덕경》도 81장으로 되어 있기 때문이다. 이는 《천부경》을 근거로 했을 것이다. 우리의 전통 사상인 인내천, 경천애인, 인본주의 사상이 담겨있는 《천부경》과 한글과 관련이 있는 《신지녹도》 문자는 5900년 전에 만들어졌다고 한다.

《삼일신고》는 366자,《참전계경》도 366자로 1년을 상징한다. 그리고《현묘지도》는 천부경(하늘), 한역(땅), 삼일신고(인간)을 알리는 책 세 권이다. 천부경은 하늘의 이치를, 한역은 땅의 이치를, 삼일신고는 인간의 이치를 알게 하는 것이다. 최동환은 그의 저서《천부경》에서 천부경은 하늘과 땅과 인간의 이치를 종합적으로 설명하는데 하늘은 원(圓)이고, 땅은 (方)이며, 인간은 각(角)이다"라고 하였다. 따라서 천부경은 81자를 원, 방, 각으로 나누어 설명을 할 필요성이 있다고 한다.

원은 하늘을 중앙과 8개로 나누는 것은 팔궤가 이루는 기본 원리를 알고자 함이고, 방은 2개의 원리로 음, 양 오행의 원리를 알고자 함이며, 각은 삼각형으로 3이며 9개 층으로 이루어져 81자로 탑 모양을 만든 것 같이 보인다.

무에서 일시무시일이 되고, 일종무종일에서 무가 된다. 이것은《천부경》 본문의 핵심이 되는 순환이론이다.《삼일신고》는 '일시무시일'에서 '일종무종일'까지의 과정을 성통(性通)이라는 과정으로 표현하고, '일종무종일'에서 '일시무시일'까지를 공완(功完)이라 표현한다. 이 공완이란 표현에서 재세이화(在世理化, 세상에 있으면서 다스려 교화시킨다), 홍익인간(弘益人間, 널리 인간을 이롭게 한다)의 이론이 증명된다고 최종환은 강조하였다.

천진궁에는 '이화세계'가 붙어 있다. '이화세계'는 이치로써 다스린 세계, 즉 재세이화가 충족된 세계를 이르는 말이다. 이화세계, 홍익인간이 단군의 어진 오른쪽에 걸려있는 것을 보니 내 정신이 새로워지는 것을 느낀다.

윷판의 외곽이 원형일 때는 중심의 원이 하늘의 궁전이 되고, 사각형일 때는 땅의 천궁이 된다. 윷판의 수를 계산하면 (5×4)+(3×4)+(1×4) 하면 36이 되어 천궁의 수 36이 된다. 바둑판의 9개의 화점이 천궁이다. 9개의 점이 사각형을 이룸으로 9×4는 36이 된다. 외곽이 사각형인 것은 땅의 놀이이고, 외곽이 원인 것은 하늘의 놀이이다. 집도 사람이 사는 집은 사각형이 많고, 하늘에 제사 지내는 집은 원형이 많다.

재세이화와 이화세계는 연민의 고향인 것 같다. 고조선의 건국이념은 연민에서 시삭되었다. 인간을 만듦에 있어서 인간의 모든 감정의 기본은 연민에서 시작되도록 만들었기 때문이다. 고조선의 건국이념은 광명개천, 홍익인간, 재세이화이다. 광명개천 중에 광명은 의식의 빛과 깨달음의 빛을 말하는 지혜광명이고, 개천은 역사를 시작한다, 나라를 건국한다, 교화를 펼친다고 하는 하늘의 열림을 말하는 것이다. 홍익인간은 "인간 위주의 편협한 시각에서 벗어나 대자연의 눈으로 세상을 바라보는 열린 마음을 가진 격이 높은 인간을 말하며, 재세이화는 세상에 나아가 이치대로 다스린다"는 것을 말한다.

광명개천과 홍익인간을 같이 연결시키면 '의식의 빛으로 마음의 문을 열어 도를 깨달은 홍익인간들이 모여 살면 상학의 세상이 된다'는 뜻이 된다. 이러면 무위이화(無爲而化)의 사회가 되는 것이다. 이것이 이화세계이다.

북부여 해모수 왕의 궁궐인 366칸과 《참전계경》의 366여사 환웅 천왕의 360여사 규모의 궁전이 있다. 《참전계경》의 366가지는 을파소가 만든 교육서다. 치화경이라고도 한다. 해모수의 궁궐 366칸은 땅의 회전수와 일치하고, 《삼일신고》 366 글자 수와 《참전계경》 조문 수 366자와 같다. 국민과 왕이 배우고, 가르치는 것을 평생 같이한다는 뜻으로 볼 수 있으니 고조선의 건국이념이 건축물에 투영되어 오늘날까지 이어져 오고 있는 것이라 믿어야 한다. 그래야 우리의 위정자들이 더 많이 국민을 생각할 것이다.

건축물은 상징을 많이 내포한다고 말하였는데 우리의 집 짓는 사람들이 그만큼 현명하다는 것을 보여주는 것이다. 집 짓는 사람은 인간 생활의 욕토에서 요타까지 알아야 한다. 집은 평안을 주는 동시에 무게에 따른 책임감을 느끼게 하는 장소이기 때문에 소홀할 수 없음을 강조하기 위해 집 짓는 사람들은 무한히 배워야 한다.

집은 마음의 형태를 외부로 표출하는 것이기 때문에 지식과 지혜와 혜안과 심연을 보고, 그릴 줄 알아야 하는 것을 집 짓는 사람들은 학습해야 한다. 《천부경》 외 일반 잡학도 필요한 것이다.

하이데거는 "집을 건축하는 것과 세계 속에 거주한다는 생각에는 근원적인 연관성이 있다"고 하였다. '건축하다'라는 의미의 독일어 'bauen'과 존재하다라는 의미의 영어 'being'은 어원이 같다. 그러므로 건축한다는 것은 존재한다는 말과 같다는 것이 하이데거의 주장이다. 에드윈 헤스코트의 《집을 철학하다》에 나오는 글이다. 효종 3년(1652)에 지어 화재와 수리를 거쳐 1957년에 천진궁이 되어 지금도 존재하는 세계사상이 있는 집이기 때문에, 하이데거가 말한 건축물이다. 존재는 역사 이음의 다른 말이다.

천진궁 앞에 앉아 주변을 보면 밀양강과 무봉산으로 이어지는 산천이 천진궁을 지키는 궐같이 보이다. 영남루가 보이고, 능파당에서 풍류 소리가 들리며, 침류각에서 시 읊는 경연이 들리니 천진궁은 하늘의 궁궐 같다. 침류각의 월랑이 율동적이다. 음악은 모든 학문의 결승점이다. 추녀 끝의 망와에 도깨비가 붙어 월랑을 새로운 모습으로 자주 바꾸니 신선세계의 변신술이 천진궁에서 보인다. 무봉사의 목탁 소리와 아랑각의 밀양 아리랑이 조화와 화음의 미를 끌어 올린다.

천진궁에서 회의를 하고 있는 9국(단군 왕조 포함)은 모두 《천부경》, 《삼일신고》, 《참전계경》을 같이 마음에 가지고 있는 국가였다. 종교와 관계없이 단군 신앙이 계승되고 있는 우리는 홍익인간, 재세이화란 정신문화로 한 나라가 된 지금도 이 정신을 이어가고 있다.

천진궁 기둥에 주련이 걸려 있다. 오른쪽에서 왼쪽으로 읽어 간다. "만들어 돌아가는 천지의 온갖 것은 별이 짜이듯 가로세로 이어졌고, 참다운 이치 하나에서 일어난 것이 바다의 물거품을 뿜어 올리는 것 같다. 삼일의 진리 찾고 나면 가닥을 돌이켜 참에 이른다, 항상 밝고 항상 즐거워하니 온갖 것이 모두 봄빛이로다." 국태민안 넉자의 설명이다.

천진궁에 새겨두고 싶은 말이 있다. 지붕에는 연민을, 땅에는 존엄을, 기둥에는 평정을, 마루에는 용서를, 벽에는 감사를, 처마 끝에는 겸손을, 용이 있는 보에는 진정을, 문에는 사랑을.

전(殿)

주인 의식이 있어야 내가 된다

냉정한 눈으로 관찰하고,

냉정한 귀로 말을 들으며,

냉정한 정으로 느낌을 대응하고,

냉정한 마음으로 도리를 생각하라.

는 말이 《채근담》에 나온다. 전이란 건축물을 보고 있으면 생각나는 글이라 나는 간혹 되뇌인다. 관찰과 경청, 느낌과 대응, 도리와 생각을 합치면 자조이다. 전은 자조를 의미하는 큰 집이다.

전(殿)이란 건축 앞에 서면 정치를 생각하는 사람들이 많을 것이다. 정치는 시각적 효과를 가장 우선하는 분야이다. 그래서 가장 크고, 화려하게 치장을 하여 보여주려고 한다. 전은 정치적 의식을 주로 많이 하는 집이다.

미완성의 정치인들은 우월감을 갖는 과정을 밟는다. 그때 정당성을 구현하기 위하여 건축에 집중한다. 카이사르와 아우구스투스 황제는 비트루비우스라는 건축가와 함께했고, 알렉산드로스는 스타시크라 테스라는 건축가를 좋아했다. 그는 "아토스산만큼 사람의 형상을 받아들이기에 적합한 산은 없습니다. 대왕께서 명령만 내리시면 아토스산의 가장 눈에 잘 띄는 곳에 대왕의 조각상을 만들겠습니다. 왼손에는 1만 명이 사는 도시를 들고, 오른손에는 강물을 신에게 바치듯 바다에 쏟아붓는 모습으로요"라고 했으나 대왕은 받아들이지 않았다.

이란의 사파비 왕조의 궁정 건축가 아크바르 에스파하니는 이맘광장을 건축하였으며, 자금성은 괴상(1399-1477)이 설계하여 영락제로부터 장인들의 수호신인 노반을 닮았다 하여 괴노반이란 부름을 받았고, 도요토미 히데요시는 센노리큐를 시켜 이동하는 황금 다실을 지었고 오사카 성을 설계하였다.

나폴레옹은 장찰 그린과 오스망이라는 건축가를 아꼈으며, 알베르트 슈페어는 채플린 펠트 스타디움을 빛의 성전으로 만들어 빛속에서 걸어 나오는 모습으로 히틀러를 영웅화시켰고, 세계 정복 후 세계 수도를 게르마니아라고 하여 베를린에 계획도시를 생각하였다.

이와 같이 크고 화려한 건축물로 자신의 능력 과시를 보여주려고 하였다. 역사가 시작되면서 이런 현상은 있었다. 영웅화시키는 것은 그들이 만든 도시의 이름을 높이는 것이었다. 아포테오시스는 인간을 신으로 만드는 것이다. 이러한 장면을 보면서 나를 생각해 보기 위해 우리는 세계여행을 하는 것이다.

건축은 수평과 수직이 만들어 내는 공간이다. 수직은 권위의 계서가 있고, 수평은 어머니의 마음이 있는 정감의 흐름이 있다. 수직과 수평이 합쳐서 우리의 삶을 만들며, 공간 예술이란 느낌을 사람의 마음에 담아준다. 나무가 수평에 뿌리를 박고 수직으로 올라가면서 시각적인 효과를 만들듯, 사람도 수평을 기반으로 높이 오르고자 하는 마음을 가진다.

기둥이 수평에 세워져 수직의 열주를 만들 때 장엄과 위엄을 풍겨낸다. 역사는 열주의 역사이다. 손은 만들고 발은 범위를 넓힌다. 손과 발의 합작품이 건축이다. 전(殿)은 손과 발이 만들어 놓은 열주의 장엄과 위엄이 있기에 전(殿) 자를 쓴다. 창과 칼(殳)을 가지고 같이(共) 집(戶)을 지킨다라는 글자 구성을 보면 중요한 집이라는 것이 보인다.

건축은 구조, 기능, 미가 생명이다. 세우고 쌓는 것이 건축(建築)이다. 세우는 것은 수직이고, 쌓는 것은 수평이다. 선의 교차가 눈을 홀린다. 건축은 선의 미학이다. 건축물을 보는 방법에는 간, 견, 관, 시, 도, 찰이 있다. 간과 견은 눈을 뜨고 있으니 보이는 것이며, 관, 시, 찰은 무엇인가 눈여겨보는 것이다. 문화재를 볼 때는 두 번씩 겹쳐 보라고 관찰하고 시찰하라고 하는 것이다. 이것은 문화의 이해는 그만큼 신중을 기해야 한다는 것이다. 아는 것만큼 보인다는 것을 강조하는 것이다.

전(殿)이란 문화재는 자조와 자주, 자존을 만들기 때문에 궁이나 도량에서 눈에 띄게 짓는다. 이것은 민족의 혼과 령과 정을 새겨 넣는 것이기 때문이다. 자조는 곧 나다. 나란 남이 아니다. 세상에서 제일 중요한 사람은 나다. 나를 기준으로 30대를 올라가면 조상은 10억 명이 넘는다. 이 중에 1명만 없어도 나는 없다. 그래서 나는 나로서의 실존을 지켜야 하는 의무가 있는 것이다.

전은 궁이나 사찰의 존재를 상징한다. 정전, 대웅전, 성전은 나라와 종교를 알게 하는 것이다. 그래서 중요하다고 하는 것이다. 자조, 자주, 자존의 얼굴이다. 자조는 나를 찾는 것이듯 전(殿)은 지키면서 이어져야 한다. 자조는 사랑, 배려, 관용, 양보와 신심 등을 키우는 인간 독립의 틀이다. 자조는 자족을 알게 하며 곧 자신을 알게 한다.

자조는 자신의 운명을 개척하기 위해 남에게 의지하지 않고 열심히 일하며 자기 스스로 살아가는 정신을 말한다. 자조 정신이 강한 나라는 발전하고, 부흥했으며, 자조 정신이 약한 나라의 국민은 망하거나 쇠퇴하였다. 이것이 천우자조자(天佑自助者)의 뜻이다. 하늘은 스스로 돕는 자를 도운다는 것을 알아야 한다는 것이다. 서구국가나 일본은 사무엘 스마일즈의 자조론 읽기를 생활화하여 오늘을 만들었다.

자조 정신은 인간이 스스로 성장하고 발전하기 위한 기초 정신이다. 우리의 진정한 모습은 외모가 아니라 기초가 튼튼한 내면이어야 한다. 건축물이 혼자 서 있는 것도 기초가 튼튼하기 때문이듯 스스로의 성장과 자신이 스스로 해결하는 내면의 정신이 강해야 한다. 그래야 자신의 튼튼한 미래를 만드는 능력이 흔들리지 않는다. 우리는 어릴 때부터 "근면과 정직은 성공의 어머니요, 자조와 인내는 승리의 아버지다"라는 말을 듣고 자랐다. 간절한 바람은 이루어진다고 하였다. 이 말은 "의지가 있는 곳에 길이 열린다"는 속담에 근거한 말이다.

전(殿)은 흔히 쓰는 말이 아니다. 기독교에서는 성전이라 하고, 불교에서는 대웅전이라 하고, 궁에서는 정전이라 한다. (단테가 하늘을 아홉 구역으로 구분하였다. 월광천, 수성천, 금성천, 태양천, 화성천, 목성천, 토성천, 항성천, 원동천으로 구분하였듯이 구궁도도 9칸이다.) 궁의 정전이 5칸인 이유는 구궁도의 가운데 수가 5이기 때문일 것이다. 중궁이라 하는 5는 왕의 수이며, 황금색으로 표시되기 때문이다. 마방진이라고도 한다. 우리의 손, 발가락이 5개인 것도 우리 모두가 왕이기 때문이다.

구궁도는 주나라 문왕의 낙서에서 유래하였다. 주역의 위치에 따라 구궁 방위의 중심 수 5에서 창조된 건축이 정전일 것이다. 오대궁전이 모두 5칸이다. 죽비도 다섯 마디이다. 죽비는 수련의 지팡이이기 때문이다. 복(福)도 오복이라고 한다. 구궁도의 5는 중간에 있다. 고생을 감수하는 수다. 왕도 중간자이고, 주지승도 중간자이며, 조직의 장은 모두 중간자여야 한다.

사찰의 전은 불보, 법보, 승보에 따른 것인지 몰라도 대웅전을 3칸으로 지은 곳이 대다수다. 3칸을 넘는 전도 있는데 이는 모시는 부처님의 수에 따른다는 이야기도 있다. 불교의 깊은 진리는 끝이 없는 참진이라고 하는데, 문성오도의 득도와 어변성용 하라고, 전(殿)에는 물고기 문양과 용의 형체가 많이 조각되어 있다. 이와 같이 사찰의 대웅전과 정전에는 많은 뜻이 더해져서 엄숙함을 느끼게 한다.

전을 보면서 기둥과 보와 문과 지붕을 유심히 본다. 직선과 곡선과 원의 조화가 멋지게 어울린다. 직선은 위와 옆으로 연결된다. 곡선은 부드러우면서도 아름다움을 나타낸다. 원의 둥근 선은 포용과 아량을 말하며 굳건히 힘을 받으며, 원형의 기둥이 서 있다. 전은 균형과 대칭의 미가 있다. 중심을 알게 해주는 건축물이다. 좌우를 알게 해준다. 어느 한 곳으로 치우침이 없이 권좌는 중앙에 자리 잡아 빈틈을 보여주지 않는 건축물이다. 냉정함이 있는 건축물이다. 이런 보여짐이 있으려면 집 짓는 사람들의 조화와 화합이 좋고, 호흡이 잘 맞아야 한다. 노반과 묵자의 목공 기술과 포정의 해우 솜씨가 대목과 소목에 전수되어 맞춤에 한 점의 오차가 없어야 한다.

전의 건축은 최고의 기술과 솜씨의 정착지다. 성인들은 책 한 권 쓰지 않았듯이 전을 지은 목수와 일꾼들은 천종지성으로 이름을 남기지 않았다. 성인보다 더 위대하다. 전을 짓는 사람들은 보림의 경지에 사는 사람들이다. 전에는 인, 의, 예, 지, 신이 있다.

성리학과 도가사상이 같이 있다.

전 앞에 서면 내 나라가 잘 살아야 한다는 것을 생각해 본다. 오대궁의 정전은 숱한 국가의 위기를 봤을 것이다. 건축물이 말을 할 줄 안다면 이 세상의 옳음과 그름이 얼마나 바뀔지 궁금해진다. 개인도 마찬가지지만 나라가 잘 살아야 국민이 편하다. 경제력은 모든 것을 지배한다는 것을 역사에서 많이 보았다. 나라는 국민을 기죽지 않게 해야 하는 의무가 있다. 전에는 국본이 있다. 나라의 정체성과 말 한 마디 한 마디가 국본이라 본다. 말의 무의식은 무섭다. 긍정의 말은 복을 주고, 부정의 말은 해로움을 주기 때문에 전에서 나오는 말은 걱정보다 희망을 만드는 말이어야 한다. 전은 진실하고, 정직한 말을 해야 하고, 올바른 행동이 같이 있어야 한다. 그래서 의례와 행사 등 정치 행위는 전(殿)에서 하고, 행정은 사정전 등에서 하였다. 정치와 행정의 분리가 있었다.

전과 다른 건축물과의 차이는 공포이다. 공포는 주두, 소로, 첨차, 제공, 살미 등을 결구하여 처마 끝의 하중을 기둥에 전달하는 기능을 한다. 내부공간을 확장시키고, 건물을 높여 웅장한 멋을 낸다. 구성과 공정이 섬세하고, 화려하여 장식적으로 중요한 기능을 한다.

전에는 기둥 위에만 공포가 있는 주심포와 기둥과 기둥 사이에 여러 개의 공포가 있는 다포식이 있다. 이 공포의 어울림이 전을 더 우아하고 부드럽게 만들어 준다. 주심포식은 고려와 조선 초기 건축물에서 볼 수 있으며, 다포식은 조선시대 건축물에서 나타난다. 공포는 추녀와 처마 밑에 위치하여 사람들의 눈높이를 높여주는 하늘 새이다. 로마에 있는 콜로세움의 시붕 선은 곧바로 하늘을 찌르지만, 전의 앙곡은 슬며시 휘어져 부끄럼을 부리며 하늘을 향한다.

아름다움의 시작과 마무리가 있는 곳이 전의 지붕이다. 건축물의 평면은 사각형이 많고, 건물의 규모와 기단의 높이, 공포의 출목 수, 채색의 화려함 등이 차이를 만들어 건축물의 서열을 정하는 가사규제를 드러내고 있다.

집에서 우리는 생활한다. 집은 한옥과 양옥으로 구분한다. 전은 한옥이다. 한옥을 보면서 양복을 입고 있다. 이상 하지도 않게 자연스러워 보인다. 우리가 가시고 있는 혼합 문화 탓이다. 이제 우리는 도약만 하면 된다. 도약하려면 정치가 제 길을 잘 가야 한다.

정치는 국민의 식, 주, 의만 해결하면 된다. 정치공학이니 정치경제니 정치예술이니 정치교육이니 하면서 곳곳에 정치를 붙여 정치판을 만들고 있는데 정치는 전이란 건축물같이 정치적인 행위만 하고, 간섭하지 않으면 된다. 정치는 인기로 하는 것이 아니다. 즐거움으로 보람으로 하는 것이어야 한다. 무게중심을 잘 잡고, 고기압과 저기압이 만나는 높이를 정해주는 것이 정치다.

정치는 처음에는 나라의 기초를 다지는 법학과 정치학이 필요하고, 그다음에는 먹고사는 것을 해결하는 경제, 경영이 필요하며, 그다음에는 국민의 사상과 정체성을 확립하는 철학과 인문학이 필요하고, 그다음은 새로운 발전을 위한 상상력이 필요한 고고학이나 인류학, 건축학이 필요하다. 정치의 생명력은 상상력이다. 최진석 교수의《인간이 그리는 무늬》라는 책에서 보았다.

지금 우리의 정치는 건축물의 기단에 있다. 언제나 상상력이 가득한 용마루까지 올라갈 것인지 상상이 안 된다. 전(殿)도 문화이다. 정치도 문화이다. 전에 서서 정치를 돌아보는 것은 당연하다. 조지 나이프가 만든 '소프트 파워'라는 말은 문화의 힘이다. 문화의 힘은 역사가 다듬고 만든다. 소프트 파워는 존경의 대상이 되고, 영원한 스승이 되는 것이다.

우리 전(殿)의 역사는 5000년이다. 집을 지을 때 자르고, 껍질을 벗기고, 자귀로 깎고, 대패로 밀고, 끌로 파고, 뚫고, 끼우고, 맞추고, 세우고, 밀고, 당기고 하는 고통을 나무는 받는다. 이 공정 중에 전(殿)이 가져야 할 제일 귀중한 것은 '맞추고'이다. 국민과 눈을 맞추어야 한다. 서로 눈높이를 알아내는 예견지명을 우리는 전에서 찾아야 한다. 그래야 정치를 내 것으로 볼 수 있다.

전은 사람을 가볍게도 하고, 무겁게도 한다. 사람의 뼈마디 수는 206개라고 한다. 우리 건축물 부재 수도 담장, 정원까지 고려하면 뼈마디 수와 같을 것이다. 우리의 몸으로 지은 건축물은 우리의 골격 문화다. 우리가 건강을 생각하듯 자조의 상징인 전(殿)을 계속 이어지게 하여 우리 국민이 평안하고, 안락한 삶을 영위하였으면 한다.

근정전

〈경복궁타령〉에 나오는 “도편수의 거동을 봐라 먹통을 들구 선 갈팡질팡한다”는 내용이 생각난다. 중건의 기쁨을 바쁜 목수들이 즐거워하는 행동태가 눈에 선하다.

근정전은 집의 이름이다. 이름은 나의 존재를 나타내는 상징이다. 성 아래 붙여 다른 사람과 구별하는 명칭이다. 전(殿)은 편액의 끝에 붙는 글자다. 전은 성일까? 이름일까? 집에 붙이는 이름표를 편액이라 한다. 서양식이라면 전(殿)은 성(姓) 이다.

건축물에는 편액이 없어도 이름이 있다. 사물에도 이름이 있다. 생물은 계, 문, 강, 목, 과, 속, 종으로 분류되어 작은 이름부터 큰 이름이 되어 꽃이란 것에서 장미, 개나리 등으로 분리된다.

건축물은 편액이란 이름표를 가지는데 《한국민족문화대백과사전》에 보면 작가가 편액을 쓰면서 장면을 보지 않고 자료를 얻어서 쓰는 '대각 명승기'와 작가가 장면을 직접보고 쓰는 '산수유기'가 있다고 한다.

근정전은 경복궁의 정전이며, 조선 왕실를 상징하는 건축물로서 정도전이 부지런한 정치를 하여야 한다는 뜻에서 이름을 붙였다고 한다. 부지런한 왕은 중국의 문왕이었다고 한다. "아침부터 날이 기울 때까지 밥 먹을 시간을 갖지 못하며, 만백성을 다 즐겁게 하였다"는 것은 국가와 민족을 위해 올바른 왕의 역할을 했다는 것을 보여주는 것이다.

근정전에는 해와 달과 별이 온종일 빛을 발하는 곳이다. 근정전은 해다. 해는 아침에는 정사를 듣고, 낮에는 어진 이를 찾아보고, 저녁에는 법령을 닦고, 밤에는 몸을 편안하게 해야 하는 것으로 왕의 부지런함을 이야기하였다. 달은 정전 앞의 월대이다. 월대에 서서 달빛을 보며 농경시대의 농사를 생각한다. 별은 떨어지면 돌이다. 정전 앞에 깔려 있는 돌이 박석이다. 박석은 별이다. 별을 보며 천문학을 생각하고, 백성의 안녕을 위해 천문 공부를 하였을 것이다. 또한 해, 달, 별은 우주의 장식품이다. 사람들은 이것을 보고 보석을 만들고, 희망을 생각하였을 것이다.

해를 중심으로 달과 별이 있어 해의 빛을 받아 빛을 발산한다. 빛은 생명의 자양분이다. 빛은 우러러본다. 우러름을 받으려면 그 자태를 겸손히 하여야 한다. 빛의 묘미는 달과 별이다. 달과 별은 이동하기 때문에 형태가 변한다. 이것 때문에 천문학이 나왔다. 사람들의 기대와 희망을 조절하는 것이 천문이다. 고딕 건축물의 스테인드글라스의 빛이 그렇다. 창호지로 스며든 빛이 우리 민족성 같은 은근한 빛이 그렇다.

근정전은 국민의 기대와 희망이 있는 곳이다. 정전(政殿)이기 때문이다. 국민은 정전을 보며 무슨 생각을 할까? '시대적인 차이 때문에 지금과는 맞지 않아'라고 답할까? 나는 그렇지 않다고 본다. 고전은 지금도 살아서 사람들의 마음과 생각을 움직이기 때문이다. 옛 시대에 벌써 사람의 생각은 기본과 본래의 길이 변하지 않을 것을 알았기 때문이다. 산업사회와 지식, 정보사회도 기본 사회인 농경사회에서 나왔기 때문이다.

근정전은 국민의 정체성과 국가관을 보여주는 것이다. 정치는 근정전에서 행정은 사정전에서 이행하였다. 근정전의 의례는 신하의 조하를 받는것과 왕의 즉위식, 외국사신 접대 등의 정치적 행위가 있었다. 정치는 시각적 효과를 가장 중요시하기 때문에 근정전은 정전으로서 가장 우아하고 큰 건축물이다.

근정전 내부에는 닫집이 있다. 닫집은 집 내부의 집이다. 근정전 자체도 우주의 닫집이다. 닫집의 화려함은 모든 사람들의 바람이다. 닫집은 단순한 집이 아니고, 사람들의 생활과 목표다. 이것을 알아야 정치인은 프로 정치가가 되는 것이다. 모든 국민을 닫집과 같은 집에서 살게 하겠다는 강한 의지가 있는 정치가라면 닫집에서 각오를 다져야 한다.

근정전에는 마루가 없고 벽이 없다. 마루가 없는 것은 안전상이라고 하지만 벽이 없다는 것은 모두가 열려 있다는 것이다. 유리문도 아니고 창호지를 바른 문이다. 파스텔화 하여 은근미가 있다. 모두 볼 것은 보고 들을 것은 들어라는 왕의 자신감이 우러나는 곳이 정전이다. 왕좌에 앉으면 의심이 생긴다. 크로노스의 아들 제우스도 그랬다. 권력자들의 의심의 출발지가 제우스다. 그래서 권력자들은 의심병 환자라고 한다. 근정전 같이 열려 있는 문만 있으면 처세에 자신감이 생길 것이다.

근정전에는 신하들의 책상이 없다. 손우 공수를 히고 시 있었을 섯이다. 이때 하크니스 테이블이 있었다면 빙 둘러앉아 토론으로 정책을 만들고, 시행하였다면 지금 우리 정치는 어떻게 변했을까 생각해 본다.

학문의 세계에 공자가 있었다면 기술의 세계에는 묵자와 노반이 있었다. 기술이 문명을 발생시켰다. 공자가 정치의 근본은 족식(足食)이라고 말한 것도 기술이 생활 속에 함께해야 있어야 한다는 것을 강조하는 것이다. 그래서 중국에서는 과학기술이 매우 발달되었다. 기술이 자연의 위험으로부터 생존을 지켜줘야 사람들이 자유로워진다고 누군가 이야기하였다. 기술이 있어야 인문적 가치도 이루어지는 것이다.

"창고가 가득해야 예의를 알게 된다"고 관중은 말했다. 기술이 있어야 인간 생활에는 편의가 있는 것이다. 어떤 곳이나 자신을 능가하는 사람은 질투의 대상이 된다. 인간세계의 큰 맹점이다.

스승도 제자도 상관도 부하도 능력의 쟁탈전은 치열하다. 그래서 묵자는 실용적 기술을 강조하여 처세의 폭을 넓혔다. 묵자는 빼어난 목수였다.

우리의 목수들도 근정전을 지으면서 많은 시간을 소요했을 것이다. 시간을 필요로 한다는 것은 정성과 열정과 알림의 복합체가 일체가 되는 것이다. 그래서 전(殿)은 돋보인다. 본인이 가만히 있으려 해도 장인들의 정성과 열정이 가만히 두질 않는다. 튐이란 액체가 폭발하듯이 격렬하게 끓어오르는 것이다.

근정전을 보고 있으면 자존과 자주와 자조를 느낀다. 천장의 용은 양나라의 장승요가 그린 용이 노닐고 있는 것같이 보인다. 자존의 날개를 활짝 펴고, 화룡점정의 눈을 빛내고 있다.

근정전은 정전 중에서 높이 지었다. 긴 기둥은 모두 주선(덧기둥)을 세워 휨을 방지하고, 퇴랑을 받치는 보아지 역할을 한다. 집을 높이 짓는 것은 내세움의 표식이다. 집을 높이 짓고자 하는 것은 우리 인간의 높은 것에 대한 동경이며, 신의 영역을 넘보는 인간의 도전 정신이다. 신이 최고로 높이 지을 수 있도록 허용한 높이가 파르테논 신전 기둥들의 소실점이 모여지는 높이가 1,760미터라고 추측한다. 현재 사우디아라비아에는 1,000미터 높이를 가진 제다타워가 시공 중에 있다.

인간은 하늘 높은 줄도 알고, 땅 깊은 줄도 안다. 마천루가 있으면 지천루도 있다. 근정전에는 닫집이 화려하게 위치하고, 어좌를 품고, 자주의식을 보여주고 있다.

근정문에 서서 근정전을 보면 좌우 균형이 분명하다. 어느 쪽으로 치우침이 없다. 균형의 미는 미의 으뜸이다. 균형에서 인간은 평등심과 안정감을 느끼며, 살만하다는 심적 그림을 그린다. 건축은 균형의 미학이다. 건축물을 보면 그 민족의 심성을 알 수 있다. 근정전은 균형을 잡고 국민들에게 자유를 주고 있다. 노자가 마음가는 대로 하라고 하고, 공자가 지킬 것은 지키라고 한다. 엄숙함도 있지만 근정전은 전으로서의 의미를 부각시키는 최고의 건축물임은 틀림없다. 정치의 멋은 균형을 맞추는 것이라고 예언하고 있는 것 같다.

팔자지붕은 용마루 양 끝에 치미가 있다. 솔개의 꼬리이다. 땅에서 일어나는 모든 소식을 하늘로 전하라는 뜻이다. 국민의 소리를 왕은 들어야 한다는 상징이다. 땅에서 하늘을 말하는 공간의 이동수단은 새뿐이다. 암수의 조화가 만든 우리 기와가 규칙을 지키며, 자리하여 바람 골이 되고, 비 흐름의 길이 된다. 기와집의 빗물은 길을 따라 떨어진 곳에만 떨어진다. 물의 수적천석의 인내를 가르치기 위한 사람들의 머리 씀이다. 자연의 길과 인간의 길이 만날 때 득도가 되는 것이다. 집을 3채 지으면 득도한다는 말은 인내의 슬기를 알게 되기 때문일 것이다.

근정전은 균형의 미가 있다고 하였다. 균형은 중도를 말하기에 사람들은 균형을 잡으려고 노력을 많이 한다. 근정전을 보면 내 마음을 찾아 나의 몸 중심에 심어놓고 싶다.

근정전 기단에서 근정문을 보노라면 로마에 있는 베드로 성당의 회랑 열주가 생각난다. 베드로 성당의 열주는 원형으로 줄을 맞춰 서 있다. 원기둥 284개와 각기둥 88개가 팔로 안는 형상으로 서 있어 분위기의 장엄함은 못 느끼지만 열주의 위엄은 느끼게 된다. 열주의 권위가 사람을 작게 만드는 것은 우리가 많이 경험하는 것이다.

근정전의 회랑은《참전계경》366사를 말하는 것 같이 직경 40센티미터의 원형기둥 363개(근정문 1, 2층 포함)가 만들고 있다. 모양으로 말하면 팔을 쭉 뻗고 손목만 안쪽으로 굽히면 직사각형이 된 것과 같은 모양이다. 손과 손 사이가 근정문이다.

베드로 성당의 회랑은 하늘의 선인 원형이고, 근정전의 회랑은 땅을 의미하는 사각형이다. 여기서 겸손을 본다. 소극적인 양보를 알 수 있다. 겸허의 색을 느낄 수 있다. 우리의 근정전은 365일을 겸손과 겸양으로 서 있으면서 많은 사람들을 맞이한다.

품계석은 근세에 정조대왕이 만들었다고 한다. 간격은 3.5미터를 유지하여 에드워드 홀의 공중거리를 유지하게 되며, 왕도를 중심으로 좌우 18여 미터를 유지하여 서로 마주 보는 사람의 인품을 알 수 있게 하였다.

법궁의 정전으로서 근정전은 우리에게 많은 것을 가르쳐 준다. 우리는 보는 것만으로 지나치지 말고, 관찰과 시찰로 보면서 서로를 위한 지식과 지혜를 나눔으로서 고유를 지키고, 새로움을 남겨야 할 것이다. 또한 할아버지 할머니는 후세 학습을 위한 격대교육에 필요한 우리 것을 많이 알아누어야 한다고 본다.

대웅전

미황사에 가면 팔작지붕을 가지고 있는 3칸 집인 대웅전이 있다. 다포계의 팔작집이며, 기둥은 원기둥이다. 공포는 외 3출목에 내 4출목으로 근정전과 같은 형식이다.

공포를 받치고 있는 전면의 용 두 마리가 고행의 해탈을 기다리며, 밖을 내다보고 있다. 자연석으로 쌓은 2단 높이의 기단 위에 연꽃이 피어 있고, 게와 거북이가 걸어 다니는 주춧돌 위에 기둥이 서 있다. 수중 궁전같이 보인다.

당간 지주대 2개가 마당에 서 있다. 어느 가람을 가더라도 대웅전 앞은 마당이다. 마당은 집의 앞뒤에 닦아놓은 단단하고, 평평한 땅을 말한다. 넓든 좁든 면적은 마음먹기 나름이다. 이 마당은 수도승이 매일 청소하여 깨끗하다. 매일 청소를 하지 않으면 잡초가 자라기 때문이다. 수도 도량의 마당은 수도장이다. 수도장에 잡초가 자라면 근심이 끼여 수련에 장애가 되기 때문에 수도승들은 열심히 쓸어 내면서 내면을 강하게 다진다.

청소는 수도의 기본이기에 열린 마음으로 노래하며 즐겁게 청소한다. '감사합니다'를 느끼는 것이 청소다. 마당은 여러 가지 기능을 가지는데 대웅전 앞마당은 의례를 위하고, 정서를 생각하며, 채광과 통풍의 기능과 통로와 공간 분리의 역할이 주된 것이다.

사찰에 행사가 있을 때는 수많은 불자가 모여 의례를 치른다. 이때 마당은 연화대가 되어 빛을 발한다. 노스님은 관세음이라 하시면서 소리를 보라고 하고, 눈으로 들으라고 뜻 모를 이야기를 한다. 승가의 보림은 우리가 생각할 수 없는 경지를 가지고 있다. 마당에 서서 떠다니는 구름을 보고 윤회를 물어본다.

가람은 긍정의 공간이다. 수도의 필살기는 생각의 흐름이 심한 곳이다. 수도승들은 중도에 서서 마음을 다잡기에 긍정으로 생각이 변할 것이다. 뜻을 머리에 심으면 생각이 되고, 생각을 마음에 심으면 행동이 된다.

수도승의 빛나는 눈동자에 가운데 중(中) 자가 쓰여진다. 초월한 마음을 숨기며 미소 짓는다. 대웅전이 나에게 어떤 요구를 하는지 모르지만 미황사 대웅전은 "근심스럽게 사는 것은 즐겁게 죽는 것만 못하다"는 유몽영에 나오는 말을 기억하라고 한다.

대웅전은 가람의 중심이 되는 건축물로 큰 힘이 있어서 도력과 법력으로 세상을 밝히는 영웅을 모신 곳이라고 한다. 대웅은 고대 인도의 '마하비라'를 번역한 말로 법화경에서 석가모니를 위대한 영웅, 즉 대웅이라고 한 데서 유래하였다고 한다. 그래서 석가모니불이 본존불이 되고, 아미타불과 약사여래불이 협시불이 되어 미황사 대웅전에 모셔져 있다.

대웅전은 보통 3칸 집이다. 이는 불보, 법보, 승보로 이루어지는 불교계의 도에 따른 것이라고 본다. 법신, 보신, 화신이 있어 3칸으로 볼 수도 있으나 정체성에 따른 것이 맞다고 생각해 본다. 구름에 떠 있는 1칸의 도솔암이 내려다보면서 3칸의 대웅전을 단아하게 다듬는다.

1인이 1칸이면 된다. 더 커도 멋쩍고, 더 작아도 멋쩍다. 적당함이 적당함을 만든다. 욕심은 끝이 없어 잡지도 못한다고 어느 노승은 말하여 준다. 전이란 큰 집인데 가람에 오면 적당하고 겸손하게 보인다. 이것이 과한 것을 이긴다는 소신이다. 사판승들이 건축물을 지을 때 해탈하지 않고 이만큼의 면적을 알았을까?

대웅전의 전(殿)은 그래도 가람을 상징하기에 좀 부족한 것 같지만 미황사 대웅전은 자신감 있게 자리하고 있다. 겉멋은 겉멋이고, 내면의 멋은 무한히 피어나는 잠재된 멋이다. 이런 잠재의 멋은 수도승이 아니면 가질 수 없는 유일무이의 자산이다. "너는 존재한다. 그러므로 사라질 것이다. 너는 사라진다. 그러므로 아름답다." 심보르카(1923-2012)의 〈두 번은 없다〉에 나오는 시의 내용이다. 미황사 마당에서 이 내용을 읊어 본다.

가람에서 전(殿)은 해이다. 해는 모든 생명에게 삶의 영양분이 공급되도록 하는 중요한 존재이다. 햇빛이 있어야 영양분이 합성되기 때문이다. 이 햇빛에 관한 중요한 말이 있다. '의미 있는 삶'이란 말이다. "의(意) 자를 파자해 보면 마음(心)속에 해(日)를 세운다(立). 즉 영혼(心)이 해(日)를 품는(立) 것이다"라는 말이 동은 스님이 쓴 《무문관 일기》에 나온다. 대웅전 마당에서 내 몸에 영양을 가득히 비축한다.

자연에서 느끼고 감탄하는 소요의 하루가 더없이 좋다. 대웅전이 좋다. 의미 있는 삶은 영혼 속의 모든 인연에게 삶의 기운을 북돋워 주는 해를 품고 살되 입(口)이 아닌(未) 가슴으로 주는 삶이 바로 '의미 있는 삶'이라고 동은 스님은 덧붙인다. 마당에서 양팔 벌리고 '의미 있는 삶'의 기를 받아들이고, 나의 속된 심욕을 뱉어낸다. 대웅전에서 영웅이 되려고 몸부림쳐 본다.

대웅전의 건축은 닫집과 수미단을 중요시한다. 닫집은 집 속의 집으로 대웅전 안으로 신도들이 들어가서 기도하면서 생긴 것이다. 대웅전은 우주 속의 닫집이다. 우리는 모두 우주 속의 닫집에 살고 있다. 집 속에 닫집이 생기면서 화려함이 추가되었다. 닫집에는 공포를 짜 올려 건축물처럼 만든 보궁형, 앞쪽에 장식 판재인 염우판이나 적첩판을 건너지르고 구름, 용, 봉황, 비천 등으로 천장을 만든 운궁형, 천장 일부를 감실처럼 속으로 밀어 넣은 보개형이 있다. 닫집이 생기면서 신도들과 대웅전이 더 가까워졌으며 배품의 폭이 넓어졌다.

그다음은 수미단이다. 이슬람교도 모스크가 설립되려면 미나렛(등대의 의미가 있는 탑으로 모스크 위치 기도시간을 알려주는 상징물), 민바르(설교단), 미흐랍(메카 방향으로 움푹 들어간 벽으로 예배 방향을 알려 주는 곳)과 손발 씻는 수도시설을 갖추고, 기도공간이 남녀별로 구분되어 있으면, 모스크를 설립할 수 있다. 수미단은 민바르와 같이 중요하다.

수미단은 법당 등에 설치하는 수미산 형상의 단이다. 수미산은 높이가 8만 유순이나 되기 때문에 이 세상에서 가장 높은 곳에 불상을 모신다는 의미이다. 높은 곳도 좋고 화려한 것도 좋다. 다만 모든 종교의 근본인 사랑과 자비와 베풂이 인간세계와 같이하면 좋겠다고 바라본다. 종교는 세계관을 논한다. 세계는 과거, 현재, 미래를 말하는 세(世)와 방향을 말하는 계(界)가 같이하는 것이다. 인간세상의 격과 결은 무한히 노력을 요구한다는 것이다.

임제 스님께서 외친 '할'의 대의가 들린다. 덕산의 방과 임제의 할이 무위진인이 되라고 대웅전의 대종이 울림을 준다. 지구의 자전이 석양을 보여준다. 달마산의 품속으로 미황사의 대웅전이 안긴다. 대웅전의 숨소리가 잠 소리로 되었다. 대웅전이 잠을 잔다. 이익, 손해, 훼방, 추켜세움, 놀림, 칭찬, 고통, 즐거움이 8풍이다. 여덟 가지 바람에 흔들리지 않을 때까지 나보고 앉아 있으라 하고 혼자 잠든다.

자존과 자주와 자조의 틀이 전(殿)에서 만들어진다. 전(殿)을 볼 때 우리는 나의 자긍심은 얼었는지 녹았는지 확인해 봐야 한다. 대웅전에는 분명히 잠들지 않는 초월된 고침안면(걱정 근심 없이 편안함)의 정신이 있다.

당(堂)

의지가 내 뜻이 되고

정정당당하다는 것은 "태도가 꿀림 없이 바르고 떳떳하다"라는 사전적 의미가 있는 말이다. 정정당당하려면 어떤 일을 이루고자 하는 마음이 간절해야 한다. 이것이 의지이다. 정정당당이란 《손자병법》〈군쟁〉 편에 나온다. "상대방의 깃발이 정정하게 휘날리는 군대와는 싸우지 말라. 당당하게 진을 치고 있는 부대는 함부로 공격하지 말라"는 말에서 정정당당이 나온다. 삶에도 정정당당이 옳으냐, 사사탁락이 옳으냐를 두고 말이 많다.

당당한 집을 나타낼 때 당(堂)을 많이 쓴다. 당은 흙을 높이 쌓아 기반을 만들고 그 위에 지은 건축물로서 집의 상부 부분이 밖으로 들어나 보이는 집을 말한다. 우리 건축의 주요한 재료는 흙, 나무,

돌이다. 한문에는 이 세 가지를(土, 木, 石) 편방으로 하는 글자는 건축에 관련된 글자가 많다.

당(堂)의 지붕은 집면(宀)에 획을 2개 추가하여 (⺍)을 사용하는데 이는 기와집의 지붕 중간에 보주를 세우고, 양 끝에 작은 치미를 세운 형식을 첨부하여 정정당당한 위용과 위세를 보여주기 위한 것으로 보인다. 보주는 용마루 중앙에 있으면서 건축물의 위엄을 보여준다. 가장 높은 곳의 중앙은 상징적 의미가 크다. 옛사람들이 관모를 중시했던 것은 머리 장식에 그치지 않고, 신분과 지위를 나타내는 물건이었기 때문이다. 용마루 중앙이 보주도 관모와 같아서 건축물 전체의 위상과 위엄을 나타내는 중요한 역할을 한다. 보주는 라틴어로 글로부스 크루키케로(Globus Cruciger)라 하는데 '십자가를 진 보주'이며 뜻은 왕권이다.

당은 기와집이 많다. 초가로 지어 초당이란 당호를 붙인 부잣집의 별채가 있지만 기와집에 붙은 당호가 많다. 기와집의 지붕을 높은 곳에서 내려다보면 팔작지붕이나 우진각 지붕은 쌀 미(米)로 상상할 수 있다. 맞배지붕은 장인 공(工)과 날 일(日)로 볼 수 있다. 농경사회의 부에 관한 바람이 건축물의 지붕에 있다고 해도 과언이 아닌 것 같다. 이는 머리에 쓰는 건으로도 알 수 있다. 산(山) 자 모양과 비슷한 정자관의 중앙은 지붕의 보주와 같다. 이는 양반의 상징으로서 당(堂)의 권위를 보여준다. 이것 하나로 상류층의 위세가 나타나는 것이다.

상류층들 사이에 널리 이용된 건(巾)이다. 초가는 초립 같아 보인다. 초립이라서 정(情)의 창고 같다. 이는 서민의 소망에 대한 의지의 보여짐이다. 상류층은 어떠한 욕구를 충족하기 위하여 집을 크게 짓고, 자발적 의식적인 행동으로 그들의 가치를 상승시키는 일을 하게 한다. 큰 집은 의지의 집합체이면서 욕심을 보여주는 것이고, 권위의 한계를 모르게 한다.

에머슨은 "사람을 가장 사람답게 인도하는 힘은 의지력에 달려 있다. 기둥이 약하면 집이 흔들리듯 의지가 약하면 생활도 흔들린다"고 하였다. 예부터 삶의 욕심에 대한 상승효과는 집으로 나타난다고 하였다. 큰 집을 지어 살면서 남들에게 보여주려고 하는 욕구는 누구나 가지고 있는 것이다. 그것이 욕망이 되면 욕심이 따르고 과정은 가볍게 보고, 결과만 중시하는 잘못된 생각을 하게 한다. 소망이 되면 참다운 사람의 길인 순리에 따른다.

선비의 당당한 절개와 기개가 있을 것 같이 보이는 집이 당(堂)이다. 당은 전(殿)보다는 공포가 화려하지 않으나 누구나 가질 수 있는 집은 아니다. 당은 하나하나 보는 집이 아니다. 여러 채를 이어서 보아야 한다. 그리고 그 속의 정신과 사상을 봐야 한다. 당은 배치와 어울림이다. 왜냐하면 한국 건축물은 집합 건축이기 때문이다. 정원, 담, 부속 건축물에도 흐름이 있고, 개성이 있기 때문에 섞어서 봐야 미적인 미를 볼 수 있다.

우리는 한국 건축물을 보면 다 똑같다고 평가한다. 건축물이 변함이 없어 보이는 것은 사람의 변화가 늦기 때문이다. 사람은 생존에는 빠르게 대응하지만 삶의 공간에는 여유가 무한하다. 현대

생활 중에도 밖에서 생활하는 것과 집에 돌아와서 가지는 태도를 비교하면 알 수 있을 것이다.

삶의 방식에 따라 집은 변하기 때문에 집은 천천히 변한다. 건축물은 연속으로 이어져 있기 때문에 외부는 그 집이 그 집 같이 보인다. 그러나 내부는 자기 삶의 주기에 따라 개성대로 변하고 있다.

일본 건축물은 다다미의 규격(0.9미터×1.8미터)으로 모든 것이 결정된다. 큰 집이든 작은 집이든 규격화할 수 있다. 우리는 기본 규격이 없다. 대칭보다 비대칭이 많다. 자연과 함께 하기 위한 삶의 공식이다. 당(堂)은 단순미가 멋이다. 민가의 당이나 사찰의 당이나 환경과 자연이 같이 있다. 당에서 화려나 비화려는 없다. 공포는 익공식이 주된 것이기에 규모의 차이는 있어도 화려는 없다. 자연에 흡수되고, 동화된 자연의 미가 우선되는 집이 당(堂)이다.

중국에도 당이라는 영역이 있다. 외부에 공개되는 집으로 꽤 주목받는 집이다. 집안의 대소사를 치르는 곳이다. 집이 품위 있게 지어져 당당하다는 인상을 준다. 중국집의 특징인 사합원에도 당(堂) 자의 당호가 있다. 중국 산동성 홍예구에는 삼수당이 있는데 도교, 불교, 공자가 같이 초상화 그림으로 존치되어 있다. 이곳에서 중국인들의 합리성과 융통성을 볼 수 있어서 좋았다. 우리도 노자의 무위사상과 주희의 유교사상과 왕수인의 양명학이 함께하였다면, 어떤 세상이 되어 있을까를 생각해 보았다.

당은 외부를 향해 열려 있는 장소다. 외빈을 맞이하고, 예를 맺는 공간의 영역이 있다. 당에는 사람의 결이 있다. 사람의 정이 있다는 것이다. 남의 어머니 호칭과, 사임당 등의 당호, 친척관계의 호칭 등이 발생한 곳도 당(堂)이다. 이는 집의 중요성을 말하는 것이다. 당에는 퇴와 마루가 있어 여유를 느낄 수 있고, 편안한 마음을 갖게 하는 공간이 있다.

외국에는 벤치가 있다. 우리는 툇마루가 있다. 툇마루와 벤치는 땅을 볼 수 있고, 하늘을 볼 수 있다. 내 몸을 자연에 맡기고 세상을 볼 수 있다. 그래서 건축물의 넓은 공간은 힐링과 휘게의 장이다. 둘이 앉으면 손잡게 되고, 셋이 앉으면 세계가 되고, 혼자 앉으면 기대를 하게 되는 것이 당의 툇마루이고 벤치이다. 그러나 벤치와 툇마루는 정착민과 유목민의 차이이며, 당(堂)과 롯지의 관계이다.

당(堂)은 진정한 미를 느끼게 한다. 바람은 소리만 있고, 형체는 없지만 풍문을 전해주고, 흔들림의 아름다움을 보여준다. 당에서 보고 듣는 미와 풍문은 항상 초발심을 기억하게 한다. 바람이 당의 처마 밑으로 오는 것은 주기가 항상 일정하기 때문이다. 또한 바람은 멋진 풍경을 만들어 긴장을 풀어준다. 이 모두가 당(堂)의 선물이다.

보이는 대로 봐야 나를 제대로 볼 수 있다. 보여주는 것만 보지 말고, 보려고 하는 것만 보지 말고, 보이는 대로 보는 것이 제대로 보는 것이다. 우리의 한옥 건축은 도면 우선이 아니다. 집터에 서서 바람길, 빛의 길, 사람의 마음과 산이 품어주는 포근함과 물이 보내주는 물향기가 합치되는 땅에 사람을 우선시하는 마음으로 목수가 알아서 짓는 것이 우리의 한옥 건축이다.

당(堂)에도 흙(土)이 있다. 토(土)의 어원은 흙을 뚫고 나오는 초목이 싹을 틔운 형상이다. 땅 위에 기둥을 세워 제사 지내는 모습이다. 마음에 집을 짓고, 가슴에 집을 짓고, 살아야 자연이 주는 만족감을 배울 수 있다는 것을 말하는 것이다.

당(堂)은 당(黨)과 분리된다. 집당과 무리당이다. 무리당은 주나라 때 500가구를 1개의 당(黨)으로 묶는 호적제도가 생긴 이후부터 무리나 일가를 뜻하였다. 일가나 무리는 식구가 아니다. 무리당은 집에 검을 흑(黑)이 있다는 것이다. 그래서 무리에는 배반의 역사가 많다. 곧 정당(政黨)할 때 당이 무리당을 쓰기 때문에 서로 힘자랑을 해야 한다. 우리라는 단체에는 내가 없다. 위정자들은 나의 일을 해야 하는데 우리 일을 하고 있다. 이것은 무리당에서 일을 하기 때문이다.

집 당(堂)으로 바꾸면 식구의 의미가 있어 위계는 있겠지만 하는 일은 서로 권하며, 존중할 줄 알 것이다. 정당의 당을 집 당(堂)으로 바꾸면 어떤 일이 생길지 궁금하다. 교육은 집에서 실시되는 격대교육이 제일 좋은 것이다. 정치도 그렇게 하면 '덕분에' 소리를 많이 듣는 정치가 될 것 같다.

올바른 태도가 분명한 의지를 키운다. 그 의지가 가문과 가훈을 연결시킨다. 집의 완성은 의지의 완성이다. 완성된 의지는 완성된 인생을 만들 수 있다. 당(堂)은 의지의 힘으로 지어진다. 결단력,

진취력, 끈기가 의지력이 되어 있는 집이 당이다. 당에는 공자와 노자가 서로 공존하고 있어야 한다. 이론과 실제가 병존하는 시간이 현실이기 때문에 서로의 때를 놓치면 안 되기 때문이다.

나는 어릴 때 할아버지가 안 계셨지만 훌륭한 할머니가 계셨다. 할머니의 가르침을 행동화하지 못한 것을 지금도 후회하고 있다. 하신 말씀은 "무조건 참아라, 견뎌라, 무조건 해봐야 한다, 거세게 노력해야 한다, 그래야 너의 의지력이 상승된다"였다. 그때 나는 우리 집을 보고 '마음당'이라고 하였다.

성인이 되어 5칸 집을 보며 기둥의 의지는 주도권이며, 보의 의지는 나눔이라고 하면서 내 생각을 할머니 말씀에 담고 '마음당'에서 시작의지를 지속의지로 키우지 못한 것을 후회한다는 것이다.

당은 주로 상류층의 공간이었다. 상류층의 교육은 본능보다 의지를 중요시 여기는 교육이었다. 사람의 의지는 교육으로 개조되지만 동물은 아무리 교육시켜도 본능을 뛰어넘지 못한다. 당에 사는 선비들은 강한 자유의지가 있다. 자신의 행동과 결정사항을 통제하고, 조절할 줄 아는 힘과 능력이 있다. 당의 공간은 그렇게 구성되어 있다. 당에는 눈에 보이지 않는 냉정이 있고, 차가운 이성이 있다. 우물마루 한쪽에도 흐트러진 곳이 없고, 식구들의 목소리에는 나태함이 없다.

당(堂)은 터를 높이 돋우어 지은 집이다. 전후좌우가 툭 튀어 개방감이 확 느껴지는 집이다. 그래서 당당하고, 자신감이 있어 보인다. 높이 우뚝 솟은 모양은 "세계는 나의 의지이다"라고 말하는 쇼펜하우어의 장자건을 닮았고, 백옥섬의 '나재당'에는 주인의 배짱이 있다. 당(堂)에서는 예(禮), 의(義), 염(廉), 치(恥)의 사유(四維)를 보고 건축물의 품세를 봐야 한다.

자선당

자선당은 착한(善) 성품을 기르다(資)라는 뜻으로 중국 북송 때 황태자의 강학소로 설치되었던 자선당(資善堂)에서 유래했다. 세종대왕이 경복궁을 주로 이용하면서 1427년(재위 9년)에 경복궁 내에 동궁인 자선당, 비현각, 시강원, 익위사를 지었다.

임진왜란 때 불타고 1886년 중건한 자선당을 일제 강점기인 1915년에 일본인 오쿠라 기하치로가 일본으로 가져가 조선관이란 이름으로 오쿠라 호텔의 별채가 되었다. 1923년 관동 대지진으로 소실되었으나 기단은 김정동 교수의 노력으로 1995년 12월에 돌아왔으나 사용치 못하고, 건청궁과 녹산 사이에 보존되어 있다.

지금의 자선당은 1999년 12월에 복원된 것이다. 자선당이 일본에 있을 때 방의 구들 시설에서 힌트를 얻어 바닥에 파이프를 깔아 난방을 하면 어떨까 하는 생각을 한 프랭크 로이드 라이트(1867-1959)는 1937년 이를 적용한 '허버트 제이콥스 하우스'를 만들었다. 이후 지금의 바닥 난방 보일러가 유행하였다. 프랭크 로이드 라이트는 일본 제국호텔을 설계하려고, 일본을 방문하였을 때 자선당(조선관)에서 머물렀었다.

자선당은 정면 7칸 측면 4칸으로 대청마루가 정면 3칸과 측면 2칸이며, 온돌방이 정면 2칸에 측면 3칸, 퇴칸은 정면 3칸에 측면 1칸으로 전후좌우에 있다. 공포는 이익공이며, 기둥 사이에 화반을 놓아 겸손한 절제의 미가 새로워 보이고, 그 위에 운공을 얹어 하늘 위의 집같이 지었다. 기둥은 사각기둥으로 땅의 중요성을 의미하였다. 지붕은 팔작지붕이다. 팔작지붕은 한옥의 목재 사용의 절약을 보이면서 필요공간은 다 확보하는 지붕 형식이다. 이 형식에서 우리는 근면, 절약, 진취적 의지를 배울 수 있다.

1.5미터 높이에 다섯 계단으로 오르는 계단을 만들고, 자선당을 지었다. 다섯 계단은 구궁도의 중심 수 5가 왕을 상징하기에 장차 왕이 될 재목을 키운다는 의미가 있는 것 같다. 왕이 되어 국민을 돌봐야 할 세자의 근본을 다지는 공간이다. 이 공간에서 올바른 의지와 근면과 애민에 대한 학습이 이루어지고, 부부와 가정의 사랑과 정감을 만드는 능력을 가진 사람으로 성장한다. 당(堂)은 외면보다 내면에 강건함이 있다는 것을 보여주는 곳이다.

속 빈 청춘을 만들지 않으면서 아름다움을 느낄 수 있는 시절을 세자는 자선당에서 보낸다.

왕으로서 갖춰야 할 용현(用賢 알고 살피는 법), 상대방으로부터 좋은 것을 취하는 능력(取善), 결정과 판단의 적절성을 아는 능력(識時務), 선왕을 본받음에 대한(法先王), 하늘이 준 계율에 주의할 것을 말하는(謹天戒), 기강을 세움에 대한(立紀綱), 백성을 평안하게 하는(安民), 교육을 널리 펴는(明敎), 올바른 정치를 펴는(爲政功效)을 세자는 공부한다고《성학집요》에서 말하고 있다.

만약 자선당이 말을 한다면, 상술한 것은 내가 다 가지고 있다고 말할 것이다. 당(堂)은 사람을 상하로 나누지 않고, 당당하게 벗으로 보기 때문에 아픔과 즐거움을 모두 하나로 보는 집이다.

세자는 아침과 저녁에 문안 인사를 하였다. 문안은 몸으로 하는 효도다. 문안이 끝나면 돌아와 식사를 한다. 그리고 조강이라는 오전 공부를 하고, 점심 후엔 주강을 하고, 석강까지 공부만 한다. 그리고 저녁 문안을 하고, 저녁을 먹고 잠자리에 든다. 세자의 교육은 근면과 부지런함이 함께 한다는 것을 잘 보여주고 있다. 그래서 자선당은 생활공간, 교육공간, 도서관, 선생님들의 공간으로 나뉘어 있다.

선생님들은 영의정을 비롯한 겸임 7명과 전임 5명이다. 이들이 세자교육을 담당하였다. 정조는 효경, 동몽선습, 소학, 대학, 논어, 사략, 맹자, 중용, 서경, 강목, 시경을 공부하였다고 한다. 세자교육은 시강원에서 담당하는 문과 교육과 익위사의 관련 전공자들이 예체능 교육을 맡았다. 선생님들도 젊은 선생님과 노성한 선생님들을 고루 모시고 이상과 현실을 적절하게 조화롭게 가르친다고, 신명호가 지은 《조선 왕실의 자녀 교육법》에 설명되어 있다. 끊임없는 공부로 훌륭한 국왕이 되는 것이다. 모소 대나무가 자라는 과정이 세자가 자라는 과정이다.

교육과정 중에서도 특히 효가 강조되었다. 문종은 세자 시절에 자선당 주위에 앵두나무를 심어 앵두가 열리면 직접 따서 세종에게 드렸다고 한다. 세종대왕은 앵두를 무척 좋아했다고 한다. 그래서 자선당을 궁녀들은 앵두궁이라 했다고 한다. 앵두는 '꾀꼬리가 즐겨 먹는 복숭아'란 의미로 앵도라 하다가 앵두로 바뀌었다고 한다. 다 자라도 앵두나무는 2-3미터밖에 안 되기 때문에 누구나 따 먹을 수 있다. 세종대왕은 국민과 함께 먹을 수 있어 좋아했나 하고 생각해 본다. 아마도 송나라의 서긍이 지은 《고려도경》에 "앵두가 초맛 같다"고 예찬되어 있기 때문에 독서광인 세종대왕은 앵두에 대하여 잘 알았을 것이다.

자선당은 7칸의 건축물이다. 칠정이란 말이 있다. 기쁨, 노여움, 슬픔, 즐거움, 사랑, 미움, 욕심이다. 감정은 통제가 가능하다. 이성이란 양념이 골고루 스며들어야 한다. 세자가 필요한 것은 감정 조절이기 때문에 칠정을 알라고, 7칸으로 지었을 것이다. 건축물은 사람을 만들기 때문이다. 그러나 더 중요한 것은 물에서 배우는 칠덕과 칠선일 것이다. 물은 통치자가 가장 중요시해야 하는 것이다. 농사와 직결되고 삶과 이어지기 때문이다.

물은 노자가 말한 수유칠덕이 있다. 1, 물은 낮은 곳으로 흐른다

(겸손). 2, 물은 막히면 돌아갈 줄 안다(지혜). 3, 물은 구정물도 받아들인다(포용력). 4, 어떤 그릇에도 담을 수 있다(융통성). 5, 바위도 뚫어내는 힘이 있다(인내). 6, 장엄한 폭포에도 투신한다(용기). 7, 유유히 흘러 바다를 만든다(대의)는 것이다.

수지칠선도 있다. 1, 낮은 땅에 즐겨 임하고 사람 사는 곳을 편하게 한다(거선지). 2, 물은 연못처럼 모든 것을 받아들인다(심선연). 3, 아낌없이 누구에게나 은혜를 배푼다(여선인). 4, 훌륭하고, 믿음이 있다(여선신). 5, 물은 훌륭하게 다스려지게 하고, 바르게 살게 한다(정선치). 6, 일을 맡으면 잘 융화하여 처리하고 노도처럼 일처리에 막힘이 없도록 실력을 배양한다(사선능). 7, 얼 때와 녹을 때를 알듯 움직임은 옳다고 여길 때를 고른다(동선시)는 것이다. 칠덕과 칠선을 가진 물은 사람들에게 최고의 스승이다. 여의도를 가려면 금천인 한강을 건너야 한다. 우리의 위정자들도 금천이 무엇이며, 한강에 물이 많다는 것은 알고 있을 것이다.

마하트마 간디의 묘역 입구 돌비석에는 '망국으로 가는 일곱 가지 사회악'이 새겨져 있다. 1, 원칙 없는 정치. 2, 노동 없는 부. 3, 양심 없는 쾌락. 4, 인격 없는 교육. 5, 도덕 없는 상업. 6, 인간성 없는 과학. 7, 희생 없는 신앙이 새겨져서 오가는 이의 가슴을 다잡게 한다. 우리의 세자교육에는 이런 내용들이 다 포함되어 있었다. 지금도 교육과정에 필요한 내용들이다.

세자는 떠오르는 빛이 있는 동쪽에서 강한 의지력을 배우는데 그 대상이 물과 빛과 흙과 바람이다. 자연과 조화를 말하는 것이다. 곧 세상의 변화를 알고, 소통의 힘을 우리는 키워야 한다. 당(堂)은 여러 사람이 왕래하는 집이기에 열린 공간을 더 넓혀 모든 이들이 모여들어 서로의 생각을 토론하는 곳이어야 한다. 르네상스는 매디치가의 열린 공간에서 나온 사조이다.

세자는 강한 의지력을 동궁에서 배우고 습관화시킨다. 세자와 세자비의 생활공간인 자선당, 세자가 신하들과 나랏일을 의논하고 독서하는 비현각, 교육의 공간인 시강원, 경호의 공간인 익위사로 배치되어 있다.

자선당은 사랑과 연민의 감정을 꽃피울 수 있고, 미래의 각오를 다지며, 국민에 대한 애민정신을 배우는 공간이다. 우리도 자선당을 보면서 의지와 의지력을 초심으로 가져야 한다는 것을 깨달아야 한다.

"사람이 사람다울 수 있는 힘은 그의 의지에 있는 것이지 재능이나 이해력에 있는 것이 아니다. 아무리 재능이 많고, 이해력이 풍부하더라도 실천력이 없으면, 아무 일도 할 수 없다. 의지가 운명을 바꾼다"고 에머슨은 말했는데 우리의 선조들은 의지에 대하여 더 확실하게 알고 있었다. 은둔의 의지가 우리의 역사 의지이기 때문이다.

자선당의 편액에서 선(善) 자는 '착함이란 숨어 있는 능력이 되어야 한다'는 것을 말하는 것이다. 자선은 착함을 기르는 것이다. 은근과 끈기는 안 보이는 그늘의 빛이 되어야 한다는 것을 알기에 본심을 숨기는 의지를 즐겁게 가진다.

자선당은 세계를 향한 당당함을 키우는 집이다. 읽는 학습과 보는 학습이 모여서 착함을 기른다는 것을 알게 하여 준다.

묘(廟)

효는 정성과 같이

묘(廟)는 조상이나 성현의 위폐를 모셔두고 제향하는 건축물이다. 제사는 '오시오'의 뜻을 포함하는 효의 표본이고, 모시는 것에 대한 극대 존칭이다.

"책 중의 책은 글자가 없는 책이고, 그림 중의 그림은 그림이 없는 그림이다"라고 했다. 모든 것을 비우고, 세상을 보라는 이야기다. 인생도 그렇다. 훌륭한 삶은 흔적이 없는 삶이다.

석가모니, 예수, 공자, 소크라테스, 마호메트 등은 그림 하나 책 한 권 남기지 않았다. 그렇지만 우리는 그들의 흔적을 그리워하며, 집을 지어놓고, 제사라는 형식의 의례를 지키고 있다.

겸손이란 이들과 같이 자신을 잊어버리는 것이다. 그리고 사람들에게 선각자 소리를 들으면 후예들은 그들의 겸손에 존경을 표하며, 기억하고, 그리워하며, 제례를 묘(廟)에서 갖는다.

묘(廟)는 사당묘라고 한다. 조상이나 성현의 신주를 모신 곳을 말한다. 또 묘당(廟堂)이라고 말하기도 하는데 이는 나라와 정치를 다스리는 조정과 조선시대에 가장 높은 행정관청인 의정부를 뜻하며, 종묘와 명당을 말하기도 한다.

우리가 말하는 묘는 조상이나 성현의 위폐를 모셔두고, 제향하는 건축물이다. 왕실이 신위를 모신 종묘, 공자를 모신 문묘, 일반 백성들의 조상을 모신 가묘, 황제의 신위를 모신 태묘 등이 있다.

묘(廟) 자는 아침(朝)에 일어나면, 조상에게 인사드리러 가는 집(广)을 뜻한다. 묘란 집을 짓고, 그 속에 신의 위폐를 봉안하고, 제사 지내는 사당이다. 대부분의 사당은 사(祠)라 부르지만, 나라에서 인정하고 윤허한 특정한 사당만을 묘라 칭한다고 한다.

조선시대에는 각 고을에 3개의 단과 하나의 묘가 있었다고 한다. 동쪽에 국태민안을 기원하는 성황당, 서쪽에 풍년을 기원하는 사직단, 그리고 떠돌다 죽은 원혼을 위하는 여단이 있었고, 향교에는 문묘가 있어 삼단일묘가 된다.

사당보다 묘라고 한 것은 나라에서 격을 높인 것이다. 묘는 위폐를 모신 집으로 국가의 가장 으뜸가는 집이란 뜻이다. 유교적 세계관은 사람은 영혼인 혼과 육신인 백이 결합되어 있는 존재이며, 죽음이란 이 둘이 분리되는 것으로 봤다.

혼(魂)은 집에서 살고, 백(魄)은 무덤에 있다. 둘이 떨어져 있지만 이름은 우리글로 똑같은 묘(廟)와 묘(墓)를 가진다. 죽은 사람을 위해 유교에서는 2개의 묘를 이용했다. 묘(廟)는 영혼이 있는 집이고, 무덤(墓)은 백을 모시는 곳이다. 묘에서는 죽은 이의 혼(魂)을 신주로 받들어 제례를 올리면서 후손들은 정신적 지주로 삼았다. 여기서 묘 건축이 생겼다.

서양의 신전 건축물과 같은 것이다. 신은 영생하기에 신당묘에 있다라고 한다. 동양에서도 자연신에 관련된 건축물을 묘라고도 한다. 일반인은 사당을 지어 가묘라 하며, 유교의 보본사상에 의하여 세운 것을 공묘(孔廟)라고 한다. 그 외 관우를 모신 관왕묘가 있다. 그리고 종묘는 도읍지에 있다.

묘는 세상에 좋은 일을 많이 남기고, 죽은 사람 즉 흔적을 가볍게 여기고, 사람들에게 느낌을 많이 준 사람이나 신들을 추모하기 위하여 지은 건축물이다. 종묘나 문묘의 묘는 국운상승을 위하여 제사를 지내는 곳이며 땅, 곡식, 바다, 하늘에 제사를 지내는 곳을 묘라고 강조하는 사람도 있다.

묘 건축물에는 풍판이 붙어 있는 맞배지붕이 많다. 강한 바람이 부는 쪽으로 서 있으면 강풍이 되지만 등을 돌리고 서 있으면 순풍이 된다. 묘에서 제례에 참석하고, 일어서면 풍판 밑에서는 순풍이 흘러나와 후손들을 어루만져 준다.

그리고 제례는 내 몸의 자세와 시선, 표정, 감각을 경건하게 해주는데 조상과 신들의 보살핌을 받는 의식 같다. 묘 주변에는 조상의 염원과 자연의 조건들이 내 몸을 보호해 주며, 이끌어주는 기운에 빠지는 느낌도 받는다. 또한 가슴을 찌르는 명심해야 할 말도 남겨준다.

그리스나 로마의 왕이나 황제의 마우솔레움(Mausoleum)도 묘와 같은 곳이다. 페르시아 제국의 카리아 총독 마우솔로스를 위하여 그리스의 할리카르나소스에 축조된 높이 50미터의 묘묘(墓廟)가 있다.

동서남북의 장식 조각을 각각 다른 사람이 담당하였고, 설계도 시티로스와 피테오스 2명이 하였다. 건축물은 장식 조각들이 깨어졌지만 영국의 박물관에서 아름다운 진기함을 보여주고 있다.

"벽돌로 된 로마를 물려받아 대리석으로 된 로마를 남겼다"고 한 아우구스투스도 영묘를 가지고 있다. 이집트의 장제전도 묘이다. 서양의 묘는 웅장하고 아름다운 기술을 심었지만 우리의 묘는 화려하지 않다. 산 자와 죽은 자 또는 신과의 거리를 좁히는 단아함을 강조하는 묘를 우리는 가지고 있다.

묘(廟) 앞에는 월대가 있다. 월대의 아래는 인간세상이다. 월대 위는 신의 공간이다. 월대는 인간과 신이 만나는 곳이다. "고귀한 단순성과 고요한 위대함"이란 빙겔만의 말이 생각나는 곳이다. 단순과 고요가 고귀함을 강조하는 월대다.

묘 건축물은 공포가 익공식으로 화려하지 않고, 원기둥이 많아 하늘과의 어울림이 보인다. 또 3칸의 건축물이 많은데 천, 지, 인의 조화를 강조하기 위한 것이다. 퇴칸의 바닥은 주로 흙과 돌로 되어 마루를 대신하는데 이는 불편의 편의성으로 제례에 참여함을 강조하는 것이라 생각된다.

기단 위에 건축물을 세우고 나면 양 측면과 후면은 건축물과 기단의 끝까지의 폭이 넓지 않다. 이는 배려와 협조를 이야기하며, 조계(동쪽계단)와 서계의 조화가 묘의 출입문인 신문(神門)과 균등의 미가 참 좋아 보이게 한다.

왕은 천하의 신에게 제사 지냈고, 수령은 그 영지 안의 신에게 제사를 지냈다. 신의 대상은 조상 및 하늘, 땅, 산, 강, 바다, 해, 달 등을 포함하였다. 이러한 신을 천지신명이라 부르면서 제사의 대상으로 삼았다.

왕은 하늘에 제사 지내고, 지방관은 산천에 제사 지내며, 그 이하 계층은 자신들의 조상에게 제사 지낸다. 제례는 제사 지내는 의례이다. 국가와 지방과 가정에 대한 의례에 있어 왕은 세 가지 역할을 위하고, 지방관은 두 가지 역할을, 그 밑은 한 가지 역할만 하면 되는 체계였다.

효의 극치에 이르는 행동이 제사이다. 생전의 봉양과 상중에는 상복을 입고, 상이 끝나면 제사를 지낸다. 이것이 묘 건축과 무덤 장식을 상징화시킨다. 제사도 경국대전에 보면 3품 이상은 4대까지, 6품관 이상은 3대까지, 7품관 이하는 2대까지, 일반인은 부모 제사만 지낸다고 했다.

그러나 1894년 갑오경장 이후 신분철폐가 되면서 누구나 4대까지 봉사하는 제사의례를 가졌는데 신분에 대한 일종의 한풀이의 결과 같은 느낌을 받을 때가 있다. 이러한 의례도 참다운 가치 의식으로 바꾸는 것을 생각해 볼 때가 된 것 같다.

묘 건축물은 누가 봐도 화려하지 않은 절제된 기법으로 축조되어 있다. 이렇게 지어야 한다는 규제가 없기 때문에 꼭 필요한 장식만 설치되고, 단청도 색채와 문양 사용을 극히 절제하였다.

건축물의 진정한 가치는 집을 생각할 때 삶을 생각하게 하고, 집을 지을 때 여러 가지 삶의 길을 찾게 하고, 집을 사용할 때 삶을 사는 방법을 찾게 해주는 것이다. 삶은 수학 방정식의 공식이 아니다. 이것이 반대가 되면 묘의 의미가 되는 것이다.

조선 말기의 관리였든 한필교(1807-1878)는 관직 생활을 하면서 자신이 근무하든 건축물을 그림으로 그려 화집을 만든 사람이다. 그 화집이 《숙천제아도(宿踐諸衙圖)》이다. 제도와 생활의 되돌아봄과 과거와 현재를 비교하는 것도 그림을 보며 찾아보는 것이 제일이라고, 그의 말이 이 그림에서 이어진다. 《숙천제아도》는 하버드 대학교의 옌칭 도서관에 있다고 한다. 건축에 필요한 자료집이다. 건축물은 인생 기록에 대한 가장 좋은 일기장이다. 의례의 공간도 이 그림에는 있다.

종묘는 500년 건축의 일기장이면서 제례 기록의 역사서이다. 내부는 닫집 형태의 문양이 있으면서 신위 함이 제사상보다 조금 높이 있고 평상시는 왕의 색깔인 황금빛의 막이 쳐져 있다. 신위가 앉은 좌대는 아름다운 문양이 조각된 천상의 좌대 같다.

묘 건축의 내부에 대한 관심은 섬세하여야 한다. 둥근 기둥과 연결되는 구조물의 선이 맞아야 하고, 익공의 깨끗한 곡선이 신위의 행동에 장애가 없어야 하고, 홑처마와 연등천장을 만들어 신의 드나듦에 안정감을 가지게 하였다. 익공의 공포는 신조사상으로 새는 하늘과 연결되는 메신저로 본다.

전면이 퇴칸이고, 나머지 삼면은 벽체로 감싸 내부를 어둠의 공간으로 만들어 신성을 높이고 있다. 문은 두 짝씩 달려 있으나 한 쪽 문이 약간 들려 있는데 이는 혼이 드나들기 위한 공간이라고 한다. 내부는 하나하나의 공간으로 되어 있으며, 각 칸마다 신주를 모신 감실을 두었고 서쪽을 상석으로 배치한다.

묘는 정제되고, 근엄하며, 신성한 공간이다. 신위를 위한 공간구성이 첫째이고, 제례예법을 생각하는 공간구성이 둘째이며, 제례 참석자들의 행동이 편리한 공간이 되게 하여야 한다. 또한 의례공간의 위계질서도 중요하다. 이와 같이 묘 건축은 집 짓는 사람들이 공부를 많이 하여야 하는 어려운 건축물이다.

이런 어려움 속에서 정체성을 위하여 집 짓는 사람들은 처마를 길게 만들어 재향 공간을 어둠과 밝음의 중간을 택하게 하고, 신들의 놀이에 불편함이 없게 상하좌우의 폭을 만든다. 집 짓는 사람들의 상상력이 신들이 만족하는 신의 집을 짓는 것이다.

건축물 외관은 처마를 길게 만들어 그림자 효과로 공간의 빛의 세기를 조절하였다. 유연하고, 부드러운 분위기로 만들며, 반복되는 기둥 선은 기단과 지붕을 분리하는 것처럼 보이면서 전체적인 공간을 조화롭게 존재시킨다.

묘 건축물의 모든 처리는 단순하게 하였으며, 선과 면을 줄여 각을 적절히 조절하고, 조형과 구성을 아주 단조롭고, 단아하게 하였다는 것을 몇 번 강조하였다. 단순함이 기품을 만든다는 말을 하고 싶다. 묘에는 신성함의 기가 있다. 이는 조선의 이상사회 건설에 성리학 이념을 묘에 담았기 때문이다.

맞배지붕의 형식을 가진 묘가 많다고 하였는데 이는 기와지붕으로는 간결한 구성이며, 고급집에서는 주로 주심포 계통의 집에 보편적으로 사용된다. 추녀의 짜임이 보는 이들의 거부감을 줄이고, 상량과 부재들이 훤히 보여 숨김이 없는 구조로 되어 신들과 일체감을 형성케 한다.

묘 건축물의 존재감에서 우리는 가문의 명예와 인맥의 우월감을 찾기도 했고, 우리 지역의 산신, 강신, 바다신에 대한 기대감이 있었을 것이다. 그러나 지금은 우리가 한만큼 받는다는 현실감각이 필요한 바람을 가져야 한다.

청춘의 생각과 장년의 행동과 노년의 판단이 같아지는 묘의 제례가 되어야 하며, 출필고 반필면의 자세를 생활화하여 부모와 조상을 돌보는 효의 정신을 계승하고, 견마지양을 배척하는 마음을 가져야 묘 앞에 가서도 고개를 들 수 있다. 효(孝)는 도(道)이기에 어려운 것이다.

내 자식들이 해주기 바라는 것과 똑같이 네 부모에게 행하라. 소크라테스가 한 말이다.

동해묘

청춘의 근육 같이 움직이는 동해를 보니 지구와 달과의 중력이 생각되고, 동해묘에 이르니 바다와 달과 땅에게 제사 지내는 모습이 그려진다.

난설헌의 〈몽유광상산시서〉가 읽고 싶어진다. "(상략) 부용삼구타(芙蓉三九朶) 홍타월상한(紅墮月霜寒)" "부용꽃 스물일곱 송이, 붉어 떨어지니 하얀 달만 쓸쓸하구나" 하며 자기의 삶을 예언한 시 같아 머리에 남아 있다. 바다 가운데 있는 광성산에는 동해묘(廟)가 있었을 것이다.

동해묘에 오니 동서남북의 방향이 새로워진다. 내가 보기에는 태양은 동쪽에서 뜨고, 서쪽으로 진다. 그런데 태양의 입장에서 보면 어느 쪽에서 뜨고, 어느 쪽으로 질까? 동해의 해변에 서면 방향을 생각하게 한다.

지구가 자전하는 것은 서에서 동으로 한다. 평소와 반대로 생각하는 시간을 가져보는 것도 재미있다. 세계를 자연스럽게 알게 한다. 세(世)는 과거, 현재, 미래이며, 계(界)는 사면팔방의 방향이다. 그래서 묘는 세월과 사면팔방에 있는 여러 신들에 대한 제례공간이 된다.

묘(廟)는 신의 공간이다. 신의 입장에서 세상을 볼 것인가? 나의 입장에서 세상을 볼 것인가를 결정하게 하는 것이 나에게 주어진 선택의 범위이다. 집의 입장에서 묘를 보면 제례를 생각하게 한다. 제례의 입장에서 묘를 보면 신의 입장에서 묘를 보는 것과 같을 것이다. 존엄성과 고귀함을 소중히 하는 관습을 만들게 하기 때문이다.

집의 기능은 사람들이 만들지만 신과 세상의 삶도 집과 같이한다. 보는 방향을 확대하느냐, 축소하느냐의 차이가 묘의 기능을 대, 중, 소로 만드는 것이다.

푸코의 말이 생각나서 동해묘의 뒤에 있는 '동해신묘 중수 기사비'라는 비석을 본다. "인간이 만들어 낸 제도가 인간을 얼마나 억압했는가." 푸코의 서양식 사고로는 우리의 제례에 대하여 이해하기가 매우 힘들 것이다. 우리의 사고는 집에 음악을 심어 우리를 우리가 순화시키고, 정서를 만들기 때문이다. 제례에는 음악이 있다. 이 음악이 제례를 인간세상으로 끌어주는 것이다.

영웅이나 신을 생각하면 서사시가 생각나고, 동해묘의 마당과 주위를 보면 서정시가 읽고 싶어진다. 하프를 닮은 리라라는 악기에서 나온 Lyric를 번역한 것이 서정시로 정과 개인의 주관적 감정을 담은 음악이 일체화가 된 것이 서정시이다. 사람이 제례를 행하는 것은 서정시의 부름에 따르기 때문일 것이다.

제례의 음악 중 연주는 유빈(蕤賓, 음력 5월을 달리 부르는 말)을 연주하고, 노래는 함종(函鍾)으로 하고, 춤은 대하로 춘다고 동해묘의 제례에 대하여 인근의 어른들이 얘기해 준다. 그런데 춤의 근거는 알 수가 없었다. 공자의 제자였던 자하는 "하류사회에서 자연 발생적으로 불리던 민간 노래를 듣고, 노래는 바람이고, 가르침이며, 바람이 불면 초목이 움직이고, 이를 가르치면 사람이 변화한다"고 썼다.

이것이 보들레르의 인공낙원 찬양의 소재였을 것이고, 장자의 무용지용의 전함이었을 것이다. 동해묘의 솔밭에서 바다의 노래인 유빈을 연주하고, 함종을 부르며, 대하의 춤사위를 몸짓해 본다.

동해묘는 초익공의 공포이며, 아래는 원형 서까래가 있고, 위는 사각형 서까래인 겹처마로 되어 있고, 주초는 원형으로 70센티미터 정도의 직경이며, 기둥은 16개의 목재 원기둥으로 직경 38센티미터 정도의 크기이다. 지붕은 맞배지붕이며, 양 측면에는 풍판이 건축물을 보호하고 있다.

3칸의 아담한 묘 건축물로 전면은 퇴칸으로 되어 있고, 묘 전면에는 칸당 4짝의 문이 달려 1년을 의미하듯 12짝의 문이 전면을 막고 있다. 문살이 한지의 부착성을 견디며, 신들의 숨소리를 통과시킨다. 서까래는 68개로 '많이 가졌든 적게 가졌든 남을 위해 나누는 마음을 모시며 예순여덟 번째 절을 올립니다'라는 108배의 68번째를 생각나게 하고, 신들의 베풂이 느껴진다.

바닥에서 좁은 월대에 오르는 계단이 3단으로 천, 지, 인을 상징하며 조계와 서계로 되어 있다. 기둥에는 주련이 없다. 묘는 신의 세상이기 때문에 인간이 겸손해야 하기 때문이다.

배려하는 단청이 눈길을 끈다. 처마 끝의 단청 문양이 매화점이다. 절개와 기품을 뜻한다. 신을 위해 제관들은 뜻과 의를 다하겠다는 각오를 전한다는 문양이다. 매화문양을 보면 빙자옥질이 되뇌어진다. 아래 처마도 7개, 윗 처마도 7개의 매화점 문양이 있다. 위의 7현들이 아래를 보며, 칠정에 대하여 논하는 것 같다.

아래는 원탁이고, 위는 사각 테이블로 보이지만 상석과 하석이 없어 보이고, 격이 없는 평등의 균등으로 보인다. 건축물을 빙 둘러 496개의 매화 꽃송이가 동해묘를 감싸고 있다. 국민들께 복을 주는 집으로 서의 기능이 매화꽃에 있어 보인다.

유교 건축물에는 모로 단청을 많이 이용한다. 모로 단청은 가칠 상태로 그냥 두어 단아한 느낌을 주기 때문에 선비의 기질이 보인다.

자연은 자연을 부르고, 자연스럽게 자연이 된다. 넘지 않고, 가득 차지 않는 바다도 자연이다. 자연은 우습게 봐서는 안 된다. 신들의 근엄함도 자연이란 도량에서 수련한 표징이다. 그래서 인간들은 집을 지어 받치면서 겸손하고, 겸양스럽게 신들을 대한다.

시간을 이어가며, 세월을 영속시키는 신들의 활동에 사람은 무엇을 할 수 있는지 생각해 봐야 한다. "과거의 현재는 기억이며, 현재의 현재는 관조이고, 미래의 현재는 기대이다"라는 말을 어디선가에서 읽었다.

토마스 아퀴나스가 말한 비례와 밝음이 설명되어지는 곳이 동해묘이다. 한국 건축의 비례는 황금비가 아니고, 자유스러운 비례가 많다. 정전이나 대웅전, 묘 등은 엄격함이나 근엄함 또는 예의 공간으로서 대칭의 미를 가지고, 비례의 미를 지키고 있다.

서양의 미터법에 비해 우리 것인 칸의 비례미가 밝음을 더 많이 유지토록 한다. 묘는 삼면이 막혀 신이 좋아하는 조도을 만든다. 자연의 빛은 신이 만든 빛이다. 어둡게도, 흐리게도, 밝게도 신이 만든다. 제례의 공간은 자연의 빛인 신의 빛과 인간의 빛인 촛불이 같이 합하여 바람을 이루게 한다.

동해묘는 바다 신에게 제례를 드리는 공간이다. 바다의 일은 쉼이 없다. 사계절을 계속 일하게 한다. 바다 일은 다른 일과 달리 일기 변화에 민감하다. 그래서 제의 종류도 많다. 나라에서 국민을 위하여 제례를 올렸는데 바다에 올리는 제는 강원도 양양의 동해신묘, 황해도 풍천의 서해단, 전라도 영암의 남해신사에서 해신을 모셨다. 강신은 함경도 경원의 두만강 신묘, 평북 의주의 압록강 신묘에서 모셨다고 한다.

우리는 포세이돈 신전은 잘 알면서 동해묘는 잘 모르고 있다. 옛날에는 왕이 제물과 향과 축문을 내려 제를 올리게 하였다. 향을 사르면서 동해의 해신에게 국가의 운명을 길하게 해달라고 빌고, 국태민안과 풍농 풍어를 기원하였다. 왕의 애민사상이 제례에서 나타나게 하여 국민을 단결시키고 예를 숭상시켰다.

허균이 양양 동해묘의 중수비에 "신라 때부터 이곳에서 용왕께 제사를 지냈다"라고 쓴 것을 보면 신라 때부터 해신제가 있었다고 봐야 할 것이다. 동해묘에는 왕이 내린 향과 축으로 매년 새해 별제와 2월과 8월에 제를 행하여 왔다고 한다. 고려 성종 10년(991년)에서 현종 19년(1028년) 사이에 건립된 것으로 추정하고 있다. 조선 순종 2년(1908)에 일제의 통감부 훈령으로 동해묘가 훼철된 후 85년만인 1993년에 지금의 동해묘를 복원하였다고 한다.

현종 8년(1667)에 미수 허목의 글에도 "양양에는 해상에 동해신묘가 있다"고 하고 있으며, 조선 후기의 대표적 지리서인《여지도서》의 〈산천〉과 〈단묘〉 편에도 동해묘는 부(府) 동쪽 13리 해상에 있으며, 정전 6칸, 신문 3칸, 전사청 2칸, 동무와 서무 각 2칸, 백천문 1칸으로 되어 있었다고 건축물 현황을 말하고 있다.

해상에 있다는 말은 바닷물이 해자를 만드는 섬이라는 것이다. 지금 동해묘가 있는 지역명이 조산리이다. 조산은 사람들이 만든 산을 이야기하는 것이다. 이것으로 본다면 동해묘는 섬에 있었다는 말이 맞게 된다. 지금 그와 같이 복원한다면 세계 어느 곳에도 없는 묘가 될 것이다. 건축물 복원은 어렵다. 그렇지만 민족의 얼과 생각이 이어져 갈 수 있도록 원형을 살려 복원하였으면 좋겠다.

동해묘가 원형대로 복원되어 이 나라의 신에 대한 건축의 묘가 되살아나길 바란다. 지금은 뒤로 들어가서 뒤로 나오게 되어 있어 길가에 있는 맥문동 보기가 부끄럽다. 주변의 대나무 소리가 과거를 그리워하고, 소나무의 슬픈 소리는 내 몸을 줄 터이니 옛날의 그리움을 돌려달라고 하는 듯 내 귀에 들려온다.

양쪽에 달려 있는 풍판의 단아함이 여인네 12폭 치마폭으로 건축물을 감싸고 있는 듯 보인다. 풍판 밑으로 베란다 효과가 나온다. '덮다'를 의미하는 산스크리트어 '바란다'에서 유래하였다. 베란다의 완충 작용이 묘의 기능을 한층 부추겨 준다. 신들의 타오르는 정열을 베란다에서 완충시킨다. 덮개를 이고 있는 모습이 신에게 효도를 하고 있는 것 같이 보인다.

퇴칸의 바닥 부분이 현묘에 들어가는 관이라고 하는 현관과 같은 것이다. 제사에 진실된 제향이 될 수 있게 참선으로 드는 관문을 의미한다.

문에 달린 동그란 손잡이를 악수하듯 잡고, 문을 열면 동해광덕용왕신이 해와 달과 황룡과 청룡을 대동하고, 이 나라의 무궁무진한 발전을 위해 웃으며 앉아 있다.

서해의 광운왕, 남해의 광리왕, 북해의 광택왕도 같이 있으니 우리는 아무 걱정 없이 열심히 일을 하고, 때에 맞추어 4대 왕을 뵈면 된다. 나라는 국민이 만들고, 위정자들은 국민이 못 보는 곳을 보면서 국민의 식, 주, 의를 찾아주면 되는 것이다. 이것을 묘에서 바란다. 묘의 신들도 화합하여 사람들이 열심히 삶에 충실하길 바랄 것이다. 또한 효도도 중요하다라고 하며.

사(祠)

효는 우리의 잠재된 민족혼

사(祠)는 성현이나 충신 등의 위폐나 영정을 모셔놓고, 제사 지내는 건축물을 말한다.

사(祠)는 사당으로도 불린다. 제사를 지내는 곳으로 보일 시(示)와 맡을 사(司)를 조합한 글자이다. 시(示)는 제사를 지내는 제단 모양이며, 글자로 조합될 때는 귀신, 혼령, 제사, 신 등의 의미를 갖는다.

제사의례를 위한 공간은 단(壇), 묘(廟), 사(祠)로 구분을 많이 한다. 민간 신앙에 의한 여러 신을 모시는 사당 또는 일반적인 사당의 의미로 쓰일 때 당(堂)은 사(祠)보다 격이 낮은 신분으로 된다. 사는 사적인 가묘의 성격으로 위폐와 영정을 모신 건축물이다. 이를 조두지소 또는 추모지소 라고도 한다.

사(祠)는 추녀 끝이나 특정 부분에 단청 문양을 그리면서 숫자와 문양을 4개 또는 7개로 나타내어 성리학의 개념 중 사단칠정을 생각하게 한다. 사(祠)는 선현이나 구국의 용장 또는 충의 열사, 의병 등을 모신 곳이기도 하다.

조선시대의 통치이념은 충과 효였다. 충과 효가 충돌하면 효를 앞세웠다. 충신이 효자의 문에서 나온다고 하여 효를 근본으로 여겼다. 조상과 부모에 대한 효를 강조한 사회가 조선시대였다. 부모상을 당하면 고위관직에 있어도 묘 옆에 초막을 짓고, 시묘 살이 3년을 하는 것을 도리로 알았으니 효가 최우선이었다.

"집에 들어가서는 효도하고 밖에 나가서는 충성하라"는 것은 공자의 말이며, "매사에 무위로 대하고, 말이 없는 가운데 가르침을 행하라"는 것은 노자의 주장이고, "악한 일은 하지 말고, 오로지 착한 일을 받들어 실행함" 은 석가여래의 교지이다. 최치원의 《난랑 비서문》에 나오는 화랑제도 설치에 관한 내용 중 일부인데 효를 기본으로 삼아 충실히 이행하라는 것이다. 사람의 언행을 엄숙하게도 하고, 경솔하게도 하는 것이 건축물이다. 그래서 제사를 행하는 공간은 보통 3칸으로 하여 별동으로 짓는다. 그렇게 하여 엄숙한 예의절차 속에서 제사를 지낸다.

제사는 효와 질서에 대한 교육 효과를 가져오며, 자손의 제사 참석은 가문의 단결과 가족의 질서를 가르친다. 그리고 사회질서와 국가의 위계와 질서를 가르치는 것으로 보았다. 우리는 제사의식을 단군 때부터 가지고 있었다고 본다. 움막과 초막의 사당이 하늘의 응답을 기다리는 장소였을 것이다.

사(祠)는 보통 기단을 높게 하지 않고, 땅에 가까이 기단을 만들고, 경(敬)의 사상을 하늘과 땅에 고하였다. 건축물도 크게 짓는 것이 아니고, 3칸 규모에 수수한 장식으로 마감하였다. 지붕은 맞배 형식으로 하면서 풍판을 설치하여 비와 바람으로부터 건축물을 보호하였다. 바깥 마루는 없고, 내부는 마루를 깔아 깨끗함을 유지하고, 신위를 모심에 정성이 가득하게 하였다.

사당의 설치는 성리학을 국가 이념으로 삼은 조선시대부터 본격화되었다. 사당과 신주가 유교식 상례와 제례제도를 바로 하기 위한 주요 과제였다. 사당을 세울 형편이 안되면 궤를 마련하여 신주를 모셨고, 단지에 모시기도 하였기에 신줏단지란 말도 있는 것이다.

신줏단지는 안에 햅쌀을 담고, 그 옆에 조상당세기라고 부르는 백지를 넣어둔 대바구니를 놓는 것을 말한다. 사당 설치와 신주 봉안은 중요한 장려 사항이었다. 주자가례가 정착할 즈음 사당이란 용어가 보편화되었다.

"군자가 집을 지을 때는 가장 먼저 사당을 정침의 동쪽에 세운다"라고 하였다. 우리나라에서는 정침의 동북쪽, 서북쪽, 북쪽의 높은 장소에 사당을 배치하는 것이 일반적이었다. 우리나라는 산이 많아 배산임수형 가옥배치를 가지며, 중국은 평지에 가옥을 세우다 보니 높낮이가 아니라 방향을 중시했다.

일반적으로 3칸 규모로 사당을 지었는데 집터가 좁으면 1칸으로 하는 경우도 있었다. 사당의 내부는 마루로 깔고, 그 위에 자리를 폈다. 중간도리 밑에 문을 만들어 중문이라 하였다. 칸마다 양문 또는 네 짝문을 달아 분합문 형식으로 되어 있는 곳이 많다.

퇴에는 마루가 없는 곳이 많고, 사당에 오르는 계단이 두 곳에 있다. 동쪽에 있는 것을 조계(阼階), 서쪽에 있는 것을 서계(西階)라 하였다. 주인은 조계를 이용하고, 다른 이들은 서계를 이용하여 사당에 든다. 또한 사당의 사방 둘레에는 담을 쌓고 앞쪽에 외문을 낸다. 외문은 남쪽에 있기 때문에 사당의 중앙문과 마주 본다.

사당 내부 건축은 감실을 만드는 것이다. 사당 내부의 북쪽에 감실을 만드는데 4개의 감실을 만든다. 감실마다 제사상을 놓고, 가문의 사당일 때는 서쪽부터 신주를 선대 순으로 모신다. 선인들을 모시는 경우는 관례에 따라 배치를 한다.

사당은 신주나 위폐를 봉안하는 건축물을 통칭하는 것이다. 민가에서 제사를 위하여 조상의 신주를 봉안한 건축물이다. 일반적으로 가묘를 말하는데 집안에서 가장 경건한 장소이다. 사당이란 제도가 유입된 것은《삼국사기》에 나와 있는데 신라 남애왕 3년 봄에 박혁거세의 묘(廟)를 세웠다는 기록이 있다.

사당을 지을 때는 사당 아래에는 서립옥이라 하여 집안사람이 내외로 떨어져서 제사에 임하게 하는 장소가 있었다. 사당은 당과 옥의 편액이 같이하는 공간이지만 사(祠)가 앞선다. 사당은 히브리어로 '바마'이며 '높은 장소'라는 뜻이다. 성경에는 산당으로 번역되어 사용되고 있다고 한다. 높은 곳이라는 말은 지구라트란 말도 있다. 신들과 지상을 연결시키기 위한 성탑을 지구라트라고 한다. 탑 형식으로 쌓아 최상부에 사당을 만드는 것이다.

사당에는 영좌(혼백을 모시는 자리), 교의(신주를 올려놓는 다리가 긴 의자형 받침대), 상청(영궤와 그에 따른 물건을 차려 놓는 것), 감실(신위를 모셔두는 곳)이 필요하다.

기구 하나하나에도 예와 의를 표하는데 소목장들의 정성이 눈에 보일 정도로 세밀한 의례의 흐름이 새겨지고 맞춰져 있다. 사당 건축의 필요공간은 영혼들의 안락함이 지켜져야 하고, 식음의 낙을 느낄 수 있는 면적이면 된다.

사(祠)는 효라고 하는 섬김의 문화 때문에 만들어진 것이다. 효란 나에게 생명을 주고, 정성으로 키워준 부모님의 은혜에 보답하는 것이다. 부모님이 살아 계실 때만 아니라 사후에도 정성을 다하는 것이다.

"어버이를 사랑하는 자는 사람을 미워할 수 없으며, 어버이를 공양하는 자는 사람 앞에서 교만할 수 없다"는 공자의 말은 효가 인(仁)의 기초라는 것을 강조하는 것이다. 사의 건축물은 효의 근본이 있게 축조되어야 한다.

바닥은 온돌이 아닌 차갑고, 딱딱한 마루로 하여 조상들을 생각해야 하는 것이며, 감실을 향하여 사모의 정을 보여야 하고, 분합문을 열어서 큰마음으로 조상을 대하여야 하며, 조계와 서계에서 집안의 가훈을 그려야 하고, 맡음과 보여주는 것도 조심성 있는 행동으로 해야 하는 것을 강조하는 것이 효에 대한 사당 공간의 역할이다.

효는 도이다. 효의 근본 사상은 인과 경천애인 사상이다.《논어》에서 "인의 존재근거는 효이다"라 했고 "인(仁)의 실(實)은 부모에게 효도하는 데 있다"라고 했다. 우리나라가 대표적인 효행국가로 알려진 것은 사당 문화의 전통이 오래되었기 때문이다.

효와 제사는 끊을 수가 없는 관계이다. 부모를 봉양하고, 공경하며, 제사를 모시는 것을 의무처럼 알고, 지켜왔기 때문이다. 이 또한 건축물의 역할이다.

효(孝)와 사(祠)는 태생이 같다. 어머니 배 속에서 효 교육을 받으면서 우리는 태어나고, 사당은 집을 짓기 전에 먼저 지어지기 때문이다. 지금은 현실적인 생활이 우선하기 때문에 유교적인 사상이 많이 소홀해졌다.

사(祠) 앞에 서니 완전과 미흡이 생각난다. 신은 완전하고, 나는 미흡하다. 신이 있는 하늘은 완전한 곳이고, 내가 있는 땅은 불완전한 곳인가? 땅이 불완전한 곳이라면 내가 땅이 되어야 한다. 복음을 기다리고 에우안겔리온을 맞이하려 한다. 좋은 소식은 사람을 신으로 만들기 때문이다.

사당은 산 자와 죽은 자가 만나는 곳이다. 조지 산타야나의 "과거를 잊어버리는 자는 그것을 또다시 반복하게 되는 것이다"라는 말을 되새기게 하는 곳이 사당이다. 가문이든 나라든 우리는 과거와 현재와 미래를 연결하는 시간을 살고 있다는 것을 명심해야 한다. 잘못하지 말고, 예의를 지키면서 기억할 것은 똑바로 기억하여 잊지 말아야 한다. 그것이 시킴이고 이음이다.

감모여재도(感模如在圖)란 민화가 있다. "사모하는 마음이 지극하면 실제 모습이 나타난 것과 같다"라는 말이다. 조상의 묘소가 멀리 있거나 사당이 없는 집의 가난한 후손들이 제사를 모실 때 사용하던 두루마리식 사당 그림으로 이동식 사당이다. 조상들의 지혜가 만든 효행이다.

이런 민족은 세상에 우리뿐이다. 남을 이해하고, 포용하며 생활하든 우리가 왜 갈라져서 서로에게 불만을 표하고, 갈등하는지 안타깝다. 조계와 서계를 서로 바꾸어 오르내리면서 원을 만들고, 서로 손잡고 사랑하자. 그리고 효, 충, 신, 예, 의, 염, 치를 암송하며, 같이 웃어보자. 사(祠)는 그것을 바랄 것이다.

노산사

"그대가 이 페이지를 넘길 때, 지면의 한 지점에서 그대의 집게손가락으로 종이의 섬유소를 문지르고 있음을 느껴보라, 그 접촉에서 미세한 가열이 일어난다. (중략) 그대가 이 책의 한 페이지를 넘길 때마다 무한소의 어딘 가에 새로운 우주가 생겨날지도 모른다. 그대 알고 있는가? 그대의 힘이 얼마나 어마어마한지를." 베르나르 베르베르의 《상상력 사전》에 있는 〈그대〉란 글이다. 독서를 좋아한 화서 이항로 선생의 신위가 있는 노산사에서 책에 대하여 생각해 본다.

노산사 앞에는 벽계천에서 옮겨놓은 모조품인 '제월대'가 눈에 들어온다. 조그마한 초가집 형태로 앉아 있어 더 정감이 간다. 제월대는 황정견이 주돈이를 평가한 "정견이 일컫기를 그의 인품이 심히 고명하여 마음결이 시원하고, 마치 맑은 날의 바람과 비 갠 날의 달과 같도다"에서 가져온 말이다.

표지석에는 다음과 같은 시가 있다. "작은 구름이라도 보내어 맑은 빛에 얼룩 지우지 말라. 지극히 맑고, 지극히 밝으니 태양과 같이 하리라"라는 내용이다.

시를 보니 음악을 구성하는 음들이 생각난다. 도는 신이다, 레는 달이며, 미는 선과 악이 있는 지구, 파는 운명, 솔은 태양, 라는 은하수, 시는 별이 많은 하늘이라고 들었다. 제월대의 시에 신, 지구, 달, 태양, 하늘이 다 있으니, 화서 이항로 선생이 공자의 락(樂)을 아시는 분이라는 생각이 든다.

공자도 학문의 끝은 음악이라고 하였다. 책과 음악을 벗하면서 훌륭한 제자를 많이 두었으니 선비의 삶은 옳았다고, 자신은 판단하였을 것이다. 책과 음악의 소리를 앞에 두고, 노산사가 서 있다.

노산사는 화서 이항로 선생이 존경하는 주희와 송시열과 함께 화서 선생의 신위가 모셔져 있는 사당이다. 양태극이 그려져 있는 대문에 노산사라는 편액이 훤히 걸려 있고, 노산사의 가운데 중앙문과 일직선을 만들고 있다.

양태극의 문양이 음양의 이론이다. 주돈이는 양태극을 가지고, 태극도설을 강조하였는데 우주론과 인성론으로 태극도설을 이야기하는데 294자로 설명하였다. 그 이전에 우리는 삼태극으로 천, 지, 인을 설명한 민족이란 자긍심을 가져야 한다.

노산사는 툇마루가 없고, 기단이 평지에서 약간 올려져 있는 겸손하고, 검소한 자태를 가진 정면 3칸이고, 측면은 툇칸을 가진 1칸으로 맞배지붕 형식을 가지고 있다. 칸별로 섬돌이 놓여 3의 숫자를 분명히 한다. 천, 지, 인을 하나로 보는 천인합일의 건축물이다.

사람살이에 모가 없어야 한다고 원형기둥으로 세우고, 풍판을 달아 바람과 비로부터 노산사를 보호하고 있다. 섬돌은 조고각하라는 뜻을 전하고 있다. 자기 발밑을 잘 보라는 뜻이다. 이는 남을 비판하기 전에 자기 자신을 돌아봐야 하며, 친할수록 조심해야 한다는 집 짓는 사람들의 경험이 행동화된 것이다.

노산사에는 조계와 서계가 없다. 너무 겸손화된 건축물이기 때문에 기단이 없다시피 하니 계단을 설치할 수가 없기 때문이다. 하늘과 땅과 사람이 가까이 있기 위한 주인의 겸허한 배려 때문일 것이다. 툇칸에 툇마루라도 있으면 편리하겠지만 그마저 없어 아래를 향하는 진심이 보이는 집이다.

겹처마 중 아래 처마 끝에는 도가사상에 바탕을 둔 삼태극문양이 그려져 있다. 유학에서는 이해가 어렵겠지만 삼태극은 노자의 "도는 하나를 낳고, 하나는 둘을 낳고, 둘은 셋을 낳고, 셋은 만물을 낳는다"라는 것에서 기원하는 삼태극이다. 화서 선생이 몰랐을 리 없지만 음양의 바탕에 덕을 하나 더하여 주역을 생각하고, 받아들였을 것이다.

처마 끝 서까래에 삼태극문양이 그려진 서까래가 전, 후면에 56개가 있다. 그리고 위 처마 끝에 연화 문양인 둥근 형태의 문양이 서까래 1개당 7개가 그려진 서까래 56개가 반기고 있다. 사찰에서 행하는 108배 중 56번째 절은 '참회하는 마음이 으뜸이 되는 것을 알며, 하는 절이다'. 신라의 마지막 경순왕이 56대이다.

아래 처마의 서까래 끝부분의 태극문양과 전체의 원을 포함하면 사단이 되고, 위 처마의 서까래 끝부분에는 둥근 문양의 형태가 7개 그려져 칠정을 나타내어 사단칠정의 이론이 노산사에 있다.

이(理)는 본질적인 존재인 원리이며, 현상적 존재인 기(氣)는 원리를 현실에 구체적으로 드러내 주는 틀이라고 생각하였다.

선(善)으로 귀결되는 사단(四端)은 불변의 도덕법칙인 이(理)에서 온 것이고, 알맞게 드러나는 경우도 있고, 지나치게 모자라는 경우도 있는 칠정(七情)은 현실에서 선(善)일 수도 있고, 악(惡)일 수도 있는 기(氣)에 원인이 있다고, 한 것이 화서 선생의 주리론일 것으로 본다.

이 논리로 본다면 건축학은 공사할 때는 재료가 따로따로 이기 때문에 이기이원론이고, 준공되면 1채의 건축물이 되기 때문에 이기일원론이 되는 것 같이 보여서 보람 있는 분야 같아 어깨를 으쓱해 보고 싶다.

순리에 따르는 것을 강조하는 듯 기둥은 원형기둥이고, 공포는 초익공으로 하늘 새가 전면기둥 4개, 후면기둥 4개의 기둥 위에 한 마리씩 앉아 언제든지 하늘에 연락할 소식을 물고, 날아갈 준비를 하고 있다.

익공을 택한 것은 신조(神鳥)토템 때문이다. 도를 통하면 신선이 되어 하늘로 간다는 믿음이다. 산해경에 보면 새가 하늘로 올라가면서 인면조가 된다고, 하였는데 우리가 사는 집은 모두가 새의 집이다. 그래서 익공이 많다. 그렇지 않은 집은 입구에 솟대가 있었다. 솟대의 새는 조상과 후손을 연결하는 메신저였다는 생각이 든다.

처마는 겹처마로 위아래의 상징이 사단칠정의 성리학(性命義理之學, 성명의리지학)을 설명하고 있다. 전면의 작은 문 6짝과 작은 벽 2면을 보며, 대학의 8조목인 격물치지 성의정심 수신제가 치국평천하에 따른 개인의 수양과 국가의 통치를 위한 행위규범을 건축물에 새겨본다

대지 264제곱미터에 담장을 두르고, 정남 쪽에 노산사 정문을 세우고, 뒷담에 붙여 노산사 중앙문과 대문이 일직선이 되도록 건축물을 배치하여 좌우편중이 되지 않는 중(中)을 다시 한번 느껴본다.

노산사의 건축면적은 23.1제곱미터로 3칸이다. 내부에는 주벽에 회암 주희, 동벽에 우암 송시열, 서벽에 화서 이항로의 신위가 있다. 사당 앞으로 흐르는 벽계천의 벽계구곡은 주희의 무이구곡을 따랐고, 제월대는 무이구곡의 대왕봉에 비교하였을 것이다.

노산사는 화서 이항로 선생의 애국사상과 자주의식의 올곧은 성품을 보여주면서 우리를 가르치고 있다. 애국사상은 역사적으로 이어오는 민족의 정기를 지키면서 '경을 위주로 의를 모은다'는 것을 크지 않은 3칸 건축물에 새겼다. 그러면서 '마음을 수양하고 몸으로 실천한다'는 선생의 뜻은 '위정척사'란 대의를 만들었다.

위정척사는 정(正)과 사(邪)를 대하는 것으로 조선 말기 당시의

어려운 사회상을 극복하기 위한 것이었다. 유교를 위하고, 불교를 배척하며, 주자학을 정(正)으로 양명학을 사(邪)로 보았고, 병자호란 때 청나라를 사로 보고, 명나라를 정으로 보았으며, 천주교와 서양 문물의 도입에 대한 것도 중화를 정으로 서양을 사로 보았다.

그 당시 사회가 어렵지 않았다면 절충론이 필요했을 것이다. 애국사상을 고취하기 위하여 독자적인 이주기객(理主氣客)의 주리론을 체계화하고, 존화양이와 위정척사의 논리를 체득하였을 것이다.

이항로 선생이 손수 쓴 문집《일기》에 보면 "내가 중용을 외우길 만 번까지 하였는데 살아서 다시 한번 왼다면 무엇을 깨닫게 될지 심히 걱정된다"라고 쓰여 있다. 중용 속에 강골이 되어 어려운 조선 말기의 나라 지키는 방법 찾기에 고생을 많이 하였으며, 화서학파의 대부로서 많은 제자를 두었다.

도끼상소와 단발령의 일화가 있는 최익현을 비롯해 병인양요 때 프랑스군을 격파한 양헌수, 유중교, 박문일, 유인석 등이 이항로의 제자다. 제자 중에 독립유공 서훈을 받은 이가 233명이고, 103명이 순국했다. 병인양요 전후부터 화서학파가 반제투쟁을 하였고, 바른 목소리를 내는 학파로서 애국사상을 강조하였다.

자주의식은 노산사 기둥에서 보이는 기둥정신이다. 돌리고 돌려도 모나지 않는 원형정신의 끈질김이 우리의 자주의식 정신이다. 우리의 고유경전인《천부경》,《삼일신고》,《참전계경》의 유전자가 우리 민족에게 흐르고 있기에 화합이 잘되는 민족이었는데 요즘은 소홀한 면이 보인다.

자주정신을 강조한 화서학파의 대부로서 국권을 수호하고, 우국충절을 기리는 자주정신을 강조하였다. 자주와 자립으로 독립운동의 사상을 교육하고, 제자들을 다독였다. 노산사의 기둥과 문살의 결이 자주정신과 의식을 간직하고 있다. 밑바탕인 효사상을 몸에 새겨 넣고, 자주정신을 키웠을 것이다.

올곧은 정신은 반듯한 목재로 노산사를 지은 것만 봐도 나타난다. 흐트러짐이 없는 기와의 물 흐름골이 깨끗하다. 측면의 방화벽은 돌로 쌓았는데 빈틈이 없다. 원형으로 복원한 것이기 때문에 화서 이항로 선생의 무늬가 더 잘 보인다. 기정진, 이진상 등과 성리학의 삼강오륜을 지키기 위해 위정척사 운동을 정치의식으로 지키게 한 것도 화서학파의 올곧은 정신 때문이었을 것이다.

노산사에는 효 정신을 바탕으로 한 애국사상과 자주의식과 올곧은 정신이 같이하면서 섬돌 3개가 빛을 발하고 있다. 담장의 줄눈이 순백의 순수를 보여주고, 태극의 문양이 우리의 본성을 표현하며, 3칸의 아담함이 선비의 기개를 보여준다.

선과 악이 교차하면서 풍판에 부딪친다. 악을 걸러내고, 선을 만난다. 화서 이항로 선생의 성품이 노산사의 서벽에 새겨져 있다. 이항로 선생이 선비들에게 부탁한 말을 찾아 읽어본다. "지조를 지켜 인간의 착한 본심을 털끝 만치라도 더럽히지 말라"는 말이다.

건축물은 상징을 숨기는 보물상자이기에 건축물을 보면 보물찾기를 해야 한다. 그래야 배울 수 있고, 알 수 있고, 볼 수 있다. 노산사에도 많은 보물이 있다.

무(廡)

성현과 우리의 삶이 이어지는 공간

"의사소통에서 제일 중요한 것은 상대방이 말하지 않은 소리를 듣는 것이다"라고 피터 드러커는 말하였다. 마음의 소리, 즉 침묵을 듣는 것이 소통이라는 뜻일 것이다. 소통이 되면 회심이 된다. 회심의 미소는 성자의 소리다. 말 없는 공간에서 성자와 성현들과의 의사소통을 하는 곳이 무(廡)이다.

무에 있는 퇴의 공간은 마루가 아니고, 전석 또는 흙으로 깔려 있는 복도 형식으로 되어 있다. 모든 건축물에는 복도가 있다. 이 복도를 랑(廊)이라 한다. 랑과 무가 연결되어 있는 곳을 랑무(廊廡)라고 한다. 랑도 소통의 공간이다.

소통은 트일 소(疏)와 통할 통(通)이다. 집을 숨 쉬게 하기 위하여 소통공간도 만든다. 복도, 창, 문도 만든다. 그러면 그것이 사람의 숨길이 된다. 숨길이 소통의 공간이다.

중간매체인 바람 등을 통하여 자연과 소통하고, 말과 행동으로 산사람과 통하며, 침묵과 생각으로 죽은 사람과 통하기를 원한다. 그래서 소통의 공간을 필요로 한다. 집과 사람은 닮는다. 같이하기 때문이다. 집이 폐쇄공간이 되면 환기가 안 된다. 기가 빠진다고 한다.

가정집은 식구끼리 소통이 되어야 하고, 무(廡)는 성현과의 소통이 되는 공간이다. 우리에게 잠재되어 있는 사관은 선대와의 소통 방법은 제사라는 것이다. Facilitation의 어원은 라틴어 facile로 '쉽게 만든다'는 뜻이다. 구성원 간의 통합을 쉽게 만든다는 것이 소통이다. 성현과의 소통이 필요한 곳이 무(廡)이며, 누구와도 소통이 되는 공간이 랑(廊)이다.

무가 복도라는 뜻을 가지는 것은 처마를 길게 늘여 퇴칸을 복도로 만들기 때문이다. 무(廡)는 집, 무성하다, 큰 집, 처마, 지붕, 복도 등으로 한자사전에 나온다. 그러나 무는 제례공간이라는 뜻이 강하다. 무는 집중에서도 규모가 큰 집을 말한다. 처마가 긴 집을 말한다고 한다. 또한 제례를 행하는 집이기에 처마를 길게 만들어 빛의 양을 조절하여 엄숙한 분위기를 만든다.

랑(廊)은 사랑채, 딴채, 곁채, 행랑, 복도 등을 말하며, 지붕을 가지고 있는 통로를 주로 랑(廊)이라 한다. 북경에 있는 이화원의 장랑, 우리의 궁궐 정전에 있는 회랑 등을 말한다. 회랑은 빙빙 도는 복도라는 뜻이고, 랑은 사내(郞)들이 머무는 집(广)이라는 뜻도 있다.

무는 제례의식에 투철한 주자가례의 유교 건축에 속하는 건축물이다. 대성전을 중심으로 동무와 서무로 배치되어 제례공간은 품(品) 자 배치가 된다. 품(品)은 사람 된 바탕과 타고난 성품이란 뜻이 있다. 이것을 학습하는 것이기 때문에 옛 교육기관인 향교, 서원, 성균관도 명륜당을 중심으로 동재와 서재가 있는 품자 배치를 하여 건축하였다.

성균관의 제례공간을 보면 대성전을 중심으로 동무와 서무가 있다. 대성전에는 공자를 비롯한 유교 성현(맹자, 증자, 안자, 자사)과 공문십철 송조육현을 모시고 있는 곳이며, 동쪽의 동무는 중국 성현 8인과 우리 성현 설총 외 8인을 모시며, 서쪽의 서무는 중국 성현 8인과 우리 성현 최치원 외 8인이 모셔져 있었다.

그러나 1949년에 동, 서무에 봉안되어 있던 우리나라 성현 18인의 위패는 대성전에 모셔지고, 중국 성현들은 매안하여서 현재 동, 서무는 비어 있다. 무(廡)라는 글자는 예언자가 된 것 같다. 집(广) 안에 아무것도 없다(無)는 뜻으로 무(廡)라는 글자를 본다면 말이다.

공자와 사성의 위패가 안치된 대성전은 규모도 크고, 화려하나 무는 화려하지는 않다. 유교 건축의 위계질서 중시사상 때문이다. 유교 건축은 질서가 공간조성의 기본이기 때문에 서열을 중시한다. 유교의 종적 질서가 불교와 같은 횡적 질서가 되었다면 어떤 변화가 우리에게 영향을 끼쳤을지 '무(廡)'를 보며 생각한다.

유교 건축은 종적이면서 좌우대칭 기법의 건축술이 있다. 균형

잡힌 대칭 기법은 정적이며, 엄숙한 공간을 만든다. 또한 화려하거나 장식적인 면은 없으면서 절제와 단순미를 가지고, 예(禮)를 강조하고 인(仁)을 중시하는 의미가 유교 건축에는 있다.

무(廡) 자는 당(堂)의 좌우에 부속된 건축물을 말하기도 한다. 따라서 당보다는 격식이 낮다고 볼 수 있으나 제례를 놓고 보면 딱히 그렇다고도 할 수 없다.

일반적으로 낭무라고 할 때는 단위 건축물과 회랑이 같이 있는 집 전체를 가리키기도 한다. 또 아언각비에 보면 랑무(廊廡)에 대하여 "옛날 풍속에는 안채는 넓고, 크고, 바깥채는 낮고, 작으며, 랑무와 다름이 없으므로 중국의 사랑(舍廊) 이름으로 모칭한 것이다. 지금 세상에는 외사(外舍 바깥채)가 더욱 넓고 크니 사랑이라는 이름은 더욱 합당치 않다"라고 랑무에 대하여 이야기하고 있다. 그래서 랑무란 단위 건축물과 회랑이 어우러진 집 전체를 말할 때 사용하기도 한다.

무(廡)는 큰 건축물 곁에 늘어서 있는 행랑간 같은 건축물을 말하기도 한다. 향교의 대성전에는 동, 서무가 있다. 이때 무는 월랑무, 거느림 채 무(廡)로서 대성전 아래 동서로 배치된 또 다른 제례공간이다. 무는 처마가 길게 내려져 있다고 앞에서 말하였는데 지붕이 큰 집이 되어 무는 지붕이 큰 집을 말하기도 한다.

무의 건축물은 맞배지붕이 많고, 지붕은 단아한 선으로 보이게 하였다. 또 무(廡)의 기와는 봉황문양, 박쥐문양, 거미문양, 당초문양, 완자문양 등으로 수막새와 암막새에 새겨져 의례의 근엄성을 가지게 한다.

맞배지붕의 박공널 위에 얹은 날개 기와가 아래쪽에 있는 목기연(박공널 위에 네모로 파내고 부연 같은 목재를 끼워 넣은 것)을 빛내주고, 측면을 아름답게 유지하여 성현들의 마중과 배웅의 예를 갖는 것 같이 보이는데, 풍판과는 남매같이 다정하게 짝을 맞춘다.

박공널에 박혀 있는 광두정은 머리가 크다고 자랑하며, 성현들 앞에서 겸손해 보이기 위해 각두정 형식으로 고개를 숙이고, 읍을 하고 있는 곳이 많다. 기단은 보통 3단으로 많이 만드는데 천, 지, 인 일체를 나타내는 상징성이 있다.

공포는 익공 형식으로 많이 하는데 무에는 몰익공이 많다. 튀지 않는 수수한 자태로 자신을 숨기는 것이다. 보아지는 기둥과 보가 서로 연결되는 부분을 보강해 주는 부재로 밑을 향해 엄숙한 자세를 하고 있는 것 같다.

퇴칸의 바닥은 전돌로 깔려 있는 곳이 많다. 걷는 자세가 성현들의 눈에 다소곳하게 보이게 하기 위함이다. 밑을 보고 걸어야 걸려 넘어지지 않는다.

무(廡)의 기둥은 막돌 초석과 다듬돌 초석이 혼용되어 서 있는 곳도 있다. 혼합의 미학을 성현들에게 보여주기 위함이다. 고주와 평주의 비례미가 제향 분위기를 살려준다. 소로가 균형을 잡아 의젓하게 견디는 모습이 성현을 모시는 열정 같다. 창은 살창살로 하여 성현의 혼이 드나드는 통로 같아 보기 좋다.

무는 욕심을 벗어놓은 성현이 사는 집이다. 그 집은 성현들의 집이며, 성현들과 세상이 교류되는 집이다. 그래서 어제와 오늘과 내일이 소통될 수 있는 공간이다. 소통은 통한다는 것이다. 랑(廊)과 무(廡)는 소통과 통섭이 되는 공간의 꽃이다.

집에서 가구나 장식물이 없는 곳이 랑이다. 속에 가진 것이 없으면 당당해지고, 굽힐 필요가 없으며, 자존을 지킬 수 있다. 엄(广)은 넓을 광 자의 약자로서 이 부수가 들어가면 큰 집을 나타낸다. 큰 집에는 채와 채를 연결하는 복도가 많다, 이 복도가 랑이며, 무로도 이어진다.

랑이나 무는 소통 속에 당당해져야 하고, 자존의 창고가 되어야 한다. 무는 성현과 함께 나를 만들고, 나와 성현이 같이하여 너를 만든다. 나와 네가 우리가 된다. 무에서 우리가 되면 진심과 진리를 내려받는 것이다.

무(廡)의 공간은 성현의 일터이다. 무는 모든 것의 씨앗이며, 원천이라고 누군가가 이야기했다. 오직 무(廡)만이 신성과 조화를 이룰 수 있다고 한다.

이념이 빠지면 실용이 달라진다. 위대한 건축물에는 중도가 필요하다. 모든 사람들이 보고 싶어 하기 때문에 이념을 피력하는 상징도 있어야 하고, 중도를 판단하는 가치관도 있어야 한다. 즉 말과 행동이 진실되어야 가치관이 긍정의 힘을 가질 수 있다는 것을 보여주어야 한다.

건축물은 그 나라의 문화와 시대성을 보여주며, 후세에 전해주는 소통의 공간이다. 건축은 창조이고, 건설은 만든다는 뜻이다.

소통은 내가 가진 것이나 바라는 것이 없을 때 잘 이루어진다. 그래서 비어 있는 무의 공간이 늘어가고 있다. 우리는 앞으로 대화가 잘 통하는 바람직한 사회에서 살게 될 것이다.

이규보의 〈지지헌기〉는 지지(止止) "능히 멈춰야 할 곳을 알아 멈추는 것을 말한다", 즉 "그칠 데 그치고 멈출 데 멈추는 것이다"라고 정민 교수의 《죽비소리》에 쓰여 있다. 무(廡)는 이것을 가르쳐 준다. 지지도 소통의 뜻이다.

자신의 분수를 알고, 생활하는 것이 소통이다. 무(廡)에서 배워야 하는 것은 분수를 지키는 것과 집착에서 벗어나 상대방을 위해 살아야 한다는 것이다. 애초에 집 안(广)에는 아무것도 없었다(無).

우리가 가(加), 감(減), 승(乘), 제(除)를 배운다. 이것은 자기의 분수를 배우는 것이다. 적정성을 배우는 것이다. 더하면(加) 줄이고(減), 늘어나면(乘), 나눠라(除). 이것이 성현들이 만든 사람의 길이다. 집착하지 말고, 삼라만상이 비어 있음을 보라는 것이다. 집은 비어 있어야 생각과 지식과 지혜가 들어갈 자리가 생긴다. 그래야 소통이 잘 된다. 집은 채우면 안 된다. 무(廡)의 가르침이다.

단(壇)

인내는 복된 터를 지키고 물려주는 수련

단은 건축물이라기보다 제사를 지내기 위해 큰 사각형을 밑에 놓고, 밑에 것보다 작은 것을 그 위에 놓고, 더 작은 것을 위에 놓아 3단으로 만들어 놓은 높은 대를 말한다.

"사람이 쓰는 극본은 수정할 수 있지만, 신이 쓰는 극본은 수정할 수 없는 결단이다"라는 말을 들었다. 결단이란 말을 단결로 만들기 위해 사람들은 단(壇)을 만들고, 그 위에서 신에게 결단을 좋은 수로 인간들에게 적용해 달라고, 제사를 올리고, 기원을 한다. 즉 단에서 사람들은 사람들이 사는 곳을 오이케이오스 토포스가 되게 해달라고, 비는 것이다.

단(壇)은 제단, 마루, 터, 기초, 강단, 장소 등의 의미를 가지고 있다. 그중에 제사를 지내는 제터의 의미가 가장 강하다. 흙과 돌을 정성과 믿음과 소망으로 쌓아 올려 제단을 만든 곳이다. 고구려의 동맹, 부여의 영고, 예의 무천이라는 제천행사가 단에서 이루어졌는데 이는 국가적인 행사였다.

제천 문화의 시작은 단이다. 돌 회(回) 자가 단의 형식을 가진 글자이다. 우리의 최초의 역사서라 할 수 있는《환단고기》도 제사 문화를 빼고는 이야기가 안 되는 역사의 시작이다. 그리고 단은 하늘, 땅, 해, 달, 농사를 전해준 다섯 신에게 제사를 지내는 제터인데 이는 제단으로 높직하게 만들어 놓은 자리이다.

건축물은 없고, 터만 있는 장소로서 단은 신과의 만남을 만천하에 보여주는 것이다. 큰 사각형을 밑에 만들고, 가운데 중간크기의 사각형을 놓고, 제일 위에 또 사각형을 놓은 것이 단(壇)으로 천, 지, 인의 합일로 볼 수 있다.

단은 축조물이다. 사람들이 하늘에 제사 지내기 위해 흙을 이용하여 만든 단으로 의례의 중요성과 정성을 보여주는 것이다. 그래서 단을 갈수록 아름답고, 크게 만들어 사람들의 정성을 신에게 보여주려고 하였다. 화단, 단상, 강단, 교단, 불단, 신단 등에 쓴다.

단(壇)은 흙(土)과 믿음 단(亶)으로 이루어진 말이다. 믿음 단은 곳집 름(靣)과 아침 단(旦)으로 다시 볼 수 있다. 또한 믿을 단(亶)은 앞을 향해 미래에(亠) 다시 돌아와(回) 해가 뜨길(旦) 바라는 모습이라는 글을 인용한다.

단은 사람이면 누구나 가지고 있다. 아침저녁으로 자신을 돌아보며, 다시 나아가고자 기원하는 마음이 단이기 때문이다. 강화도 마니산의 참성단, 강원도 태백산의 천제단, 황해도의 구월산은 우리나라의 대표적 천제 장소다. 세 곳 모두 정상에 서면 사방이 탁 트여 하늘이 넓게 잘 보이는 곳이다.

왕조가 건국되면 땅과 곡식 신에게 제사 지내는 사직단을 만들고, 농사를 위한 선농단, 양잠을 위한 선잠단을 만들었다. 이는 국민들의 식, 주, 의를 위해 제를 올렸으며, 왕조가 제국을 만들었으면 환구단을 만들어 황제가 직접 하늘에 제를 올리는 의례를 가졌다. 왕의 애민정신이 있는 곳이 단(壇)이다.

사직단은 동쪽에 땅의 신을 모시는 사단(7.65미터 정사각형)이 있고, 서쪽에 곡식의 신을 모시는 직단(7.65미터 정사각형)이 있는데 3단으로 된 장대석 1미터의 단위에 돌로 만든 신주를 봉안한다.

그리고 다섯 가지 흙, 즉 동에는 청색 흙, 서에는 백색 흙, 남에는 적색 흙, 북에는 흑색 흙, 중앙은 황색 흙을 덮어 마무리한다. 오행일 것이다. 그러나 내 눈에는 오곡으로 보인다.

단(壇) 주위의 담장을 유(壝)라고 하는데 겹 사각형으로 낮게 만들었다. 그리고 안쪽 유(壝)에는 유문(壝門)을 홍살문으로 동서남북 네 곳에 세웠다. 단으로 오르는 곳도 동서남북에 계단이 있다. 밖의 유는 주원이라 하는데 주원에는 북신문, 서신문, 남신문, 동신문을 세웠다.

문의 형태는 홍전문이라고 하며, 북신문은 삼문으로 되어 있는데 신의 출입구이기 때문이다. 사직단 대문은 정면 3칸, 측면 2칸의 맞배지붕이며, 공포는 초익공 양식이다.

"오케스트라라는 말은 그리스 신께 제사를 지내는 단을 말하던 것이었다. 만다라도 브라만 제사에서 단을 이르던 말이었다." 윤소희 교수의 글에서 읽었다. 이런 신성한 장소에서 자기 자신이 그대로 있을 수 있다. 억지로라도 갈등을 담아두는 그릇을 만들어야 한다. 단은 인내를 나타내는 상징이기 때문이다.

단(壇)은 사람들에게 인내를 가르치는 공간이다. 〈인내의 단〉이란 시가 있다. "삼천 번 생각으로 뜻을 찾을 수 있는가. (중략) 바람이 분다고 흔들릴 수많은 없는 일 (중략) 흔들리지 말자. 흔들리지 않는 존재로 단단한 인내의 단을 쌓아야지"라는 시다.

인간은 누구나 이천 번을 넘어지고, 나서 걷는다. 이천 번의 인내가 기본이라고, 생각하면 못 참을 것은 아무것도 없다. 삶의 단에 서면 이천 번보다 더 많은 좋음과 나쁨이 인내의 결과를 기다린다. 인내의 결과는 마음의 집인 단의 완성에 있다. 조로아스터는 "인내하는 인간에게 축복의 신이 빨리 온다"고 말했다.

정조대왕 어록에 "싫어하지만 들어야 하고, 노엽지만 참아야 한다"는 말이 있다. 우리는 듣고 싶지 않은 것도 찾아 들어야 하고, 남이 듣기 싫어하는 것도 말할 수 있어야 하고, 듣고서 노여움이 일어나도 참아내면 인내의 인격이 성숙된다고 한다. 이것을 가르치고, 수련시키는 것이 마음의 단(壇)이다.

하느님은 인간 구원을 위해, 인간의 회개를 위해, 의를 나타내 보이시기 위해, 영광을 받으시기 위해 오래 참는다고 했다, 하느님을 위한 단은 많은 뜻을 내포하고 있다. 단에 가서 합리적으로 생각하고, 긍정적으로 사고하는 배려의 마음을 키우고, 단(壇) 하나를 마음속에 지어보면 좋겠다는 생각이 든다.

우리나라에 있는 단은 호화롭지 않다. 제천의례만을 위한 수수하고, 겸허해 보이는 제단이다. 한양의 종묘와 사직단의 역할을 지방의 객사와 지방 사직단이 맡았다. 대구의 노변동 사직단, 남원 사직단, 보은의 회인 사직단, 산청의 단성 사직단, 부산 동래 사직단 등이 복원되었는데 민족의 정기가 되살아나길 바라본다.

지방의 단은 담장인 유(壝)가 있고, 그 안에 제단이 있다. 사방의 계단에서 올라갈 수 있는 단은 공개의 의미와 신의 부름에 어디서든 오를 수 있다는 것을 보여주는 것 같다.

단은 3단이 많다. 천, 지, 인의 의미가 있을 것이다. 우리의 사(祠), 묘(廟), 단(壇)을 보면 천원지방(天圓地方)의 형식이 많이 보인다. 하늘과 땅과 사람을 우리의 천부경에는 동그라미, 사각형, 세모로 보았으니 따로이면서 하나가 되어야 하는 뜻의 결정이 무엇인지 알고 싶다.

하늘이 제일 크다. 그래서 하늘은 원이고, 땅은 사각형이 되었을 것이다. 천부 삼신이라는 천신, 지신, 인신의 삼신일체와 우리의 경전인 천부경, 심일신고가 후손들에게 이어져 우리 민족이 굳건히 일어서야 한다는 각오를 단에서 해본다.

조선은 묘향산에 상악단, 계룡산에 중악단, 지리산에 하악단을 만들어 제사의 집으로 하였다. 야외가 아닌 실내의 제사 터이다.

삼악은 큰 산 3개를 말하는 것이다. 하늘신과 신선의 신명과 신심이 있는 곳이라고 고대인들은 생각했을 것이다.

우리나라에 악단(嶽壇)이 있다면 그리스에는 테메노스가 있다. 테메노스는 헤라클레스의 후손으로 고대 그리스에서 왕이나 신을 위해 마련한 토지로 일반인의 사용을 금지한 성역의 뜻이다. 델피 신전의 제단을 의미하며, 고대의 희생제의가 치러지든 신성한 장소라고 배철현 교수는《아침묵상 3》에서 덧붙인다.

또한 테멘은 고대 수메르어로 '다른 장소로부터 구별되고 잘라진 장소'란 뜻인데 제단을 의미한다. 바빌로니아의 왕 네부카드네자르는 이 제단을 에테 멘안키(e-temen-ki)라 하였는데, 하늘과 땅이 만나 하나가 되는 단이 있는 장소라는 뜻이라고 한다.

나의 단은 내가 될 수 있게 내가 만들어야 한다. 남에게 의지하지 말고, 내가 쌓고 내 열정을 다하여 내 정성으로 내 마음에 멋진 단(壇)을 만들어야 한다. 그래야 내가 인정을 받을 수 있다.

자기 마음에 자신의 단을 만들기 위해 사람들은 평생 인내하며, 인내의 발상지인 내 마음을 연마하고, 수련한다. 나의 단을 만든다는 것은 그만큼 나를 잘 알아야 되기 때문이다. 나를 안다는 것은 오랜 세월이 필요하다.

또 다른 단(壇)은 많은 시간을 보내는 장소 즉 집은 많은 사람들의 단이다. 집은 만인의 변화를 만드는 성스러운 단이다. 단은 성스러운 나의 바람과 기원이 받아들여져야 하기 때문에 내가 그렇게 되도록 만들어야 한다. 마음에도 단이 있고, 집도 단이 된다면 바람과 기대가 같이하는 삶을 가질 수 있을 것이다.

국민을 단결시키고 응집력을 가지기 위한 제천의례를 단이란 엄숙한 형상이 가질 수 있게 하여 준다. 그래서 옛날에는 각 고을마다 삼단일묘가 있었다. 국태민안을 기원하는 동쪽의 성황단, 한 해 농사의 풍년을 기원하는 서쪽의 사직단, 혼자 살다 죽은 영혼을 위한 북쪽의 여단, 그리고 문묘가 있었다.

단은 사람을 가르친다. 사람의 갈 길을 예시해 준다. 단의 뜻을 새기며, 내 마음에 단을 만들어 보자. 내 얼굴에 웃음이 일어날 것이다. "의지, 노력, 기다림은 성공의 주춧돌이다"라 고 피스퇴르는 이야기하였다. 의지 위에 노력을 쌓고, 기다림을 기다릴 때 인내의 결과는 빛날 것이다. 단(壇)은 쌓고 쌓으면서 내면의 노력을 다하게 하는 천상의 무대이다.

중악단

"다이아몬드라는 가치는 사람의 마음이 부여한 것이다. 지상에서 인류가 사라지면 사물이 지니는 가치는 전혀 달라질 것이다. 장미는 꽃들과 마찬가지로 평범한 꽃이 될 것이다. 아무 차이도 없을 것이다. 차이점은 인간의 마음에 의해 생겨난다. 일단 마음이 사라지면 모든 사물이 있는 그대로 존재하게 된다."

오쇼의 《십우도》에 나오는 말이다. 인간이 마음의 뜻에 따라 분류하고 찬양하고, 비난하지만 인류가 없어지면 신의 뜻대로 돌아간다고 하는 말같이 이해가 된다.

중악단 앞에 서보니 인간의 가벼움을 알겠다. 오쇼가 인간에 대한 정체성을 마음으로 만들어야 한다는 것을 깨달을 것 같다. 신의 뜻이 행동화되는 데 인간이 방해가 되어서는 안 되겠다 싶어 계룡산을 조망해 본다.

악(嶽)은 큰 산악(嶽)이다. 악은 산 위에 또 다른 산이 있는 듯한데 매우 높은 산을 말한다. 악은 산속에 말(言)이 있는 형상이다. 이는 어떤 말인지는 모르나 산속의 개(犬) 두 마리가 양쪽에서 지키고 있으니 신의 말일 것이다. 신의 말은 산에서 시작되고, 사람 사는 세상에서 행동으로 나타난다. 중악단에서 신과 사람을 생각해 본다.

《한국민속신앙사전》에 보면 "산신의 거처는 하늘이 가깝고 산을 한눈에 볼 수 있는 곳인 산꼭대기에 있는 산정형(山頂形), 산 중턱이 찬바람을 막고 따뜻한 햇빛이 드는 곳에 거쳐 한다는 중복형이 있고, 산 아래 빛이 잘 드는 곳에 거처한다는 산하형이 있다"고 한다.

신들도 상, 중, 하의 단을 가지는 것 같다. 산정형에는 토단이 많다. 외형은 둥근형과 사각형이 있다. 높이는 1미터, 면적은 3제곱미터가 일반적이다. 산신의 제사 터 가운데 가장 오래된 형태라고 한다. 중복형에는 석단형이 있다. 자연석으로 쌓은 것과 가공한 것으로 쌓은 것이 있다. 산속에 있는 중복형은 자연석으로 쌓고, 산하형에 가까울수록 가공한 돌로 쌓았다.

중복형과 산하형에는 거수형이라고 하는 큰 나무가 있는 곳에 제단을 만들어 산신을 모시는 형태를 만들었다. 마을의 앞, 뒷산에 있는 큰 나무가 거수이다. 거목을 신목이라 하여 제사를 지냈다. 산하형에는 단보다 당우형을 볼 수 있다. 산신을 건축물 안에 모시는 형태다.

건축물을 짓고 그 안에 산신을 모시는 것으로 1칸 집이 많은데 조선시대 후기에 3칸 집이 많이 생겼다고 한다. 당우에는 토단형, 석단형, 거수형과 다르게 산신상이나 산신의 위폐가 모셔져 있다. 중악단이 대표적 당우이며, 사찰에는 산신각이라 하여 집을 지어 산신을 모시는데 이는 불교가 민간 신앙, 즉 산신 신앙을 받아들인 것으로 본다.

산은 모든 것을 연결시켜 주고, 물은 단절시킨다고 한다. 그래서 인간들은 산을 연결하여 삶의 터를 만든다. 산은 집같이 생겼다. 사람들을 품어주고, 보살펴 주기에 인간들은 산신을 극진히 모신다.

외국에 나가보면 신에 관련된 큰 건축물은 신전이라고 한다. Temple, Shrine을 전(殿)으로 번역하였기 때문이다. Temple이 전(殿)으로 번역되어 있는 말은 히브리어 '헤칼(heka:l)'인데 '굉장한 집'을 뜻하는 수메르어 '에갈(Egal)'에서 유래한 것이다. '에'는 집을 '갈'은 크다를 의미하는 합성어이다. 궁전을 의미하며, 성전 또는 전(殿)으로 번역하고 있다.

또 그리스어 '쉬나고게'는 신약성경에 번역된 원어이다. 쉰(함께)과 아고(이끌다, 데려오다)가 합쳐진 '쉬나고'에서 유래되었다. '쉬나고게'는 사람들이 모인 장소 또는 함께 모인 사람들을 뜻한다. 쉬나고게가 영어로 전해져 유대교회당 만남의 장소를 뜻하는 '시나고그(synagogue)'가 되었다.

우리는 자연 속에 건축물이 아닌 조형물을 만들어 자연과 함께

신을 대하였으나 서양은 건축물을 지어 신을 대하였다. 이는 자연을 대하는 태도의 차이 때문이다.

계룡산은 선비들이 쓰는 2층 형식의 정자관같이 구성되어 있다. 천황봉, 연천봉, 삼불봉의 능선과 세 봉우리가 정자관의 위에 있는 모양으로 닭벼슬을 쓴 용의 모양을 닮았고, 정자관 아래층의 세 봉우리는 갑사, 동학사, 신원사가 자리하고 있는 형태를 잡고 있다. 선비뿐만 아니라 온 국민에게 산의 굳건한 정기와 사찰의 엄숙함을 가지라고 하며, 계룡산은 정자관을 쓰고, 국민들을 향해 미소 짓는 것 같다.

이 계룡산이 큰 산을 의미하는 악(嶽)인데 중악이다. 산을 지키고 다스리는 산신에게 종교적 정신을 가지는 것이 산신 신앙이며, 우리 조상들은 이런 신앙을 민간 신앙으로 지켜왔다. 서낭당 굿도 산신의 보호를 필요로 하는 민간 신앙의 음악이 가미된 산신 신앙이다.

단군 신화도 산신 신앙으로 지켜온 우리의 민간 신앙이다, 단군은 산의 신이고, 환웅도 강림하는 곳이 산이었다. 이에 민간 신앙에서 산신제가 생겼다고 본다. 이때 산신의 당우는 어떤 집이었을까? 궁금하다.

제사는 하늘, 땅, 해, 달, 산, 강, 바다 등에 올리는 의례로 우리 민족은 고대부터 제천의례를 거행하였으며, 농경에 종사하게 된 뒤로는 비와 바람에게도 기원하며, 풍년을 바라는 제사의례가 성행하게 되었다.

이후 국가 형태가 갖춰지면서 사직과 종묘, 원구단, 방택, 농업,

잠업 등 국가 경영과 관련이 있는 제례가 생겼고, 조상숭배 사상의 보편화와 같이 가정의 제례도 가문 나름의 형식을 갖게 되었다고《한국민족문화 대백과》에 설명되어 있다.

제례를 드리는 공간은 건축물의 의의보다 축조물이 갖는 의례에 관한 예의 뜻이 강한 것 같다. 월대의 높낮이가 산 자와 죽은 자를 구분 짓고, 산 자와 혼령의 공간구성이 서로의 만남을 만든다.

큰 공간에 벽을 만드는 시설물이 있으면 근엄과 경건의 품성이 없어져 보이기 때문에 '단'은 홀로 외로이 넓고, 높은 공간에 놓여져 있는 것 같다. 그래서 단에는 건축물이 없는 것 같다. 개인 집 마당에도 흙으로만 축조하여 놓았지 장애물이 없다.

용도별로 공간을 만들어 사용하는 것이 우리의 마당이다. 제례 공간도 구속되고, 한정되는 공간구성인 건축물보다는 자유성과 공경과 예의가 구성되는 큰 공간인 야외의 단(壇)을 사용하였다고 본다. 그러나 후대로 오면서 사람들이 편의성을 고려하고, 시대의 변화에 따라 건축물로 형성된 단이 많이 늘어났다고 본다.

중악단이 그렇다. 산신 신앙의 상징인 중악단은 사찰의 산신각과 같이 산신에게 인간들이 지성을 드리는 건축물로 된 제사공간이다. 국가의 안위를 위해 나라에서 산신에게 제사를 지내던 제사터로 현재 조선시대 3악(嶽, 묘향산 상악단, 계룡산 중악단, 지리산 하악단) 중 유일하게 남아 있는 곳이 중악단이다.

1394년(태조 3년)에 세운 이후 1651년(효종 2년)에 미신숭배 배척 등의 이유로 폐단되었고 1879년(고종 16년) 명성황후의 명으로 재건된 중악단이다.

중악단은 왕실의 손길이 닿은 만큼 조선 궁궐의 건축 기법이 들어있다. 1.5미터의 돌 기단 위에 서남향으로 정면 3칸, 측면 3칸의 건축물로 궁궐의 정전과 같은 입면으로 규모만 차이가 있을 뿐이다. 팔작지붕으로 사찰의 팔정도가 생각나게 하고, 모든 일에 능통한 사람을 팔방미인이라 하는데 팔방을 보니 아름답기 그지없다.

특히 팔작지붕을 가지고, 지붕 위에서 산신들과 국민들이 토론을 하고 있는 것 같이 보인다. 팔도의 소식도 들리는 것 같다.

처마를 받치는 공포는 조선 후기의 다포 양식을 갖추고, 산신의 도량에 보답하는 듯 지붕 높이를 높이고 있다. 내 4출목과 외 3출목으로 구성하여 칠성각을 내포하고 있는 것 같이 보인다. 지붕 위에는 7개의 잡상이 놓여 있다. 종묘에도 잡상이 있다.

잡상이 있는 건축물은 궁궐에서만 보았다. 산신을 영접하기 위해 형식을 초월한 건축물을 지었다고 생각했다. 밖으로 돌출된 쇠서의 끝에는 연꽃을 조각하였으며, 살미와 첨차도 장식의 미를 가미하여 봉황 머리와 연꽃을 조각하여 놓았다.

지붕은 평주 위에 대들보를 걸고, 동자주를 세워 우물천장을 만들었다. 건축물 측면의 기둥에서 대들보에 걸친 충량(衝樑) 뒤는 용머리 문양을 조각하였다. 내출목의 아름다운 포작과 모서리 기둥의 상부 끝이 화려하다.

칠성신 7분이 건축물 곳곳에 있다. 산신인 단군은 제단에 앉아 소리 없이 나를 보고 웃어준다. 단에 오르는 계단은 3곳에 있다.

신이 오르는 신단과 조계와 서계이다. 천, 지, 인이 하나 되어 모든 신들과 같이하자는 뜻이다. 내부에는 중앙에 단이 있고, 단 위에 감실이 있어 계룡산 산신의 신위와 영정을 모셔두었다.

중앙단에 모셔진 계룡산 산신은 호랑이와 함께 의논하는 할아버지이다. 붉은색의 도포를 입고, 머리는 상투를 틀어 올린 그림 속의 선인이다. 삼신각의 산신령은 여자가 많은데 중악단의 영정은 남자이다. 왕실에서 내려오는 향과 축으로 대접을 받는 계룡산 산신령이 중악단에서 편히 지내시길 바란다.

전면 기둥에 4개의 주련이 걸려있다. 궁궐의 정전에는 주련이 없다. 중악단도 옛 사진을 보면 없는데 지금은 걸려 있다.《초발심자경문》에 나오는 내용 같다.

"올 때는 한 물건도 가져옴이 없었고, 갈 때에도 또한 빈손으로 간다, 나의 재물도 아끼는 마음이 없어야 하는데 다른 이의 물건에 어찌 마음을 둘 것인가, 만 가지라도 가져가지 못하고, 오직 업만이 몸을 따른다, 삼일 동안 닦은 마음은 천 년의 보배가 되고, 백 년 동안 탐한 재물은 하루아침에 티끌이 된다"라는 것이다.

집 짓는 사람들의 계명이다. 집 짓는 사람들은 정성으로 산다. 욕심 없이 사심 없이 산신에게 집 짓는 사람들의 열정을 바친다.

궁궐 건축에도 삼문이 있다. 중악단에도 7칸의 대문간 채를 지나고, 5칸의 중간 문간 채를 지나야 단에 이른다. 대문과 중간에 있는 문간채를 지나야 중악단에 이른다. 단의 표본은 사직단이다.

중악단을 보면 사직단이 생각난다. 중간채가 안쪽 담인 유(壝)이고, 대문간 채는 바깥 담인 주원(周垣)이며, 사직단의 북문이 3칸으로 신이 드나드는 문이듯 중악단 대문간채도 솟을대문이 있는 3칸 문이 신의 문으로 보인다. 3문은 궁을 뜻한다.

이런 형식을 갖춘 것부터가 나라에서 계룡산 신에게 제사 지내기 위해 마련한 건축물이다. 구릉지에서 동북쪽과 서남쪽을 축으로 하여 건축물을 대칭으로 하여 배치하고, 담장을 쳐서 독립 공간으로 만들었다. 담장 또한 궁궐에서 볼 수 있는 꽃담 형식으로 수, 복, 강, 령, 길, 희 등을 상징하는 무늬와 글자를 넣어 장식하였다.

이처럼 산신에 대하여 성의를 보이는 것은 인간이 바람이 많다는 것을 나타내는 것이다. 건축물은 뜻을 내포하여 외부로 상징물을 보여주는 마술이면서 주술이다. 건축물은 어려우면서도 복잡하기에 내면의 감정을 나타내지 않는데 산신에 대하여만 당우, 즉 건축물로 일체를 감응하고 있다.

우리의 생활은 번잡함과 경건, 엄숙함이 교차되어야 삶의 리듬을 가지고 생활의 기복을 만든다. 때때로 제례의 터를 찾아 엄숙함에 빠져서 나를 돌아보는 것도 좋은 수양의 방법이라 생각한다.

제례의 공간은 건축의 고향이며, 춤과 음악이 있는 예술의 터라고 본다. 산의 정체성은 인간의 고향이기에 산에는 '단'이 있고, '기원'이 있으며, 사람의 생활이 있다. 그래서 산신에게 우리는 건축으로 공간을 만들어 놓고, 산신을 생각한다. 제례는 예를 봉행하는 것이기에 사람을 사람으로 만든다.

산은 건축물을 통하여 사람에게 여덟 가지 바람에 흔들리지 말라고 한다. 이익, 손해, 방해, 아부, 칭찬, 놀림, 고통, 즐거움에 흔들리지 말고, 중인(中人)이 되라고, 건축물은 덧붙인다. 이것은 건축물의 지붕 선이 가르쳐주는 묘약이다.

안과 밖으로 팔풍을 맞아도 흔들리지 않는 점잖음을 가지고, 삶에 정진하라고, 중악단에서 한 수 배운다. 중악단에서 기도할 때는 한 가지만 원해야 들어준다고 한다. 두 가지를 원하면 안 돼. 자신이 원하는 정말 간절히 원하는 꼭 한 가지만. 집이 참 아름답다. 선이 참 곱다.

2
부

민의의 집

민의의 집

알베르트 슈페어를 시켜 게르마니아를 계획한 히틀러는 건축에 관하여 "국가의 능력과 단결력을 표현하는 석조물이다"라고 하였다. 국민들은 건축물을 보면서 자긍심을 가지며, 자신의 국가관을 만든다는 뜻일 것이다. 민의(民意)는 사회현상 속의 결과물이지만 건축물이 미치는 영향은 무엇과도 비교할 수 없다.

건축은 자연의 질서를 지키고, 사람들은 자신의 이익을 위해 자연을 이용하고 있다. 자연은 이용을 당하면서도 질서는 무한한 윤회를 반복하면서 지키고 있다. 자연의 질서는 사람들의 주거에도 이용된다. 공공 건축물은 살아있는 자연과 질서의 역사이며, 민의의 샘터이자 민의의 공간으로서의 기능을 가진다.

민의(民意)는 국민의 뜻이다. 민의는 힘과 희망과 바람이 가득한 신의 화수분이다. 그 힘의 영향은 무엇보다 큰 위력을 가지고 있다. 민(民)은 사람, 공민, 인민의 뜻을 나타낸다. 민(民) 자는 송곳으로 사람의 눈을 찌르는 모습을 표현한 것이다.

고대에는 노예의 왼쪽 눈을 멀게 하여 저항하거나 도망가지 못하도록 했다고 한다. 민(民) 자는 그러한 모습을 그린 것이다. 이것이 민 자의 어원이다. 링컨은 "나는 노예가 되고 싶지 않은 것처럼 주인도 되고 싶지 않다"고 하였다. 지금은 민(民)이 국가를 구성하고 있는 국민을 뜻한다.

뜻 의(意) 자는 의미, 생각 등의 뜻을 가진 글자다. 소리 음(音) 자와 마음 심(心) 자가 결합한 모습이다. 음(音) 자는 '소리'라는 뜻을 갖고 있다. 소리를 뜻하는 음 자에 마음 심(心) 자를 써서 '마음의 소리'라는 뜻이 된다. 그래서 생각은 머리가 아닌 마음으로 해야 진정한 생각이 된다고 한다. 뜻은 무엇을 하겠다고 속으로 먹는 마음 또는 말이나 글 또는 어떠한 행동으로 나타내는 속내이다.

민의도 모르면서 리더에 대한 이론만 말하는 사람들이 많다. 노예가 고대의 민(民)이다. 노예의 생각은 순수하고, 현실적이면서 숨기는 직설이 있다. 이것이 진정한 민의 소리이다. 민의 소리를 알고, 그 뜻을 받아들이는 것이 리더이다.

민의 소리를 모르면서 아는 척하는 것은 잘못된 것이다. 사람의 평균 세포 수는 60조 개라고 한다. 이 중에 하루에 50만 개씩 소멸되고, 재생된다고 한다. 이렇게 신비한 인체를 가진 사람의 생각을 안다는 것은 불가능한 것이다.

그러면서 위정자들은 민의를 잘 안다고 하면서 여기저기를 다닌다. 사람의 속마음은 모른다. 단지 사람들은 민의를 가지고 있기 때문에 위정자들에게 사람으로서의 기본만을 요구하고, 튼튼한 기본을 가지라고 강조하는 것이다.

우리 사회는 민의를 가르치려고 하는 스승만 있다. 스승보다는 솔선수범하는 코치가 있어야 한다. 코치는 훈련도 같이하고, 시범도 보이면서 팀원을 자신보다 높은 수준으로 키우려고 같이 행동하며 생활한다.

그러나 스승은 말로만 가르치는 경우가 많다. 교육보다는 학습이 중요하다. 민의는 학습을 같이하는 코치를 좋아한다. 말은 잊어버리지만 행동은 몸이 기억하게 한다. 민의는 국민에게 참여하여 같이 고민하고, 걱정하는 위정자를 원한다.

공자는 배를 군주로 보고, 물을 국민으로 보았다. "물은 배를 띄울 수도 있지만 뒤집을 수도 있다. 민의의 엄격함을 받아들이고, 잘 실천할 수 있도록 해야 한다"고하였다. 노자는 민의에 대하여 "개인의 고유 가치를 인정하고, 개인의 권리를 신장하며, 자신의 뜻에 따라 살 수 있도록 요구한다" 이러한 민의가 존재하도록 민의(民意)를 받아주고, 찾아다니는 위정자와 국가기관이 되어야 발전하고, 국격과 국민의 격이 높아지는 것이다.

우리는 옛날부터 관공서를 싫어했다. 그래서인지 모르지만 정치를 알려고 하지 않고, 무관심해지려고 한다. 그러나 민의의 집은 국가기관이라고, 국민은 잘 알고 있다. 그중에 입법부인 국회를 제일 많이 생각한다. 물론 국회와 국가기관은 모두 민의의 집이다.

민의(民意)의 집은 문이 크다. 문이 크다는 것은 민의의 무게와 뭉침이 그만큼 크다는 것이다. 민의의 힘은 큰문으로 당당하게 들어가야 한다. 민의는 시각, 청각, 후각, 촉각에 의해서 만들어진다.

이렇게 만들어진 민의는 큰문이 필요하다. 민의는 가장 강력한 힘이다. 그 힘은 누구도 막아서는 안 된다. 우리나라는 민초의 힘으로 위기상황을 많이 극복한 경험이 있다. 위정자들도 최선을 다하지만 행동하는 것은 민의였다.

민의의 집은 마루가 넓다. 지금은 아니지만 옛날에는 넓은 마루가 있는 집이 관공서였다. 차가움과 따뜻함이 교차되는 구조는 마음을 냉정히 하고, 올바른 이성으로 민의를 돌보라는 뜻으로 그렇게 만든 것이다. 민의의 공간은 소박하고, 바른 정신을 가진 선비 같은 자세를 가지고 있다.

건축물은 분위기를 만들고, 사람을 만들고, 사용자의 정신을 바르게 한다. 민의를 받아들이고, 바로잡게 한다. 국가 및 지방의 공공 건축물은 지역적 특색을 위조하지 말고, 오로지 민의에 관심을 가지는 기관이 되어야 한다. 지금의 국가기관 근무자들은 옛 기관의 마루 밑에서 올라오는 찬 바람을 생각하면서 냉정한 이성으로 민의를 대하여야 한다. 건축물은 상징을 현실화시킨다. 그래서 정체성과 민의를 같이할 수 있게 한다.

모든 나무는 뿌리에서 위로 커 올라간다. 사람도 서기 시작하면서 위를 안다. 국민의 뜻도 밑에서 위로 가는 것이다. 국민들은 스스로 낮은 위치에 있다고 생각한다. 윗사람을 닮시 않아 못나고, 어리석다고 하면서 겸손해한다. 불초라는 말을 기억하면서 지내고 있는 사람들이 민(民)이다.

자신의 손으로 뽑은 위정자에게 고개 숙이는 국민이 우리나라 국민들이다. 당당한 민의를 전하고, 민의가 해결되도록 강력하게 주장하고, 요구해야 하는데 위정자를 만나면 무언의 미소만 보이고, 손 한번 잡으며 돌아선다. 국민들은 몸과 마음과 생활을 다스려 사적인 정으로부터 초연해지는 법을 배워야 한다. 그래야 격을 높이고, 바른 판단을 할 수 있다.

민초의 겸손과 배려를 위정자들은 먼저 알아야 하는데, 자기만족에 젖은 위정자들은 민초의 겸손을 가볍게 안다. 위정자들은 민의는 밑에서부터 자라 올라간다는 사실을 알고, 민(民)보다 더 겸손하고 민의를 경청해야 한다.

민의가 무시된 아메리카 인디언들은 자연으로부터 배우는 일을 포기하지 않았다. 그리고 가난한 삶을 가장 기품 있는 삶으로 여겼으며, 가난을 조금도 부끄러워하지 않았다. 오히려 소유를 주장하는 삶이 인디언들에게는 하나의 수치였다고 하였다.

자연과 가까우며, 자연을 돌보는 이는 결코 어둠 속에서 살지 않는다. "나무들은 말을 한다"고 하였다. 인디언들은 자연의 소리를 그들 나름의 민의를 모아서 타협하였다고 한다. 류시화의 《나는 왜 너가 아니고 나인가》에서 읽었다. "불의가 법이 될 때 저항은 의무가 된다"는 토마스 제프슨의 말이 나온 근본정신은 인디언들의 민의의 소리일 것이다.

"민심은 천심이다"라는 말이 있다. 이 말은 위정자들에게 민의를 존중하라는 뜻으로 쓰이는 말인데 위정자들은 민의를 조작하여 정당화시키는 행위를 하면 안 된다. 민의를 핑계로 위선의 가면을 만든다는 것은 그 가면을 바꿔 써야 할 때 민낯이 보인다는 것을 알아야 한다.

천심은 헛되이 나오지 않는 신의 뜻이다. 민의와 천심은 같은 것이다. 신의 경험의 역사와 민의 경험의 역사는 많은 경험의 연속이기 때문이다. "경험의 양에 따라 미래를 보는 법이 다르다고 한다"는 말이 내 마음에 와 닿는다.

위정자들은 민의를 듣는다고 하면서 시장을 간다. 여러 사람과 같이 간다. 이것은 민의를 듣는 것이 아니고 뽐냄이다. 겸허히 가야 한다. 민의는 여론과 다르다. 혼자 가는 것이 진실한 민의를 듣는 법이다. 시장은 물건의 거래와 민의가 이루어지는 장소이지, 자기 자랑하는 곳이 아니다. 민의를 듣는 곳이다. 내 몸의 가치가 얼마나 되는지 느껴보는 곳이지, 내 표의 현황을 느껴보는 곳이 아니다.

사회계층이 조화되는 곳이 시장이어야 하는데 조화에 방해되는 언행은 혐오만 만든다. 나는 위정자들과 만나면 무덤덤하게 넘긴다. 내가 그들을 만난 것이 자랑거리가 아니고, 그들이 나를 만난 것을 자랑해야 맞는 것이기 때문이다. 어울림이 잘 조성될 때 우리의 리그가 되고, 진정한 민의(民意)가 생성된다.

위정자들이 만든 당은 무리당(黨)으로서 무리들의 이익의 창고이지 국민을 위한 것은 아니다. 집당(堂)이 되면 가족으로서의 의미가 있고 가정을 알게 되니 사람들의 애환이라도 알 수 있을 것이다. 영어의 party는 고대 불어 partie에서 유래한 것으로 '나누어진 것'이다. 르완다어로는 fatira로 '균등하게 나누다'라는 뜻이다. 무리라는 뜻은 없다.

민의를 존중하는 인의 정치와 덕의 정치를 한다면 국민들이 함께 만족하는 선정이 될 것이다. 민의에 따라 순의의 바람이 불게 하고, 물결이 일게 하면, 우리의 위정자들에 대한 호평이 만방에 퍼져 나갈 것이다. 국민이 호감을 가질 수 있는 국가와 정치의 격은 모두가 같이 만드는 것이다.

민의는 정의를 알아야 올바른 표현이 나온다. 위정자들은 기게스의 반지나 하데스의 모자를 쓰면 안 된다. 투명인간은 자기 욕심의 극치를 만들기 때문이다.

국민의 대표라고 주장하는 위정자들이 민의를 찾을 생각은 하지 않고 당론만 주장하며, 무리들의 정치를 하는 것은 힘의 논리를 주장하는 야생동물의 습성을 보여주는 것이다.

이성과 논리가 결합된 순수한 애민정신으로 대화하고, 토론하며, 민의를 꽃피우면 국민들로부터 '덕분에'라는 소리를 들을 것이며, 국민들은 위정자들의 민의의 형성에 또다시 답할 것이다. '덕분에'라고 말이다.

독일의 민의의 전당인 국회는 2차대전으로 파괴된 국회 돔을 유리로 시공하였다. 국회의 일하는 모습을 신에게 보여주고, 만방에 공개하는 것이다. 그리고 머릿돌에는 '독일 국민을 위하여'라고 붙여놓고 민의를 살핀다.

미국의 캘리포니아 주의회에는 "고장의 높은 산봉우리 만큼이나 우뚝 솟은 사람을 만들자"라는 글이 있다. 우리 국회에는 안에는 지구상에서 가장 좋은 말이 다 있지만 밖에는 없다. 그래서 중구난방이다. 표(表)는 약속이고, 리(裏)는 강한 신념이 되어야 한다.

세계 각국의 국가기관에는 민의가 쏟아진다. 특히 국회는 민의가 집결되는 곳이다. 국회에서 민의를 받들고, 법이 없으면 법을 만들어 나라의 미래를 준비하여야 한다. 법은 앞서가는 것이지 뒤따라 가는 것이 아니다.

우리를 통제하고, 살피는 것은 우리 자신뿐이다. 우리가 민의를 바르게 나타내지 않으면 우리의 미래가 불확실해진다. 내가 중요하고, 우리가 중요하다는 것을 알아야 한다. 우선의 풍족이 영원한 것도 아니다. 전쟁에 이기고도 불리해진 상황을 '피로스의 승리'라고 한다. 이런 상황을 조정하는 것이 위정자들의 역할이다.

민의의 받듦과 필요한 상황을 판단하는 능력이 탁월한 위정자여야 존경을 받을 수 있다. 민의는 다양해야 한다. 문화도 다문화가 되면서 제국을 만들었다. 다양성이 인정되는 사회를 위정자들이 앞장서서 만들어야 한다.

우리 국민은 자유분방하다. 틀에서 풀어놓을 때 다양한 성격이 발현되는 국민이다. 여기에 만방의 문화가 모이면 어떤 시너지 효과가 나올지 기대되지 않는가?

지금 우리의 국회의원은 300명이지만 당론에 의해 움직이고 있다. 국회의원들은 자기 뜻을 국민의 뜻으로 말하면 안 되고, 당의 뜻을 국민의 뜻으로 만들지 말아야 한다. 의원 보좌진도 직렬별로 전문적인 지식을 가진 정식 공무원으로 확보하여 국회의원 앞으로 발령하고, 2년마다 교체하여야 한다.

"지능으로써 백성을 다스리는 것은 헤엄을 치는 것이요. 도덕으로써 백성을 다스리는 것은 배를 타고 건너는 것이다"라고 순열은 《신감》에서 말하였다. 개인이 입법기관인 국회의원 300명이 모두 소리를 내야 우리나라가 무한히 발전한다는 것을 국회의원들은 알아야 한다. 체제는 입법부(府)이고, 집 이름은 의사당(堂)이고 사람은 의원(員)으로 불리는 곳이 국회이다. 이렇게 다양성이 있는데 어찌하여 한 가지로만 일을 하려는지 불만이다. 원(員)은 최고위층을 헤아리는 수의 단위(양수사)라는 것을 알아야 한다.

정치가(政治家)는 특정의 정치체제에서 제도적으로 확립된 정치적 권위의 주체가 되어 있는 자이고, 정치인(政治人)은 정치에 활발히 참여하거나 밀접한 관련을 갖는 직업을 가진 사람을 말한다.

정치인의 위가 정치가이고, 아래는 정치꾼이다. 이것은 권위와 권위의식의 차이이다. 정치가는 권위를 알지만, 정치인은 권위의식을 즐긴다. 권위와 권위의식은 짓다와 만들다의 차이이다. 짓다는 재료를 들여 밥, 옷, 집을 짓는 정성의 발현이고, 만드는 것은 노력이나 기술을 들여 목적하는 사물을 이루는 것이다.

지을 조(造)는 신 앞에 나아가 아뢰는 고(告) 자와 쉬엄쉬엄 정성을 들이는 착(辶) 자의 합자로 자신과 가족의 정체성을 위해 정성을 다하는 행동으로 천천히 세밀히 일을 하는 것이다.

만들 작(作)은 사람인(人)과 잠시 사(乍)의 합자이다. 사람이 잠시 동안 무언가를 만드는 또는 형태를 이루는 글자이다.

정치가는 정치를 짓는 사람이고, 정치인은 정치를 만드는 사람이다. 집은 가(家)를 말하는 것이다. 집은 수많은 부재가 화합을 이루는 것이다. 그래서 가(家)는 삶의 장이 된다. 식, 주, 의는 짓는다고 한다.

짓는 사람은 정성과 열정으로 다른 사람을 배려하며, 합의로 민의를 숙성시켜 일을 수행하는 사람이다. 만드는 사람은 목적의식이 뚜렷하지 않으면서 자기중심으로 일을 행하는 사람이다. 민의는 짓는 정성을 원한다. 만드는 것을 원하지 않는다.

집을 지어보면 기초 부분은 서민이고, 기둥 부분은 중산층이며, 지붕은 상류층이다라는 것을 느낄 때가 있다. 기초는 항상 힘이 든다. 기둥은 분산된 힘을 받는다. 지붕은 중력만 받으면서 아래를 누르고 산다. 이 관계의 어려움을 풀어주는 역할이 정치가의 몫이다.

가(家)는 집을 지어본 사람에게 주는 호칭이다. 집을 지어봐야 모든 것을 지을 수 있는 것이기에 값진 가(家)를 붙여주는 직업군이 있음을 알아야 한다.

"우리는 정부가 국민을 소유하는 것이 아니고, 국민이 정부를 소유하는 나라라면 어느 나라든지 즐거이 환영한다"는 처칠의 말은 오래도록 기억에 남아 있다. 민의의 공간은 국가의 기관이다. 민의의 드나듦이 자유로울 때 국가기관은 제 역할을 다하는 것이다.

우리가 해온 대로 하면 본래의 것만 계속한다. 우리의 능력과 격을 상승시키고, 볼 수 있는 것을 넓히는 것은 우리 자신뿐이다. 이것을 민의의 집에서 함께해야 한다.

합(閤)

인격은 사람을 사람답게

독일의 건축가이자 역사가인 코르넬리우스 굴리트는 "생각하는 방법을 가르쳐야지 생각한 것을 가르쳐서는 안 된다"라고 말했다. 세상의 사람들은 생각이 모두 다르다. 때문에 서로의 생각을 이야기하고, 다투기도 한다. 생각은 기술이 필요하다. 그래서 배워야 한다.

"총명이 빼어난 것을 영(英)이라 하고, 담력이 남보다 지나친 것을 웅(雄)이라 한다. 그러므로 영은 되지만 웅이 못 되는 자도 있고, 웅은 되어도 영이 못 되는 자도 있다. 또 재주가 천 명 중에 뛰어난 자를 호라 하고, 만 명 중에 뛰어난 자를 걸이라 한다"라고 유공재는 말하였다. 영웅과 호걸이 된다는 것은 어렵다는 것을 말하는 것이다. 총명과 담력과 재주를 같이 가진다는 것은 더 어렵다는 것을 알 수 있다.

생각하는 법을 가르치는 사람과, 재주가 특출한 사람과, 총명한 사람과, 담력이 남보다 지나친 사람과, 총명과 담력이 같이 있는 사람은 경륜과 경험에 의해서 나타난다. 이러한 사람들은 집에서의 가르침에 영향을 받았고, 격대교육의 역할이 중요했을 것이다.

"문과 창문을 내어 방을 만드는데 그 텅 빈 공간이 있어서 방의 기능이 있게 된다. 그러므로 유(有)는 이로움을 내주고, 무(無)는 기능을 하게 한다."《도덕경》 11장에 나오는 말이다. "'유'는 구체적으로 있는 어떤 것은 우리에게 편리함을 주지만 '무'는 바로 그런 편리함이 발휘되도록 작용한다는 것이다"라고 최진석 교수는 해설하였다. 방의 기능은 공간의 특성에 따라 다르다.

합(閤)이란 공간은 전이나 당에 딸려 보좌하는 기능을 한다고 한다. 전과 당에 보좌하려면 생각의 기술, 총명, 담력, 재주가 남달라야 한다. 경륜과 경험이 풍부한 사람을 말한다. 이러한 사람들이 일하는 곳이 합(閤)이다. 합은 전이나 당에 부속된 공적인 역할보다는 사적 역할인 자문역의 기능을 가진 부속 기관으로 생각된다.

내각을 뜻하는 캐비닛(cabinet)은 임시 가옥을 뜻하는 캐빈에서 나온 말이듯이 옛날 대신들은 백성 위에 군림하는 높은 사람이 아니었고, 사무실도 화려하지 않았다고 한다. 국민의 신뢰 때문이었다. 미니스터(minister)도 심부름꾼이란 뜻이다.

합은 언론에 대한 대응과 국정의 미래 안 제시 등 원로들의 생각의 창고이다. 오피니언 리더들이 일하는 곳이며, 인격이 있는 사람들이 서로 토론하여 좋은 자문안을 제시하여 주는 곳이다. 초발심을 끝까지 이어온 어른들의 기로소가 합(閤)이다. 존경과 가르침의 멘토가 있는 곳이 합(閤)이다.

합은 대문 옆에 붙은 쪽문을 가리키기도 하고, 대궐을 가리키기도 한다. 편전 앞문을 합문이라 했다. 이에 따라 정승을 '합'이라 부르는 관행이 생겼다. 영의정을 영합, 좌의정을 좌합, 우의정을 우합이라 불렀다. 합은 위치가 중요한 것이 아니고, 즉시 즉답의 자문이 옳으면 되는 것이다. 영웅과 호걸은 자리를 중요시하지 않는다.

존귀한 사람에 대한 경칭인 합하는 정일품 벼슬을 높이어 이르는 말이다. 정승의 존칭인 합하의 본래 의미는 정승들이 정무를 보는 다락방 문 아래라는 뜻이다. 겸손의 의미를 존칭으로 표현한 것이다. 현실에서는 보편적으로 왕세손이나 대원군을 호칭할 때 부르던 존칭이었다.

합은 대체로 전이나 당에 부속되어 있는 기관을 말하나 그 자체가 어느 정도의 규모를 갖추고 독립되어 있는 집도 있다. 중국에서는 문 옆에 있는 집을 규(閨)나 합(閤)이라 했는데 작은 규를 합이라 했다. 경륜과 경험은 많을수록 겸손해진다. 보좌진의 일터는 문간방에도 있었다고 한다. 메디치가의 행랑방에서 르네상스가 나왔다. 합은 양반집 대문 양쪽에 늘어서 있는 문간방(행랑방)을 뜻하기도 한다. 궁문의 다락에서 합문을 열고, 백성들 앞에서 정사를 논하는 합의의 정신을 보여주었다. 합은 겸손의 상징이었다.

경륜과 경험은 많은 가르침을 준다. 합이란 집은 연륜이 많은 사람들이 의견을 교환하며, 보다 나은 국민들의 생활을 위해 노력하는 공간인 것 같다. 존경받는 고관들이 자문하고, 고언을 하는 성스러운 곳이다. 그래서 인격이 필요한 기관의 건축물이 합(閤)이다.

"인생 혹은 일에서 중요한 것은 지성이 아니라 인격이다. 머리가 아니라 마음이며, 천재성이 아니라 판단에 따르는 규제력, 자제력, 인내심이다. 인격은 재산이다. 가장 고결한 재산이다. 인격은 사람들이 높고 긍정적으로 평가하는 재산이다. 인격에 투자하는 사람들은 세속적인 의미의 부자는 되지 못하더라도 존경과 명성이라는 응분의 보상을 받게 될 것이다. 그리고 살면서 훌륭한 자질들인 근면, 덕행, 선행을 무엇보다 중요하게 생각하고 훌륭한 사람들을 높이 평가하는 것은 바람직한 일이다." 새뮤얼 스마일즈의 《인격론》에 나오는 말이다.

합이란 건축물 앞에 서면 인격이 생각난다. 합하들의 노련함을 인격이 만들었기 때문이고, 그 가치가 느껴지기 때문이다. 인격은 인품이라고도 한다. 품(品) 자는 사람의 입이 여럿 모인 형국이다.

품자는 물건, 등급, 벼슬 계급을 말한다. 이것은 품질이 좋거나 계급이 상승하면 여러 사람의 입을 통하여 전해지기 때문에 입을 나타내는 구(口)를 사용하였을 것이다. 인품과 인격이 덕으로 성장하여 합에서 꽃피운 것을 국정에 나타나게 하는 것이 합의 역할과 기능이라고 본다.

합(閤)은 문(門) 사이에 합(合)이 있는 글자이다. 이것을 파자하면

삼합 집(亼)에 입(口)이 있는 것이다. 입이 셋이 있는 집이다. 입 셋은 영의정, 좌의정, 우의정이다. 합자는 세 사람 이상이 하나의 접시에 있는 음식을 같이 먹는 글자이다.

1개의 그릇이기에 소박하고, 양보와 아량이 있는 식사법이었을 것이다. 이러한 겸손이 있기에 문간방이나 독립된 건축물이나 상관않고, 왕실과 국민을 위하여 봉사하였을 것이다. 문 사이에 합자가 있으니 정1품 이상은 정책을 자문할 때 장단점을 파악하고, 논의의 장소로 들어가는 문에서 한목소리를 낼 수 있도록 준비를 철저히 하여야 한다는 것을 강조하기 위해 합자를 사용했다고 본다.

칠레 건축가 알레한드로 아라베나는 비싸게 건축되는 집값을 감당할 여력이 없는 사람을 위해 반쪽짜리 공동주택(킨타몬로이)을 지어 분양했다. 즉 80제곱미터를 지을 수 있는 땅에 40제곱미터를 지어 분양하고 나머지는 입주자가 짓는 것이다. Half of a Good House라고 하는데 경제생활에 충실하고, 희망을 가지게 하는 동기부여를 하는 것이다. 우리도 합에서 이런 희망의 제안이 많이 나왔으면 한다.

대문 옆의 작은 문에는 문지방이 있다. 문지방은 아래를 보고 넘으라는 것이다. 조심하지 않으면 걸려 넘어진다. 인격도 예에 어긋나면 넘어진다. 인격도 변한다. 최소한으로 변하라고 통제와 규제를 스스로 가한다. 사회 환경도 변하기 때문에 인격도 변해야 한다. 그래야 변화된 행동이 나타난다. 인격은 바람개비가 잘 돌 수 있도록 방향을 잡아주는 지혜와 의지를 행동으로 보여주는 것이다.

권력은 국민의 인격이 결정한다. 인격은 국민이 가지고 있는 심성과 도덕성이다. 한나라의 도덕성과 준법성을 좌우하는 것은 개인이다. 국민이 역사에 대하여 자긍심을 가지려면 훌륭한 과거가 있어야 한다. 그렇듯 현재에 대하여는 자존감을 높여주는 위정자들의 미래관과 세계관의 확립이 뚜렷해야 한다. 그래야 국민을 위해 일을 할 수 있는 것이다.

국가의 평가는 나라의 크기가 아니라 구성하는 국민이 받는 것이다. 국가는 국민 전체가 발전할 때 국격을 높이며 성장한다. 국격은 국민 일 인 일 인의 인격의 집합체다. 이 또한 합에서 만들어졌고, 지금도 국가 자문 원로회의 같은 곳에서 합하들의 고견을 들어야 국가와 국민을 빛나게 할 수 있다.

건축은 결합의 미가 빛을 내는 것이다. 수많은 부재가 결합되어 하나하나 뭉친 것이 건축물이다. 각 개체의 특성이 모여 하나의 특성을 만든다. 사람으로 말하면 여럿의 인격이 모여 국가의 국격을 만드는 것이다. 사람은 모두 건축가다. 혼자서 자신의 집은 짓지 못하지만, 자신의 인격은 건축하기 때문이다. 건축가는 집을 짓고, 집은 인격을 짓는다.

"건축 이론에서 논하는 것은 이(理)이다. 이(理)와 술(術)은 하나라도 없으면 안 된다. 이(理)에는 밝으나 술(術)이 없으면 실제 쓰일 수 없으며, 술(術)은 있으나 이에 밝지 못하면 분별을 하지 못한다. 술(術)이 없으면 한 가지 일도 이뤄지는 것이 없으며, 술은 있으나 이(理)에 밝을 수 없다면 술은 아무것도 감당하지 못한다"고

엽수원은《건축과 철학관》에서 이야기하였다. 생각이 깊고 앞서야 자기의 일이 잘 보인다는 것이다. 이(理)는 대리석 무늬인 자연의 힘이 다스리는 것이고, 재주는 수단이다. 재주는 다스림을 받는 자산이란 뜻이 합에 들어 있다.

합에서 강조하는 것은 꽃의 향기는 10리를 가고, 말의 향기는 100리를 가지만, 베풂의 향기는 1,000리를 가고, 인품의 향기는 10,000리를 간다는 것을 가르치는 것이다. 곡선에서 직선으로 변하면서 집의 구조가 복잡해졌다. 그러면서 향기의 갈 길이 막혀버렸다. 자연의 구조인 곡선이 다시 살아나 원형의 부드러움이 아름다움을 만들 때 향기는 돌고, 그 집에 살아본 사람들의 향수가 느껴질 때 우리는 합인이 되는 것이다.

합은 인격의 완성과 같다. 공자는 인격의 완성을 "시를 읽음으로써 바른 마음이 일어나고, 예의를 지킴으로써 몸을 세우며, 음악을 들음으로써 인격을 완성하게 된다"고 보았다. 집을 지을 때도 바른 마음으로 자재를 준비하고, 각과 치수를 오차 없이 잡아서 여유롭게 휘파람을 불며, 지어야 좋은 정신이 깃들인 집이 된다.

우리가 합(閤) 자가 있는 편액을 볼 때 유교의 오상을 곁들여 본다면, 불가의 중도와 도가의 무위와 무욕과 함께 상덕으로 느껴질 것이다. 합에서 인격의 방안이 덕으로 보이고, 덕을 위해 수양해야겠다는 마음이 생기길 바란다. 합(閤)은 국정 운영공간이다.

의두합

"정조대왕은 조기 교육을 강조하며, 올바른 말을 듣고, 올바른 일을 보는 것을 중요시하며, 나라의 근간이 되는 힘은 공부라고 하였다. 또 관례라 하여 임금이 직접 벼 베기 등 농사일에 참여하여 농사를 소중히 여기고, 권장하여 백성을 걱정하는 마음을 가지며, 여러 의견을 받아들여 남의 결점까지 산의 숲처럼 숨겨주고, 더러운 것까지 강과 바다처럼 받아들이는 것이 임금의 길이고, 국가와 국민을 위한 일을 하는 자는 사리사욕을 챙기거나 파렴치한 일을 하면 유소불위를 신하들에게 이르고, 내가 중앙에 있어야 위아래가 공간을 많이 차지한다. 그래서 왼쪽도 바르고, 오른쪽도 바르고, 뒤도 바르게 된다"라며 공정을 말하였다. 안대회 교수의 《정조 처세록》에 나오는 글이다. 공정은 쉬운 길이 아닌데 위정자들은 쉽게 말하고 있다.

정조대왕의 손자가 효명세자이다. 할아버지를 멘토로 모시며, 어릴 때부터 학문에 열중하였다. 특히 예술을 좋아하였다. 그중에 음악으로 세도정치를 마감 짓고자 노력을 많이 한 훌륭한 세자였다. 할아버지 정조를 얼마나 닮고자 했으면 규장각 넘어서 의두합을 고쳐 짓고, 의두합에서 책을 보다 의문 나는 것이 있으면, 규장각을 찾아 학자들과 토론하고, 자신을 수양하였다고 한다.

할아버지 정조는 당파정치 때문에 힘들어했고, 효명세자는 세도정치 때문에 고생을 했다. 예나 지금이나 당(黨)과 세(勢) 때문에 국민들이 정치에 무관심해지고 있다. 당에는 검을 흑(黑)이 들어가 배신과 거짓이 가득하고, 덕이 없는 '우리'라는 집단이 되어 국민을 생각하는 마음이 소홀하다. 지금 같은 당에서는 덕인이 나올 수가 없다. 내가 없고 우리만 있는 당(黨)에는 청탁병, 파당병, 서열병, 내, 외가 다른 병 등의 나쁜 병을 앓고 있기 때문이다. 당(黨)도 당(堂)으로 바꿔서 집을 짓는 마음을 가진 예술의 정치를 하면 어떨까? 생각해 본다.

의두합은 한 건축물인데 이름은 2개였을 것으로 추측한다. 전면의 편액에는 '의두합'이며, 뒤에는 '기오헌'이다. 기오헌은 의두합의 부속된 서실로 보는 것이 맞는 것 같다. 의두합과 기오헌은 같은 건축물인데 측면을 1칸 반씩 나누어 평면을 다르게 짓지 않았을까 의문을 가져본다. 고종 때 수리를 하였는데 그 당시 《승정원

일기》에 보면 기오헌에 대한 내용은 없기 때문이다.

의두합(倚斗閤)은 북두성(정조)에 기대어 한양의 번화함을 바라본다는 뜻을 가지고 있다고 한다. 두보의 시 〈밤〉에서 인용했다고 한다. 정면 4칸, 측면 3칸의 팔작지붕이며, 대청 2칸 중 1칸 반은 방으로 되어 있다. 우측에는 온돌방이 있고, 좌측에는 누마루로 되어 있다. 원로 대신들의 국정에 관한 자문이 필요해서 방을 만들었을 것이다.

추녀선이 효명세자가 만든 춘앵전과 영지무에 맞춰 춤추는 백성들의 팔이 하늘을 가리키는 것 같이 무거우면서도 날렵하다. 여느 시골의 보통 집같이 단아하면서 순수한 모습이 보기 좋다.

단청 없는 백골집이 마치 효명세자의 인격과 품성을 보여준다. 반듯하게 놓인 주초석은 흘러내린 산허리 끝에 놓여서 건축물의 균형과 미를 만드는 적정한 높이가 눈에 띈다. 앞에는 석축이 쌓여있다. 원로 대신들과의 이야기를 남들이 엿들을 수 없는 좋은 장소이다. 앞의 산과 의두합 사이로 계단이 만들어져 있는데 계단을 오르면 규장각으로 통한다.

규장각으로 가면서 축대석에 새겨져 있는 초연대와 추성대를 볼 수있다. 초연대는 세속을 초월한 삶을 보게 하고, 추성대는 자연에 묻혀 살고 싶은 마음을 가지게 한다. 불행한 효명세자의 한숨 소리와 가을에 별이 지는 소리가 의두를 지나 기오를 북으로 보내기에 기오헌은 북향으로 건축물이 향하고 있다. 소유욕구를 뛰어넘어 사치가 없는 의두합 건축물이다.

"산나물은 사람이 가꾸지 않아도 절로 자라나고, 들새는 사람이 기르지 않아도 자라건만 그 맛은 모두 향기롭고 또 맑도다. 우리 사람들도 능히 세상 법도에 물들지 않는다면 그 품위가 뛰어날 것이다." 《채근담》의 내용이다. 효명세자가 규장각과 의두합을 오가면서 많이 되뇌었을 것 같다. 순리에 따른 흐름만이 올바른 정사를 만든다는 것을 잘 아는 효명세자였을 것이다.

1827년부터 효명세자는 건축물을 여럿 세우고, 정원도 만들고, 학문을 닦으며, 정치를 구상했을 것이다. 건축에는 화합과 조화가 있고, 정원에는 어울림이 있고, 책에는 상상과 창의가 있다는 것을 알고 있었기 때문일 것이다.

공부방이면서 원로 대신들의 정치 자문을 들었을 것으로 보이는 의두합은 소박함이 있다. 될 수 있으면 작아지고, 낮아지려고, 노력한 모습이 보인다. 독서하고 사색하기 위하여 세운 건축물이다. 나는 기오헌은 북향이지만 의두합은 남향이라고 본다. 미술작품 전시는 북향 배치가 많다. 이는 빛의 밝기가 일정하기 때문이다. 건축은 빛의 잔치장이기 때문에 빛을 이용하고, 빛을 볼 줄 알아야 유능한 집 짓는 사람이 되는 것이다.

의두합 앞은 언덕이지만 빛의 드나듦이 자유롭다. 집 짓는 사람들은 빛에 대한 심미가 좋고 빛의 흐름을 안다.

조선의 마지막 희망이라 불리던 효명세자는 할아버지 정조대왕을 본받고자 규장각 너머에 의두합을 지었다. 합은 공론의 장을 하나로 만드는 곳이기에 원로들과 전문가들의 의견이 중요했을 것이다. 그래서 규장각 학자들의 지식과 지혜가 필요했을 것이다. 규장각 가까이에 의두합이란 이름으로 건축물을 지은 이유를 알 것 같다.

효명세자가 22세에 요절하지 않았다면 정조대왕보다 더 나은 개혁안을 가지고, 조선을 든든히 하였을 것이다. 건축물은 인격을 만들고, 인격은 국격을 만든다는 자연의 원리를 잘 아는 효명세자였기 때문이다.

세도세력의 세를 견제하고, 왕권을 강화하고자 순조의 명으로 대리청정을 하였으나 22세의 나이에 훙서하였다. 문학과 예술적 능력이 탁월하고, 효도를 잘 아는 세자였으니 시호도 효성스럽고 명민하다는 뜻을 가지고 있다.

의두는 의지할 의(倚)에 말 두(斗)로 《동국여지비고》에 의하면 '북두성에 의거하여 경화(번화한 한양)를 바라본다'는 뜻이다. 높고 오만한 북두성은 정조대왕을 말한다. 4칸 집이 동서남북을 뜻하고, 북두성은 사람들의 갈 길을 보여준다. 북두성이 없다면 우리는 갈 길을 잃고 세상 넓다는 것도 모르고, 살았을 것이다. 효명세자는 자신을 이기고, 세도의 세력에 굽히지 않겠다며, 정조대왕을 닮고 싶어 했을 것이다.

효명세자는 큰 집을 원하지 않았다. 자신을 낮추고 영웅호걸의 자세를 숨기고, 묵묵히 할 일을 하였을 것이다. 처소도 전(殿), 당(堂)이 아닌 연영합이었다. 얼마나 원로의 자문이 필요했으면, 합자를 좋아했을지 숨은 뜻을 이해할 것 같다. 지금 연영합은 없어졌다.

겸손과 겸양과 경청의 미덕으로 성군의 자질을 갖춘 효명세자는 인격의 완성자이며, 문예군주를 꿈꾸었을 것이다. "시대를 움직이는 것은 주의(主義)가 아니라 인격이다"라고 말한 오스카 와일드는 효명세자의 제자 같아 보인다.

음악으로 세도정치를 와해시키려고 하였다. 공자가 인생 성공을 시와 예와 음악을 잘하는 것으로 본 것과 같은 방법이다. 의두합에는 책과 악기만 있었다고 한다. 누마루 공간도 음악과 자연을 함께하기 위함이었을 것이다.

의두에 합을 붙인 것은 의견을 모은다는 것이며, 기오에 헌을 붙인 것은 기로소를 생각한 것 같다. 조선시대에 나이가 많은 문신들을 예우하기 위하여 설치한 기구가 기로소이다. 기오헌과 의두합은 같은 건물을 두 가지 용도로 사용하였다. 헌(軒)과 합(閤)으로 명명하여 연륜이 풍부한 신하들을 불러서 의견도 듣고, 책도 읽어 문제를 해결하기 위한 계획이었을 것이다.

기오헌은 높은 그 무엇에 기댄다는 뜻이니 세도정치를 없애기 위해 의견을 듣고, 기로소같이 운영하려고, 한 효명세자의 지혜로 생각된다. 세도가들에 대한 눈속임 작전이었지 않나 생각해 본다. 집도 백골집이기 때문이다.

정조대왕이 한 건축물의 1층은 규장각, 2층은 주합루로 하였듯이 한 건축물에 편액을 2개 붙여 정조대왕의 효과를 내는 기오헌과 의두합을 만들었다고 본다. 효명세자의 멘토는 정조대왕이었다.

삼공 대신의 집에는 샛문인 합이 세워져 드나듦에도 겸손을 보였고, 베풂의 넉넉함을 남에게 보이지 않으려는 자태를 지켰다. 의정부는 영의정, 좌의정, 우의정, 동판사 2명 등 5명의 원로 대신이 합좌하여 국사를 논하였다. 이것이 축소된 의정부로서 명목상의 최고 행정기관이었으며, 합이 되었다고 본다. 의정부의 조직 변화는 수없이 많이 있었다.

의두합에서 작은 것이 아름답고, 큰 뜻은 아름다움에서 나온다는 것을 느꼈으며, 사무실의 크고 작음은 개인의 마음 크기와는 관계없다는 것을 알았다. 오래된 적당한 크기의 건축물 1채를 내 마음에 세우고, 덕인이 되기 위해 합(閤) 자 편액 걸어놓고 수련을 하고 싶다.

왕에게 어떤 일을 강력히 촉구할 때 삼사관원들이 대궐 문 앞에 일제히 엎드려 건의하며, 상소하여 왕의 판단을 바르게 하는 것이 합사복합(合司伏閤)이라 하는데 이때도 합을 쓴다. 삼사의 같은 뜻이라는 이야기일 것이다. 지금의 합(閤)은 무슨 일을 하고 있을까 알고 싶어진다.

각(閣)

의무의 이행은 나를 키운다

"추한 얼굴 더러운 성질이라도 거울과 더불어 원수가 되지 않는다는 것은 거울이 아는 것이 없는 죽은 물건이기 때문이다. 만일 거울이 지각이 있다면, 반드시 때려 부수었을 것이다."《유몽영》에 나오는 말이다. 거울은 모습을 만들지 못한다. 보이는 그대로의 모습을 보여준다.

마음대로 알리지도 않는다. 있는 그대로 알려준다. 지킬 것은 지킨다는 의무감이 투철하다. 각료와 내각도 거울 같아야 한다. 거울은 차별 없이 보고, 보여주는 정과 의리도 있다. 아랫사람들과 고락을 함께 겪음을 이르는 말이 단료투천(簞醪投川)이다. 단투천으로 쓰는 이 말은 정과 의리의 말이다.

내각(內閣)은 국가의 행정권을 담당하는 최고의 합의 기관으로 대통령 중심제 국가에서는 대통령을 보좌하고, 자문하는 기관이다. 각료는 내각을 조직하는 여러 부처의 장관들이다.

각(閣)은 집 각(閣) 자로 집, 문설주, 마을의 뜻이 있으며, 집이나 관서, 층집이라는 뜻을 가진 글자이다. 문 문(門) 자와 각각 각(各) 자가 결합한 모습이다. 각자는 어느 한 지점으로 발이 들어오는 모습을 나타내는 것이다. 각(閣) 자는 문을 열고, 사람이 들어오는 모습을 표현한 것이라 볼 수 있다. 또 각각 각(各) 자는 뒤처져서 올치(夂)에 입구(口)가 같이 있는 것이다.

입(口)은 입구를 치(夂)는 발을 그린 것이다. 입구에 사람이 도착한 모습을 표현한 것이다. 따로따로(각각) 여럿이 도착한다는 뜻이다. 이 뜻은 소식이 온다는 것이며, 사람이 여럿이면 여론이 만들어진다는 것이다. 그래서 서로 알려서 존재의 방법을 찾는다. 그래서 각은 알리는 집이다.

문은 하나의 공간적 영역을 이루는 경계이며, 경계에 이르기 위한 통로가 교차되는 곳이다. 문은 공간 분리를 위한 것이지 독립된 건축물은 아니다. "문과 창을 뚫어야만 그 방으로서 유용하다"라고 노자가 말했듯이 문과 관련된 말은 많다.

각(閣)이라는 글자는 문이 스스로 닫히는 경우를 제어하기 위해 문설주와 문 또는 문턱 사이에 끼우는 것을 말했다고 한다. 누각, 낭각 등의 뜻이 더해지면서 의견이 오가는 조정의 뜻도 포함되었다고 한다. 내각, 각료, 각원, 조각, 개각, 입각 등의 관련어가 있다.

각은 널리 세상에 알린다는 뜻을 가지고 있다. 각(閣) 자가 붙은 건축물은 문이나 벽이 없는 것이 많다. 나를 보라고 모든 것을 다 내놓고 있다. 그래서 각은 노자의 무위자연을 배울 수 있는 집이다. 자연 그대로 있는 그대로 그냥 그대로 살 수 있는 마음을 심어주는 집이 각이다. 문설주와 문설주 사이에 각각(各)이 있는 것은 나를 알 수 있게 하는 것이다. 자신을 수련시키는 글자가 각(閣) 자이다.

집은 사람들의 말과 행동에 영향을 미친다. 사람의 삶은 과정과 결과가 있어 앞으로의 세대에까지 경험이란 말로 이어진다. 집은 무한한 책임과 의무를 느끼면서 지어진다. 이것이 집을 짓는 사람들의 정성이며, 고집의 기개이다.

각각이 모여 각(閣)을 만든다. 각은 의무를 우선하는 집이다. 의무는 사람으로서 마땅히 하여야 할 일이며, 맡은 직분이다. 집을 지으면서 의무와 책임감을 가지고 잘 지어야 한다. 지금도 국방의 의무, 납세의 의무, 교육의 의무, 근로의 의무는 4대의무이다. 환경보전의 의무, 재산권 행사의 공공복리 적합 의무까지 포함하면 6대의무를 꼭 지켜야 한다.

의무를 다하면 국민의 권리가 보장된다. 헤르베르트 마르쿠제는 "국가는 권리를 보장하고 의무를 요구해야 한다"고도 하였다. 키케로는 "의무를 준수하는 것은 삶의 명예이고, 그것은 무시하는 것이 수치"라고 하였다.

각은 알리는 공간으로서 의무를 강조하기 때문에 궁궐, 사찰, 객사 같은 데서 중요한 역할을 하는 건축물로 누와 함께 2층 건축물을 뜻하는 한자였다. 집이나, 관서, 층집이라는 뜻을 가진 글자라고 앞에서 이야기하였다.

문은 각각이 들어가고, 나올 수밖에 없다. 개인의 특성을 가지고, 드나들기 때문에 방마다 문이 따로따로 있는 곳이 집이다. 그래서 자신의 존재 가치를 알려야 한다. 각(閣)은 알리는 집이기에 충신, 효자, 열녀, 절사에 관련된 내용은 각(閣)과 함께 홍살문까지 세워 세상에 알린다.

각은 인(측은지심), 의(수오지심), 예(사양지심), 지(시비지심)을 알리는 큰 역할을 담당하는 건축물이다. 인, 의, 예, 지가 없으면 사(싸)가지가 없다고 한다. 인생의 의미는 봉사와 기부와 정당한 의무에 있는 것이다. 땅은 건축물을 받치는 의무를 다하고 있고, 집은 사람을 지키고, 성장시키는 의무를 다하고 있다.

중국에서의 각(閣)은 아름다운 여러 층의 집이다. 이 다층집은 사방으로 복도가 있고, 위에는 난간이 있어서 사람들이 여기에서 휴식을 할 수도 있고, 먼 곳의 경치를 감상할 수도 있다. 여자들이 밖을 볼 수 있는 시설이기도 하다. 옛날에는 여인들이 밖으로 나가면 시집가는 날이었다. 여인들이 결혼하는 것을 출각(出閣)이라고 한다. 그러나 우리의 각은 중국과 다른 뜻이 많다. 세자를 세상에 알린다 하여 '각하'라고 존칭하기도 하였다. 각은 알리는 집이기 때문이다.

각은 규모 면에서 전이나 당보다는 떨어지며, 전(殿)이나 당(堂)의 부속건물 이거나 독립된 건축물로 설명되어 있다. 독립건물일

때도 부속건물 없이 수수하고 단순하다. 기거하는 용도보다는 자문 및 고문 기능을 담당한 것으로 보이며, 대외적으로 알리는 기능이 있는 집이다.

우리 사전상의 각(閣)은 높고 큰 집으로 나온다. 알리고, 받아들이고, 하는 집을 기능에 맞게 활용하려면 행동이 필요하다. 각은 의무를 알게 해주는 집이다. 의무는 지키고 알려야 하기 때문이다. 그래서 의무는 행동으로 해야 한다. 공자는 행동이 인생의 4분의 3을 차지한다고 하였다.

우리가 각에서 배워야 할 것은 의무를 수행하고, 옳은 일을 하도록 스스로를 단련시켜야 한다는 것이다. 각은 사방을 열어놓고, 정당하게 보여주고, 숨김이 없기 때문이다. 키케로에게 의무란 "도덕적 선을 이루는 지식, 정의, 용기, 인내와 영예, 부, 건강, 관용과 호의 등을 포함하는 유익함 및 이러한 덕의 요소들을 적재적소에 가장 적합하게 실현하는 삶이다"라는 것이었다. 각은 문 사이에 개인들의 덕의 수행이 있는 것이다. 각각의 삶의 표현을 알리기 위해 문소리를 내고 있는 것이다.

각(閣)이 잠긴다는 것은 문이 닫힌다는 것이다. 문이 닫히면 안과 밖이 분리된다. 올바른 판단이 어려운 각(閣)이 된다. 그래서 각은 문이 없어야 한다. 각은 소식이 오가는 열려 있는 공간이어야 한다.

아이들의 판단은 공동체를 보면서 남을 위한 판단을 하고, 어른들은 자기 위주로 판단한다고 한다. 이는 아이들은 안과 밖을 같이 보는 것이고, 어른들은 한쪽만 보기 때문이다. 각에서 알리는 것은 아이들의 판단과 같아야 한다.

각을 볼 때 알림의 공간이란 것을 알면, 편액에 각이 붙은 집은 알리는 집이란 것을 안다. 종을 쳐서 시간을 알리고, 충신, 효자, 열녀, 절사를 알게 하고, 행사를 알리는 집이란 것을 알게 된다.

내각은 영어의 케비닛(cabinet)을 번역한 것이다. 케비넷은 케빈(cabin)과 같은 어원의 단어로 개인적인 용도로 쓰는 작은 방을 뜻한다. 신상목 선생에 따르면 "영국의 제임스 1세가 정치보좌를 받기 위해 심복들을 모아 정사를 논하였는데 이것이 '핵심참모들의 모임'인 케비닛이 되어 내각이란 말을 썼다"고 한다. 내각은 장관들의 자리이다.

옛 대신들은 백성 위에 군림하는 높은 사람이 아니었고, 사무실도 화려하지 않았다고 한다. 국민들의 신뢰와 자신들의 충실한 의무 이행 때문에 존경을 받는 이가 많았다. 지금은 어떤가?

이 케비닛에 해당하는 한자가 각(閣)이나 합(閤)이었다. 알린다는 뜻이 강할 때는 각이 되었다. Minister는 심부름꾼이라는 뜻이다. 모든 각료들은 마음에 각(閣)을 새기어 국민을 위해 살아 주길 바란다. 넬슨의 마지막 말은 "하느님 감사합니다. 나는 의무를 다했습니다. 나는 의무를 다했습니다"였다.

집 짓는 사람이 집을 다 짓고 나서 하는 말도 이와 같을 것이다.

보신각

보신각 종의 용뉴에 감겨있는 음관이 대나무 모양이다. 만파식적같이 보이는 보신각 종이다. 보신각 종은 만파식적의 기능인 나라의 근심과 걱정을 알려주고, 성문을 열고 닫는 약속을 잘 지켰다.

그리노우라는 조각가는 "미는 기능의 약속이고, 행위는 기능의 실현이며, 성격은 기능의 기록이다"라는 유명한 말을 하였다. 보신각을 설명하는 것 같다. 건축물은 기능의 공간을 축조하는 것이다. 특히 각(閣) 자가 붙은 건축물은 그 기능이 눈에 보인다. 각은 사연을 널리 알려주는 건축물이다.

종각에서 종을 울려 국민들에게 활동의 시작과 끝을 알려주고,

규장각에서는 학문을 알려주고, 효자각에서는 효에 대하여 널리 알리라고 내용을 알려준다.

궁궐에서도 공신의 초상과 어진을 모신 사훈각과 실록각이 있었고, 사찰에도 경(經)을 모시는 장경각이 있다. 각은 알리는 공간을 말한다. 알림은 위치와 시간의 만남이 있어야 한다. 건축물은 이 두 가지를 세밀하게 조합시킨다.

우리는 종각이라고 하는 보신각을 가지고 있다. 넓을 보(普)에 믿을 신(信)을 사용한다. 보는 나란히 병(竝) 자와 해 일(日) 자가 결합한 모습이다. 병자는 두 사람을 나란히 그린 것으로 아우르다, 모두라는 뜻을 가지고 있어서 햇빛은 모두에게 골고루 비춘다는 뜻으로 넓을 보(普)를 썼다고 나는 본다.

믿을 신(信)은 유교사상에서 가지는 중요한 덕목이다. 신은 원래 편지라는 뜻이었다고 한다. 편지는 믿음이 있는 사람끼리 주고받는 것이기 때문에 '믿는다'라는 것이 붙었다고 한다. 신(信)이 있는 사람은 나인가? 남인가? 생각해 본다. 내 말에 내가 책임지고, 의무를 다해야 믿음이 생긴다. 남이 나를 믿을 때 내가 남을 믿을 수 있고, 내가 나를 믿을 수 있는 것이다. 그래야 내가 나의 일을 성취시키고, 성공을 이룰 수 있는 것이다. 우리가 되면 묻어가기 때문에 나는 없어지는 것이다.

단어대로 본다면 보신각은 넓게 믿음이 퍼져 나가는 집이란 의미가 된다. 나를 알리는 것이 각이란 것을 알게 해주는 집이다. 보신각 종에는 천여(天女)가 조각되어 있다. 천여는 하늘 집에 사는 천사다. 보신각은 하늘 집이다.

보신각은 5칸의 팔작지붕이다. 종이 달려 있는 종각이 5칸인 건축물은 흔하지 않다. 이는 구궁도의 중간수인 5를 상징했다고 볼 수도 있으며, 유학사상인 오상(인, 의, 예, 지, 신)으로 볼 수도 있다. 도가와 유가가 각에 공존하고 있는 것이다.

건축물에는 상징이 있다. 상징은 가르침을 주며, 알도록 해주는 것이다. 보신각은 시간을 알도록 반복해 주는 효과가 있는 건축물이다. 오륜도 생각난다. 계단 밑에 앉아 효의 〈심청가〉, 부부의 〈춘양가〉, 충의 〈수궁가〉, 친구의 〈적벽가〉, 형제의 우애를 그린 〈흥보가〉를 종소리에 맞추어 듣고 싶다.

여덟 문으로 둘러싸인 도성의 중간에 보신각을 배치하여 5라는 숫자를 나타낸 것이다. 구궁도의 중간수가 5이다. 5는 왕을 상징하는 수이다. 왕은 맨 앞에 있는 것이 아니고, 가운데 위치하여 무게중심을 잡아주는 역할을 한다는 것을 보여준다. 잘 과 잘못의 중간에서 어느 한쪽으로 기울어지지 않도록 중심을 잡아주는 것이 왕이란 것을 보여주는 것이다.

가운데서 보호받기 위한 것이 아니다. 가운데서 중립적인 의무감을 갖는 것이 왕이다. 그래서 보신각 건축물도 좌우 균형이 가장 좋은 인, 의, 예, 지, 신의 5칸으로 하였을 것이다.

의무를 수행한다는 것은 스스로 헌신하는 것이다. 그것은 두려움을 모르고, 행동하는 것만을 의미하지 않는다. 사자와 같은 용기를 가지고, 소와 같은 은근과 끈기를 가지고, 묵묵히 사명을 수행하는 것이다.

보신각은 태조 이성계 때부터 역사를 시작했다. 종각이란 이름으로 시작하여 고종 때 보신각으로 이름이 바뀌었다. 보신각의 기능은 오후 7시에 인정(저녁종)이라 하여 28번을 울려 도성의 문을 닫고, 오전 4시에 파루(새벽종)라고 하여 33번을 울려 도성의 문을 열어 하루를 시작하게 하였다. 33번은 도리천 33천에 사는 천민(天民)들은 건강하고, 무병장수하기 때문에 치는 수이다. 우리 국민들이 모두 건강하고, 무병장수하게 해달라고, 기원하는 의미이다.

28번의 저녁종은 하늘의 별자리 수가 28수(宿)를 상징하기 때문에 우리 국민들이 별을 보고, 꿈을 가지라고, 28번을 치는 것이라고 한다. 종소리의 파장은 국민의 숨결을 살리고, 종소리의 여운은 국민의 정을 이어주어 보다 나은 내일의 희망을 가지게 한다.

과거 시험도 문과는 갑과 3명, 을과 7명, 병과 23으로 33명을 선발하고, 무과는 28명을 선발했다고 한다. 이러한 생각을 자라게 하는 곳이 집이다.

각과 루는 중국의 고전《설문해자》에 따르면 "각에는 여닫는 문이 있다"라고 하였으나 방이 없다라고도 하였다고 한다. 방이 없다는 것은 벽이 없다는 것이어서 문이 필요 없다. 루는 1층에 문이 달린 건축물이 아니라 뚫려 있는 다층 건축물이라고 한다. 보신각은 처음에는 단층 건축물이었다.

세종 때인 1440년에 동서로 5칸, 남북으로 4칸이나 되는 2층 다락집으로 지었다고 한다. 1619년 광해군 때는 다시 단층으로 지었고, 1895년 고종 3년에 보신각으로 바뀌었다. 1909년부터 종소리가 없는 건축물과 종의 침묵의 시간이 시작되었다. 일제 강점기 때문이다. 우리의 나약함이 묵음을 만들었다.

심훈 시인의 〈그 날이 오면〉이란 시가 생각난다. "(상략) 나는 밤하늘 까마귀와 같이, 종로의 인경을 머리로 들이받아 울리오리다. 두개골이 깨어져 산산조각이 나도, 기뻐서 죽사오매 오히려 무슨 한이 남으리까." 얼마나 독립의 종소리가 그리웠으면 1931년에 이 시를 지었을까. 집이나 시나 짓기가 쉬운 것은 아니다. 육체와 정신이 총동원되어야 지을 수 있는 것이 집과 문장이다.

〈그 날이 오면〉이란 시는 민족의 정서가 한곳으로 모이는 시이다. 그리움이 애국을 만들어 민족의 한을 한곳으로 모이게 만든 시다. 각(閣)이 만든 무언의 힘이다.

1979년에 세종대왕이 지었든 규모로 지었다. 2층의 누각 건축물로 다시 지었다. 2층이기에 '누'라고 하자는 의견이 있었으나 '각'이 되었다. 지금은 시계가 개인 소유물이 되어 휴대하고 지낸다. 그래서 사람들은 종소리를 의식하지 않는다. 이래서 보신각 종은 평상시에는 침묵 수행을 하고, 국가의 행사 때는 은은한 소리를 내어 자신을 알리는 주체가 된다. 지금도 아침저녁으로 종소리를 들을 수 있다면 좋겠다.

현재의 보신각은 목구조가 아니고, 콘크리트 구조의 건축물이다. 콘크리트 구조는 심신의 피로, 두통 등 건강에 좋지 않다고, 후나세 슌스케의 《콘크리트 역습》에 나온다. 콘크리트(concrete)는 재료들이 합쳐진(con)과 새로운 창조(crete)의 합성어다.

가장 이상적인 집은 목구조이다. 진정한 지혜는 전통에서 나오는데 보신각도 목구조로 다시 지을 날을 기다려 본다. 집은 삶을 담는 그릇이고, 인생을 담는 그릇이다. 구조, 기능, 미의 인내와 의무는 건축의 필수 요소이다.

권근이 쓴 〈종루종명서문〉에 보면 '새 왕조 개창일을 후세에 전함, 아름다운 종소리로 사람들의 이목을 깨우침, 일하고 쉬는 시간을 엄히함' 이 세 가지가 서울 한복판에 종을 매달고, 소리를 내는 것이라 하였다. 자신이 태어난 사명을 알고, 각자의 마음의 진정한 종소리로 무궁무진한 번창과 번영을 모두가 이루기를 기원하고, 의무를 다하면 힘 있는 우리나라가 될 것이다.

건축물의 그림자는 항상 우리의 주위에 있다. 그림자 효과는 내 마음을 결정하는 의무를 가지게 한다.

청(廳)

신뢰는 더 큰 믿음과 화합

관청 또는 손님을 영접하는 장소의 의미를 갖고 있다. 관청, 객청, 청사라 고도 한다. 단위 건축물이 아닌 마루가 깔린 실을 의미하기도 한다. 청은 복합적인 업무를 처리하는 관청이다.

청(廳)은 마루를 깐 마루방을 말하며, 크고 넓게 되어서 사무를 보는 기관을 의미한다. 국민의 말을 듣고, 일을 처리하는 집이며, 법률로 정해진 국가적인 사무를 취급하는 국가기관이다.

청(聽) 자는 왕(王)은 아래에서 위에 있는 귀(耳)에 들리는 것을 들어야 하고, 듣되 열 개(十)의 눈(目)으로 보는 것을 하나(一)의 마음(心)으로 들어야 하는 것을 나타내는 글자다. 청(廳)은 듣는 집(广)이며, 관청 청이다.

청이 마루를 의미하는 것은 높이 때문이다. 바닥보다 높은 마루에 높은 사람이 앉아 정사를 보는데 육간대청이라 한다. 육간대청은 3칸(24자, 7.2미터)×2칸(16자, 4.8미터)를 한 것이다. 만약 일반인의 집에 이런 마루가 있었다면 사치스럽다는 말들을 하였을 것이다. 청(廳)은 관(官) 자와 같이 어울려야 하는 글자이다. 그래서 관청이라고 한다.

관(官)은 언덕 위에(阜)에 우뚝 솟은 집(宀)이며 관청이라는 뜻이다. 집 면(宀) 아래에 입(口)이 2개 있으니 서로 싸우고, 다른 말을 하는 모습이라고 한다. 다른 말을 하는데 입과 입이 연결되어 있으니 같은 뜻을 가져야 하는 집이 벼슬 관(官) 자이다. 또 집 면(宀)과 회(𠂤)가 합친 글자다. 회(𠂤)는 많은 사람이 모여 있는 글자다. 여러 사람이 모여서 일하는 곳이란 뜻이다.

벼슬은 관아에 나가서 나랏일을 맡아 다스리는 자리 또는 구실보다 높은 집이다. 군사, 벼슬아치라는 뜻인 사(師)의 상형에 집(宀)을 추가하여 전쟁에 나가지 않고, 관청에서 일한다는 뜻으로 벼슬아치, 관리하다의 의미를 벼슬 관(官) 자는 가지고 있다.

관(官)과 청(廳)이 합하여 관청이 된다. 벼슬아치들은 관청에서 많은 의견과 청원을 들어야 한다는 것이다. 많은 말을 듣고, 슬기와 지혜를 충분히 발휘하라고, 관청이란 큰 집을 지었다.

마루 틈에서 찬 바람이 올라온다. 공기의 대류와 흐름의 압력 때문이다. 찬바람이 올라오게 한 것은 정신을 바짝 차리고, 냉정하게, 정에 이끌리지 말고, 일을 처리하라는 뜻에서다.

관청은 청관(青觀) 즉 맑게 보는 집이다. 바람이 드나들어야 하니 마루에는 벽을 두르지 않고, 열린 상태로 놔둔다. 벽을 만들더라도 문으로 만들어 걸쇠에 걸어둔다. 관청은 정사를 처리하는 집이다. 관청은 관부치관(官府治官)의 집이다. 관부의 치관들은 깨끗한 곳에서 깨끗한 정사를 보았을 것이다.

깨끗한 곳이 마루이다. "마루의 어원은 북방의 퉁구스족들 간에 널리 쓰여지고 있는 가옥 속의 신성한 장소를 뜻한다. 마루 또는 마로로 불린 이 장소는 그 종족이 믿는 신령의 빌미나 조상의 신주를 모시는 재단이며, 가장 또는 신분이 높은 손님이 앉는 고귀한 자리였다"고 이규태는 《우리의 집 이야기》라는 그의 책에서 말하였다.

"문명은 정박하지 않는다"고 한 아놀드 토인비는 주택 공간에서 신발을 벗는 문화를 찬양하였는데, 특히 마루방 문화에 대하여 좋은 말을 많이 하였다. 대청에는 많은 이야기가 전해온다. 우리의 선조들이 왜 마루에서 생활하고, 정사를 돌보았는지 알았으면 한다.

관청은 신뢰의 집이다. 신뢰를 뜻하는 영어 단어의 trust의 어원은 '편안함'을 의미하는 독일어 'trost'에서 연유된 것이라 한다. 우리는 누군가에게 의지하고, 믿음을 가질 때 편안함을 느낀다. 살면서 가장 얻기 어려우며, 무시하면 가장 먼저 잃어버리는 것이 신뢰이다. 자신이 자신에 대하여 얼마나 신뢰하고 있는지 생각해보아야 한다.

가장 중요한 것이 자신이다. 자신이 자신을 신뢰할 때 남을 믿고, 의지하고, 신뢰하며, 신용을 지킬 수 있기 때문이다. 집은 자신을 신뢰한다. 그러기에 드나드는 모든 이를 편안하게 해준다. 말이 없이 신뢰를 구축하여 자신을 엄격히 지키고 있는 것이 집이다. 관청도 편안과 안정이 있는 집이어야 한다.

말은 최소로 해야 신뢰가 쌓인다. 집은 바람이나 비가 오기 전에는 아무 말이 없다. 무엇이든 일관성 있는 자세를 가져야 한다. 결과보다는 과정을 통하는 절차에서 신뢰가 생기기 때문이다. 집은 한곳에서 오래도록 서 있기에 사람들을 기억하며, 회고한다.

신뢰(信賴)는 믿을 신(信)과 의지할 뢰(賴)이다. 신은 사람(人)들의 말(言)이기에 믿음직하다는 의미를 가져 '믿다'라는 뜻이 된 것 같다. 뢰(賴)는 큰 덩어리(束)를 작은 조각으로 나눈다(刀)는 뜻의 어그러질 랄(剌)과 화폐로 사용됐던 조개 패(貝)의 합자로 부담을 다른 사람에게 지워 덜어낸다는 뜻이다. 그래서 '의지하다'로 나타낸다.

관청은 신뢰가 생명이어야 한다. 관청에서 국민의 말을 많이 들어 새로운 것을 자꾸 찾아내는 것이 개혁이며, 창의이며, 창작이다. 관청은 국민의 생명과 재산을 지켜주고, 보호하는 것이 첫 번째 역할이어야 한다.

《아언각비》에 보면 "청은 본디 관부치관의 집인데 한나라와 진나라는 다 청으로 만들고, 육조 아래로는 청(聽) 자에 엄(广) 자 머리를 더하여 청(廳) 자를 만들었는데, 후세에 사사로운 집에 붙은 그 바깥채로, 이를 다스리는 곳도 청이라고 이름하였다. 그런데 지금 세상에서 내사중당(內舍中堂)을 이름하여 대청이라고 말하는 것은 잘못이다"라고 쓰여 있다.

욕심이 가져온 다름이고, 실학의 변함이다. 인간 생활에 따른 모든 것은 달라지고 있다. 다만 서서히 달라지고, 변하기 때문에 빨리 느끼지 못할 뿐이다. 변하는 것은 다름을 창조하지만 근본 뜻은 그대로 이어져야 제대로 변하는 것이다.《아언각비》의 청(廳)에 대한 내용이다.

국민은 국가를 구성하는 사람 또는 그 나라의 국적을 가진 사람으로 사전에 설명되어 있다. 국가는 국민에게 식(食), 주(住), 의(衣)를 편하게 해주어야 한다. 식이 제일 중요하다, 의도 중요하다, 그러나 우리는 주를 중요시한다. 집이다. 집은 편안해야 하고, 안락해야 한다. 집을 가지고 장난치면 안 된다.

국민을 통치한다고 능력 없는 위정자는 말하는데 국민은 통치의 대상이 아니고, 서로 연민을 가지고 신뢰하는 관계인이며, 우러러 받드는 귀인으로 생각해야 한다.

청은 국민의 소리가 잘 들리도록 귀를 기울여 상세히 들어야 하는 뜻이며, 이러한 들음과 말함을 편안하고, 안락한 분위기에서 해결하라고, 집을 지어 관청이라고 한다. 귀 기울여 경청하는 일은 사람의 마음을 얻는 최고의 지혜라는 이청득심(以聽得心)의 집이 관청이어야 한다.

홍범구주의 오사는 "외모는 공손하고, 말은 조리 있게 하고, 보는 것은 밝아야 하며, 듣는 것은 분명하고 정확해야 하며, 생각은 지혜로워야 한다"는 것을 강조하는 내용이다. 관청에 서면 오사를 마음속에 새기며 돌아보고, 나를 찾아야 한다. 관청은 오사를 강조하면서 지은 집이기 때문이다.

또한 관청은 어떤 문제에 두 가지 이상의 다른 견해가 있을 때 서로 다른 견해를 융섭의 이념에 의해 이해와 회통을 시켜 하나의 뜻으로 만드는 원융회통의 사상이 있는 집이기도 해야 한다. 관청이 조화롭고 순화되어야 국민도 조화로운 단결과 단합이 생기는 것이다.

원자를 교육하는 스승을 보양관(輔養官)이라 하고, 보양관이 근무하는 곳을 원자 보양청이라 했다. 관과 청이 있다. 관청(觀聽)으로 쓰고 싶다. 원자교육에서 특히 중요한 것은 보는 것과 듣는 것을 가르치는 것이기 때문에 관(觀)과 청(聽)으로 쓰고 싶다.

이인로(1152-1220)의 《동문선》〈공주 동정기〉에는 "동이욱실 하이양청(冬以燠室 夏以凉廳)"이라 하여 관청에는 마루와 온돌구조가 한 건축물에 있음을 알 수 있다. 욱실은 더운 방이고, 양청은 시원한 마루, 즉 대청마루를 뜻한다. 긴장과 여유가 같이 있는 관청이어야 하기 때문에 지혜를 발휘한 집이다. 그리고 사람의 마음을 움직이는 것은 온과 냉이 같이 있어야 한다는 것을 권력자에게 가르쳐 주는 것이다.

청은 욱(燠)과 양(凉)도 있어야 하지만 여유와 경계심도 있어야 한다. 산조하청사(山鳥下廳舍) 첨화락주중(添花落酒中) "산새는 청사(뜰)에 내려앉고, 처마의 꽃은 술 가운데 떨어지네"라는 여유의 시간을 암송하면서도 차청차규(借廳借閨), 차청입실(借廳入室) "마루를 드나들다 안방으로 들어온다", 즉 남에게 의지하다 차차 그 권리를 침범한다는 뜻인데 무례함을 경계해야 한다는 뜻이다. 청에는 여유와 경계도 같이 있는 것이니 구별이 중요하다는 것이다.

"관청에서는 막여작(莫如爵), 즉 질서를 잡는 데 벼슬이 최고이고, 향당에서는 막여치(莫如齒), 즉 나이 먹은 어른이 최고라고 한다. 보세장민(補世長民)에는 막여덕(莫如德), 즉 나라의 경륜은 무엇보다 덕으로 하여야 한다." 이는 주자의 말이다. 덕은 이청득심에서 생긴다.

관료들은 많이 듣는 것이 상책이다. 자신이 일하고 있는 집의 뜻을 알면 쉽게 해결되는 것이다. 신뢰는 받는 것이 아니라 얻는 것이다. 관청은 어깨에 힘주는 집이 아니고, 듣는 집이라는 것을 잊으면 안 된다. '당신을 신뢰합니다'라는 말이 관청의 전부여야 한다.

관청은 종묘의 악공청 기둥 같아야 한다. 악기들이 여러 소리를 내듯 기둥이 사각형, 원형, 8각형, 16각형 등 여러 가지다. 이것은 서로 다른 악기의 화음을 강조하는 건축물이 악공청이라는 것을 말한다. 국민의 소리는 음악과 같다. 그래서 관청에 근무하는 사람들은 사각형, 원형, 8각형, 16각형 등의 다양한 국민의 소리를 잘 들어야 하는 것이다.

집 짓는 사람들은 다양한 건축물의 형태를 만들어 값비싼 생각을 요구한다.

검서청

"젊어서 책을 읽음은 틈으로 달을 바라봄 같고, 중년에 책을 읽음은 자기 집 뜰에서 달을 바라봄 같고, 노경에 이르러 책을 읽음은 창공 아래 발코니에 서서 달을 바라봄과 같다. 독서는 체험의 깊이에 따라서 변하기 때문이다." 임어당의 《생활의 발견》이란 책에 나오는 말이다.

나이가 들면 반달이 만월로 보이는 미래안이 생긴다는 뜻이다. 연륜과 경험이 지혜의 창고다. 세월의 노래가 인생을 숙성시킨다. 책은 인생의 갈 길을 알려준다. 이러한 책을 담당하는 관청이 검서청(檢書廳)이다.

1777년 정조대왕이 서얼들이 관직에 오를 수 있는 길을 넓힌

정유절목(丁酉節目, 영조 때는 통청윤음, 철종 때는 신해허통이란 제도가 있었다)을 발표하고, 검서관 제도를 두어 첫 검서관으로 1779년 이덕무, 유득공, 박제가, 서이수 등의 학식 있는 서얼들을 임명했다. 이들은 책에 대한 전문가였다.

검서관은 규장각을 보좌하고, 출판될 서적을 교정하고, 서책을 관리하며, 필사하는 일을 맡았다. 검서청은 규장각 검서들이 입직을 서던 규장각의 부속 건축물이다. 검서는 '서적을 점검한다'는 뜻이다. 검서청은 서적을 검사하고, 보관하고, 필사하는 등 오늘날의 사서역을 하는 조직을 가진 관청이었다.

1776년 정조대왕이 즉위하면서 규장각을 건립하고, 1779년에 검서관을 두었다. 검서관들은 입직을 해야 했다. 왕의 갑작스러운 하문에 대비하기 위함인데 공간이 없어 규장각에서 대기하였다. 그래서 1783년 규장각 오른편에 건축물을 세웠는데 이 건축물이 창덕궁에 있는 검서청이다.

검서청의 건축물은 방 2칸, 마루 1칸, 누기능의 공간 1칸, 좁은 방 기능의 누형식 1칸 등 5칸 규모이다. 그중에 누마루 기능의 1칸은 동이루라고 불렀는데 책이 다섯 수레분이 있었다고 한다. 한 사람이 읽어야 할 책을 규정하는 것 같은 생각이 든다.

'남아수독 오거서'라는 말이 생각났다. 요즘은 '사람수독 오거서'로 바꾸어야 하는 말이다. '남아수독 오거서'는 전국시대의 혜시의 행실에 대하여 장자가 내린 평가이다. 혜시는 책을 수레에 싣고, 다니며 봤다는데 종이가 나오기 전이니 죽간이었을 것이다.

그러면 '남아수독 오거간'이 맞는 말 같다.

아무튼 지금은 없어진 이름(편액)이지만 누기능의 1칸을 동이루라고, 하였는데 이 공간은 창덕궁의 금천(錦川)에 아래 기둥을 석주로 세우고, 물과 친하게 만들었다. 물의 칠덕과 칠선 그리고 물의 기능을 책에다 심고, 넓은 세상의 좋은 지식을 받아들이라고, 그리 지었을 것이다.

좁게 만든 1칸은 쉼의 공간이었을 것이다. 관청은 마루가 있고, 방도 있다. '동이욱실 하이양청' 때문이기도 하겠지만 책을 상대하는 관청은 냉정과 온유를 같이해야 하기 때문일 것이다. 온돌방은 두 곳이고 나머지는 마루구조이다. 관청으로 서의 검서청은 독립기관은 아니지만 규장각이란 큰 기관의 일을 보조했기 때문에 큰 관청이라 할 수 있다.

좁은 방 공간을 제외하면 정원 4명이 1공간씩 교대로 사용하면서 그들의 임무를 수행했을 것으로 보인다. 국민들의 많은 이야기를 듣고, 그 의견들이 책을 만들 때 많이 반영되었을 것이 분명하다. 검서관은 정책 연구 자료도 수집했을 것이고, 정책 연구소 보조역할도 겸했을 것으로 본다. 왕과 독대하는 위계를 가졌기에 추측해 보는 것이다.

지금도 그렇지만 백서를 만들면 대상자들의 토론이나 의견청취가 충분해야 된다. 그때도 언로를 충분히 열어 국민의 말을 많이 듣는 기관이 검서청이었을 것이다.

추녀가 길게 뻗고 처마가 포근히 감싼 건축물의 선이 평안과 안정을 보여주고, 있는 것을 보니 국민의 의견이 저 선을 타고 많이 들어왔을 것이다.

검서청의 누마루에 서면 정전을 중심으로 펼쳐지는 구중궁궐의 위엄 있는 풍광도 볼 수 있다. 검서청은 사대부의 사랑채 정자처럼 금천의 물이 흐르고, 주변 경치가 좋은 곳에 위치하고 있다. 검서관들을 위한 건축물이지만 관청으로서 관원들도 사용하였으며, 근무 공간도 있지만 주위에 서적 보관 창고를 많이 두고 있다.

검서관들은 검서청에서 물소리, 새소리 등 자연의 소리와 풍광을 보고 들으면서 글자 없는 자연의 책도 많이 보았을 것이다. 읽는 책도 책이고, 보는 책도 책이다. 책은 문자 또는 그림을 수단으로 표현된 정신적 소산물을 체계 있게 담은 물리적 형체, 도서, 서적이며 인간의 사상이나 감정을 글자나 그림으로 기록하여 꿰어 맨 것이라고 사람들은 말하고 있다.

책이 정신과 사상으로 표현되는 것은 책이 얼마나 중요하면 그럴까를 생각해야 한다. 그러면 그것을 담당하는 관청의 중요도를 알 수 있다. 관청의 모든 기본원리가 있는 곳이 검서청이다. 책이 있기 때문이다.

마루 난간은 구름을 조각한 형태를 만들어 마음의 평화를 가지면서 책을 많이 보고, 읽으라고 한다. 또한 책을 만들 때 상상의 날개를 펼 수 있게 하겠다는 각오를 보여주는 것 같다.

검서청에 오니 질문이 많아진다. 질문은 나를 만나는 곳곳의 대문이다. 대문을 하나하나 열어야 하는데 성주신이 질문에 대하여

답하여 준다. 검서청 뒤편은 담으로 쌓여 있고, 조그만 쪽문이 있다. 쪽문으로 나가면 옆으로 창덕궁 금천이 흐르고 책고가 나온다. 주변의 나무도 책을 많이 읽었는지 풍성하게 자라고 있다.

국정을 계획하고, 연구하는 연구소인 규장각, 검서청, 책고 등은 창덕궁 금천의 서쪽에 있고, 국정을 집행하는 홍문관, 예문관 등의 집행부서는 주로 창덕궁 금천을 건너 동쪽에 있다.

동, 서쪽의 정기의 흐름이 무지개를 만들고, 금천은 지옥의 강인 레테(망각의 강), 코키토스(통곡의 강), 플레게톤(불의 강), 스틱스(증오의 강), 아케론(비통의 강)을 보고 잔잔한 미소를 지으며, 너희들은 불쌍한 영혼들이나 상대하라고 하고 있다. 그리고 나를 건널 땐 공포와 근심을 멀리하고, 신뢰와 청심을 가져야 한다고 가르쳐 준다. 이것이 금천의 바람이다.

검서청은 금천에서 출항을 대기하고 있는 배 같다. 독서할 책을 다섯 수레분 준비하고, 선원들인 검서관들은 건강을 위하여 계단과 마루를 열심히 오간다. 넓은 세상을 만나기 위해 외국어를 공부하며, 항해를 꿈꾼다. 세상의 문물도 받아들여야 함을 통역관을 통해 알게 된다.

검서청(檢書廳)의 생활은 다양함을 요구하기에 넓은 세상이 그리워 기둥 셋을 금천에 담그고, 선착장을 만든다. 검서청의 꿈이 멋지고, 부러워진다.

명성을 버린다면 삶에 있어서 어려울 것이 아무것도 없다. 초연해질 수 있고, 자유로울 수 있기 때문이다. 관료들은 붓이 말보다 강하다는 것을 알아야 한다. 입은 아무것도 남기지 못한다. 부정은 입이 아니고 칼로써 없애야 한다. 말을 줄이고, 근거 있는 행정을 해야 하는 것이 관료들이다.

최고의 경치는 책상 위의 책 속에 있다. 정주민족은 화면을 읽고, 넘기지만 유목민족은 고정된 자연의 화면을 보면서 돌아다닌다. 정주민족은 이상을 읽고, 있지만 유목민족은 현실을 보고 있다. 읽는 책과 보는 책의 차이이다. 읽는 책은 상상을 하게 하지만, 보는 책은 여행을 하게 하고, 현실에 참여하여 실제를 느끼게 한다.

검서청을 되살려 이상과 현실을 동행시킬 수 있는 제도를 만들고, 실학인을 키우는 교육제도를 가져야 한다. 이에 관계되는 연구서가 많이 나오길 기대한다.

헤겔은 "마음의 문을 여는 손잡이는 바깥쪽이 아닌 안쪽에 있다"고 하였다. 신뢰와 불신을 말하는 것이다. 관청의 문을 열려면 신뢰의 손잡이가 밖에 있어야 한다. 그래야 국민들이 문을 열 수 있기 때문이다.

검서청의 지붕이 팔작지붕인데 책을 반쯤 펴 놓은 맞배지붕 모양이면 물에 천천히 나가는 배가 되어 이곳저곳의 소식을 더 많이 들을 수 있을 것 같다.

서(署)

자선은 선택하고 행하는 선의 덕

"무릇 시고, 짜고, 달고, 매운맛은 각기 다르지만 이를 잘 조절하여 아름다운 맛을 내는 것이니 이를 일러 '화갱(和羹)'이라 한다. 궁, 상, 각, 치의 소리는 각기 다르지만 이를 잘 조절하면 아름다운 소리가 되는 것이니 이를 알러 '화성(和聲)'이라 한다. 칭찬하고 깎아내리고 덜고 보태고 하는 것은 각기 다르지만 잘 훈계하면 중정(中正)이 되는 것이니 이를 일러 '화언(和言)'이라 한다. 다가오고, 멀어지고, 움직이고, 그치고 하는 행동은 각기 다르지만 평온히 함으로써 아도(雅度)를 취할 수 있는 것이니 이를 일러 '화행(和行)'이라 한다."

순열이 쓴 《신감(申鑒)》에 나오는 말로 조화와 화합에 관한 일언이다. 이것이 우리가 흔히 말하는 자선의 목표이다. 집 짓는 사람들은 자선과 조화와 화합을 제일 좋아한다. 모두가 자선을 베풀며, 조화롭게 의견이 오가고, 화합하며 생활하는 것이 인간세계의 최상의 길일 것이다. 서(署)라는 집에서 나는 자선의 의미를 생각한다.

서(署)는 나누다, 부서(部署), 관직, 마을, 관청 등의 뜻을 가지고 있다. 서(署)는 그물 망(罒)과 사람 자(者)를 합친 글자이다. 여러 가지 뜻 중에 관청을 생각한다. 관청은 잘 만들어진 거물같이 사람들을 배치하여 조직한 기관을 뜻하는 곳이다.

많은 사람을 효율적으로 직책에 따라 조직화 한곳이 관청이기 때문이다. 또한 부서는 일이나 사업에 따라 나누어(部) 놓은 각급 조직(署)을 뜻한다. 그리고 서(署) 자는 사람들에게 관청이란 뜻이 제일 많이 각인되어 있다. 그물 같은 법망으로 선, 악을 가려내는 치안기관 때문일 것이다. 경찰서, 소방서, 세무서 등이 업무를 보면서 국민들을 보호하기 때문에 서(署)라는 옛날의 기관이 지금까지 이어졌을 것이다.

서(署)라는 기관은 전문적이면서 특수한 일을 하는 기관이란 것을 알 수 있다. 이런 기관은 규모가 크지는 않지만 지식과 지혜가 잘 조화되고, 기술로 표현되는 찾음의 실행 공간이다. 옛날에도 이런 기관에는 재능기부를 비롯한 자선의 뜻을 가진 도우미들이 있었을 것이다.

이런 기관은 자선단체의 응원이 많다. 그래서 기관 내부에서도 자선기관이 되는 경향이 많다. 재능기부도 많이 받아 사회와 일체가 되는 기관이 서(署)이다.

건축물이 남아있지 않아 공산을 추측할 뿐이지만 활동에 편리한 업무공간이 있었을 것이다. 그곳에서 여러 사람들이 보람을 느끼고, 찾으면서 자선행위를 많이 하였을 것이다. 그리고 서라는 건축물은 관리가 편리하게 건축되었을 것이다. 관리는 공간의 동선이 복잡하면 관리하기 어렵기 때문이다.

서의 건축은 정면은 단아하게 보이면서 사람의 마음을 동적으로 움직이게 하는 형태였을 것이다. 계단도 낮으면서 위압감이 없고, 마루도 낮게 만들어져 쉼의 가치를 알 수 있게 하였을 것 같은 공간구성을 하였을 것으로 보인다.

조선시대의 서(署)라는 기관은 전문적이면서 특수한 일을 하는 단위업무 기관이었을 것이다. 하늘과 땅, 별 등에 제사를 주관하는 소격서, 나라의 근본을 지키는 사직서, 서울 안의 시장과 물자에 대한 행정과 도량형기를 맡는 평시서, 과일과 화초를 담당하는 장원서, 채소를 맡아서 가꾸는 사포서, 여러 가지 짐승을 기르는 사축서, 종이를 만드는 조지서가 있었다.

또한 향악과 당악의 교육과 연습을 관장하는 장악서, 의약과 서민치료를 맡아보는 혜민서, 그림에 관한 일을 하는 도화서, 죄수를 돌보는 전옥서, 도성 내의 병인을 구료하는 활인서, 기와에 관한 업무를 보는 와서, 관을 만들고 장사를 맡은 기후서, 궁중 내에 술을 만드는 사온서, 왕이 사용하는 붓, 벼루 등을 담당하는 액정서 등이 있었다. 이외에도 여러 분야의 서(署)라는 기관이 있었을 것이다.

이러한 기능을 수행하는 건축물이기 때문에 규모는 크지는 않았을 것이다. 그러나 구조와 기능과 미는 그 업무 수행에 무리함이 없는 자체적으로 고유업무의 뜻이 보이는 건축물이었을 것이다. 건축물은 기능을 발현시키는 공간이기 때문에 업무의 분야에 따라 공간구성이 다르다.

창문을 통해 외부의 소식을 보고, 문을 통해 소식을 교류한다. 창문을 통해 넓은 삶을 배우기도 하듯이 건축공간은 우리의 삶의 기능을 좌우한다. 서(署)의 건축물은 마당에 놓인 돌 하나에도 그 기관의 내용이 표현되었을 것이다.

서의 기관들은 열정이 함께하는 정성을 가져야 일을 할 수 있는 곳이다. 자선의 참정신이 필요한 기관들이다. 서(署)의 기관들은 건축물이 단아하면서도 깨끗함을 유지하였을 것이다. 그리고 업무 특성상 빈틈없이 관리도 잘하였을 것이다. 지금은 그 당시의 위치만 알려주는 터의 표지석만 있을 뿐 건축물은 없다.

기단은 낮았을 것이고, 초석은 다듬어지지 않은 자연석으로 설치하였을 것이며, 기둥은 각형 기둥으로 곧음과 정직을 국민들께 보여주었을 것이다. 걸쳐진 보도 겸손의 미를 가진 약간 굽은 것을 사용했을 것이고, 위압감을 주지 않는 적정크기의 보를 올렸을 것이다.

천장은 설치하지 않고, 자연에 순응하는 자세를 보여주어 화합과 조화를 높고, 넓게 하자고 했을 것이다. 문은 문살이 꽉 짜여지지 않은 정감이 흐르는 것으로 만들었을 것이고, 마루는 무릎 높이에 맞춰 휴식에 무리 없게 하였을 것이다. 온도와 습도, 열과 차가움, 바람, 물, 빛, 불 등이 필요한 서의 건축물이 너욱 궁금해진다. 그 속에서 오고 가든 대화 중 자선의 이야기는 더 궁금해진다.

미국인 은행가 피바디(George Peabody, 1795-1869)는 런던의 집 없는 노동자의 삶을 주목하고, 개선하기 위해 노력한 자선가였다. 피바디가 세운 주택인 노동자 주택은 이상적인 조건을 갖추고 있었다. 무엇보다 깨끗하고, 청결하고, 안락한 집이었다. 술주정뱅이가 줄어들고 도덕심이 증대되었다.

피바디는 자신의 자선기금이 빈곤층의 환경을 개선하고, 안락함에 대해 논의할 수 있는 기폭제가 되기를 바랐다. 이것이 진정한 자선이다. 현금을 거두어서 기금을 만들어서 활동하는 것도 좋지만 행동과 말이 일치되고, 장기적인 안목을 보고 직접 하는 것도 중요하다고 본다. 서(署)라는 기관도 피바디의 런던 주택과 같이 자선이 꿈꾸고 있는 집이다.

자선은 꽃을 피우게 하여 주는 것이어야 하며, 열매를 바라면 안 된다. 자선행위는 계획을 세밀하게 빈틈없이 하여 행동으로 하여야 한다. 자선은 형이상학적 과학이기 때문이다. 또한 자선은 인간의 의무라고 하는데 우리가 사회의 구성원이기 때문에 집을 짓듯이 전후좌우를 잘 아우르며 돌봐야 한다.

서(署)라는 건축물을 보면서 국민들은 자신을 돌아보고, 자신의 본성에 대하여 생각해 봐야 한다. 그러면 서는 국민을 정성으로 안내하고, 성실하게 살게 하며, 인내로 이끌어 줄 것이다. 이것이 오늘날의 경찰서, 소방서, 세무서 등 서(署)의 역할이어야 한다. 서는 자선의 핵이며, 사회로 퍼져 나가게 하는 빛의 동심원이다.

자선은 자기가 선택하여 행하는 착한 사람들의 착한 행위이다. 자비는 남을 사랑하고, 가엽게 여기는 것이며, 그렇게 여겨서 베푸는 혜택이다. 자선은 남을 불쌍히 여겨 도와주는 것인데 측은지심, 수오지심, 사양지심, 시비지심의 인의예지가 필요한 선한 마음이다.

자선(charity)은 라틴어 carus가 어원이며, '사랑스러운, 귀한'의 뜻이다. 또 philanthropy는 박애, 자선의 뜻을 가지고 있는데 그리스어 philanthropos가 어원이다. 사랑하다(phil)와 사람(anthropos)의 뜻이 합쳐진 말이다. 자선은 고유의 선한 정성이다. 서(署)의 본뜻이 선한 행정의 집행이다. 그래서 자선과 서(署)의 관계는 도움의 수수관계와 같다고 본다. 사랑의 표현이 중요한 기관이다.

인간은 수수적 존재다. 받기만 하고 주지 않는 이기주의, 주지도 않고 받지도 않는 개인주의, 준 만큼 받고 받은 만큼 주는 합리주의, 무조건 주기만 하는 자선주의가 있다. 인간은 자신도 모른다는 존재지만 근본은 베풀고, 남을 가르치기를 좋아한다.

자선이란 도의 마음을 베풀며, 순한 양심을 키우게 하는 것이다. 서라는 기관은 자선을 필요로 하면서 진실한 기예로 보답하는 도인들의 일터이다. 우리는 사람으로서 고유한 개성과 특성을 가지고 있다. 이 때문에 세상과 같이하는 화합과 조화를 필요로 한다. 우리가 원하는 것은 기능에 맞는 건축물과 같이 호흡하는 조화로운 조화서(造和署) 속에서 삶을 사는 것이다.

소(所)

나눔과 행동하는 직접적인 삶

스톡홀름의 시청광장에서 만난 크누트의 흉상은 내 눈에는 위대한 영웅보다 큰 인물로 다가왔다.

스웨덴의 발렌베리 가문의 철칙은 "존재하지만 드러내지 않는다"이다. 이는 국민들의 시선 밖에서 머물며, 실속을 가지고 내실을 실속 있게 하라는 뜻일 것이다. 피렌체의 메디치 가문의 "언제나 대중의 시선에서 벗어나라"고 하는 것과 같은 것이다.

발렌베리 가문은 5대를 내려오면서 많은 돈을 사회에 기부하여 나눔의 미학을 만든 것으로 잘 알려져 있다. 100년 전부터 돈을 벌면 사회로 환원하는 것을 철두철미하게 지키고 있다. 이 돈은 발렌베리 제단에 맡겨서 과학기술을 위한 사업에 쓰여지도록 하고 있다.

발렌베리 그룹의 이런 나눔에 스웨덴 국민들은 창업자의 아들이며 크누트 앤엘리스 발렌베리 재단의 설립자인 크누트의 흉상을 시청광장에 세웠다. 또한 스웨덴 정부는 법률을 바꾸면서까지 이 회사의 소유권이 다른 기업에 넘어가지 않게 해주었다고 한다.

기부는 나눔의 꽃이다. 나눔의 결론은 모두가 웃을 수 있게 하며 자조를 만드는 원동력이 되는 것이다.

나눔의 집은 소(所)이다. 소(所)는 장, 처와 함께 고려시대에 있었던 특수촌락 집단이면서 특수행정구역 조직이었다. 조선으로 넘어오면서 차츰 없어졌다고 한다. 조선 초기까지 군, 현 조직의 일부였다고 한다. 중앙정부의 조세 수취에 군, 현 조직이 동원되었는데 중앙정부는 이를 통해 물질적인 토대를 마련하였다고 한다.

향, 소, 부곡은 관(官)이 상주하여 군현의 행정을 담당하게 되어 행정기관으로서의 역할이 시작되었다. 특히 소(所)는 행정의 최하위 기관으로 국민들과 제일 가까이 있는 기관으로 되었다고 한다. 이것은 농민항쟁 및 원나라와의 전쟁이 끝난 14세기 이후 군현 개편으로 향, 소, 부곡을 주, 현으로 승격시키거나 부곡제를 해체하고 군, 현 단일체제로 개편한 결과였다. 그러나 조선 초에도 계속 이어졌으나 16세기 이후 행정구역으로서의 향, 소, 부곡은 없어졌지만 국가기관으로서의 소(所)는 아직도 지명이나 국가기관에 쓰이고 있다.

당시에 향과 부곡은 농업에 종사하였으며, 소(所)는 왕실이나 관아에서 필요로 하는 수공업, 광업, 수산업, 부분의 공물을 생산하였다고 한다. 고려시대의 소는 금소, 은소, 동소, 철소, 사소, 주소, 지소, 와소, 탄소, 염소, 묵소, 곽소, 자기소, 어랑소, 강소, 다소, 밀소 등으로 분류되어 운영되었다고 한다.

소의 주민은 전문적인 물품 생산에 종사하는 공장(工匠)으로 신분적으로는 천민이며, 양민으로 구성된 군현과는 구별되는 특수행정구역이었다고 한다. 기술자들이 모여 사는 곳이 소(所)였을 것이다.

고려 때 소는 연금술사들의 창조의 공간이며, 화학의 시조들이 솜씨를 발휘하는 곳이었을 것이다. 창조자들이 자신과 대화하며, 상등품을 만드는 창조의 터였을 것이다. 금, 은, 동을 다루는 소(所)는 풀무와 화로, 모루의 배치가 필요하였을 것이며, 벽에는 메, 망치, 집게 등의 장비가 걸려 있었을 것이다.

보통 초가지붕에 3칸의 집을 지었을 것이다. 문은 모두 개방하여 작업하고, 일이 끝나면 닫는 나무로 된 판문으로 추측한다. 벽은 나무 또는 흙을 다져 매끈하게 만들었으며, 판매하는 공간이 한쪽 곁에 있었을 것이다. 나무 기둥이 진동과 열을 견디도록 주춧돌을 높였을 것이고, 환기를 위해 천장을 만들지 않고, 높게 보이도록 하였을 것이며, 작업공간은 편리성을 추구하고, 문과 벽은 안전에 중점을 두었을 것이다.

소의 건축물은 사용하기 편하게 단일공간으로 하여 3칸으로 만든 곳이 많았을 것이며, 대체로 물건의 기능과 조화된 구조로 지었을 것이다. 간단한 구조였겠지만 위엄을 갖추고, 친근과 나눔의 빛을 받아들이는 공간을 만들었을 것이다.

고려 후기에 소가 많이 없어지면서 장인들이 전국으로 흩어져 민영 수공업을 발전시켰는데 이는 프랑스 혁명 후 요리사들이 프랑스 전역으로 흩어져 프랑스 요리를 발달시킨 것과 같은 것이다.

조선시대의 소는 국가기관인 관아 기능을 갖추고 있는 곳이 많다. 세종대의 역산소는 산학을 장려하기 위한 것이었고, 위장소는 궁궐을 지키는 초소 기능의 기관이며, 전루소는 자격루의 시보 소리를 멀리까지 전해주는 기관이었고, 관상소는 관상과 역서조제 등의 사무를 관장하던 기관이다,

교전소는 법전을 편찬하는 기관이며, 정리소는 정조 시절 임금의 친림 행사를 위해 수원에 세운 관아이며, 공진소는 궁내부에 설치된 식료품에 관한 업무를 보는 기관이며, 규정소는 승려의 생활을 감독하던 기관이다.

경수소는 한성부의 치안을 위한 최말단 기관이고, 사기소는 그릇을 관리하던 기관이며, 경제소는 지방의 유향소를 통제하기 위한 중앙기관이다. 기로소는 조선시대때 나이가 많은 왕이나 현직에 있는 70세 넘은 정2품 이상의 문관들을 대우하던 기관이다. 이 밖에도 다양한 소가 있었을 것이다.

향소는 유향소와 같은 말인데 이는 고을 사람으로서 재능과 명망이 있는 사람을 가려 향소라고 말하고, 그로 하여금 향소에 있으면서 정사를 돕게 하였다고《아언각비》에 나와 있다. 유향소와 함께 사마소라는 것이 있었다. 사마소는 16세기 초 중앙의 훈구파

들이 장악한 향소에 맞서 사마시 출신의 젊은 유학자들이 향권을 주도하기 위해 학문을 교육하고, 정치를 논하기 위해 만들었으나 폐단이 많아 1603년(선조36)에 유성룡의 건의로 없앴다고 한다. 유학자들이 초발심 맹세를 끝까지 지키지 못하여 일어난 일들이다. 집 짓는 사람들은 초심을 가지고 자신이 짓는 집을 완성시킨다.

소의 건축물은 좌우대칭으로 축조되었을 것이다. 누가 봐도 안정감을 가지게 하기 위함이었을 것이다. 외부는 아담해 보이면서도 강건함이 보이는 것 같고, 내부는 현관 복도를 중심으로 좌우에 업무공간이 있었을 것 같다.

대칭은 비례와 다르다. 사무실 건축물의 비례는 활동비례라고 볼 수 있고 좌우의 균형의 비례이다. 이런 대칭과 비례의 미는 작은 건축물에서 분명함을 볼 수 있다. 소는 작은 건축물로 추정하기 때문에 소에는 대칭이 있다고 하고 싶다.

토마스 아퀴나스가 말한 아름다움의 세 가지 형식이 소의 건축물에는 있었을 것이다. 통합, 비례, 밝음의 형식이다. 큰 건축물에도 있지만 작은 건축물에는 상징성을 부여할 수도 있는 것이 통합, 비례, 밝음이다. 작은 건축물에는 확연히 나타나기 때문이다.

조선시대의 소(所)의 건축물은 예술성을 가지는 것이 아니고, 고유 업무에 따른 특수성을 표현하는 것이 우선이었을 것이다. 잘츠부르크의 게트라이데 거리의 간판은 그림으로 표현되어 상호명이 되듯이 소의 건축물에도 각자의 상호를 뜻하는 표시가 있었을 것이다.

"감성은 감정이 아니라 감각을 통해 들어오는 것"이라고 칸트가 말했듯이 사람은 감성을 통해서 자기 지성을 보기 때문에 건축물의 상징은 우리 눈에 들어오게 되어 있는 것이다.

소의 현관문은 참선으로 들어가는 관문과 같은 느낌으로 들어섰을 것이다. 그리고 바닥은 마루와 온돌로 구분되어 표리의 이중성이 있었을 것이다. 벽은 소리 없는 침묵도 뚫을 수 있는 냉정함이 있었을 것이다. 기둥은 의젓함을 느끼게 되었을 것이고, 건축물의 전체적인 보임은 깨끗함과 고유한 업무의 원활한 집행을 위한 공간구성이 어울리는 집 1채였을 것이다.

소(所)는 대칭구조를 가진 형태로 건축된 규모가 작은 면도 있지만 나눔의 균일성을 국민들에게 보여주기 위한 것도 있었을 것이다. 남아있는 건축물이 없어 추측으로만 써본다.

소는 집 호(戶)와 도끼 근(斤)이 합쳐진 글자로 본래는 나무를 베는 도끼 소리를 뜻하였다고 하는데 장소, 바, 것, 관아, 어떤 일을 처리하는 곳 등으로 변했다고 한다. 지금 쓰이고 있는 소(所)도 동사무소, 보건소, 면사무소, 파출소, 농촌 지도소 등의 기관과 같이 무엇 하는 바와 같은 뜻과 주유소 등 장소를 나타내는 말로 많이 쓰이고 있다.

인간의 가치를 키우는 적극적인 삶의 공연장이 소(所)이다. 소에는 시련이 있다. 제일 먼저 국민들과 만나는 기관이기에 어려움이 많다는 것이다. 시련은 인간의 삶을 만드는 인내의 과정이다. 시련이 있어서 우리는 나름의 격과 결과 품을 만들게 되는 것이다.

시련 이외의 즐거운 과정을 제공해 주는 소(所)도 있다. 특정 용도의 집을 말하는 소이다. 조두지소(俎豆之所, 조상이나 선현들의 제사를 지내는 곳), 추모지소(追慕之所, 조상을 추모하고 사모하는 곳), 연거지소(燕居之所, 한가롭게 쉬면서 여생을 보내는 곳), 강학지소(講學之所, 문인이나 후진의 강학을 위하여 세운 곳), 우모지소(寓慕之所, 머물러 살았거나 객지에 임시로 살았던 곳), 이업지소(肄業之所, 학문을 익히거나 공부를 한 곳)는 슬기와 생각의 표현이 되는 집이다. 소(所)의 집에는 값비싼 생각들이 있다.

소라는 기관은 국민들과 가장 가까이 있는 기관이다. 가까이 있기 때문에 국민들의 희, 노, 애, 락을 잘 알 수 있다. 이것을 보고 국민의 생활과 삶의 어려움을 찾아내어 새로운 행정 절차를 만들어 국민들에게 혜택을 줄 수 있는 피드백이 있어야 한다.

제일 끝에 있는 기관인 면사무소, 동사무소 등에서 공무원들은 시작해야 한다. 이곳에서 근무를 해봐야 국민을 알 수 있는 것이다. 공조직의 계서제, 즉 중앙과 지방의 체계를 계서제로 만들어 놓은 이유는 밑에 것을 알아야 위의 것을 알고, 아래와 위를 알아야 정책을 만들 수 있기 때문이다. 집도 작은 집에서 살림을 시작해야 큰 집을 효율적으로 운용할 수 있는 것이다.

소(所)는 민의의 소리를 조화와 협동케 하는 오케스트라 음악당이다. 큰소리, 작은 소리, 싫은 소리, 좋은 소리를 한소리의 아름다움으로 만들어야 하기 때문이다.

작은 조직은 인간애가 있으며, 인간적 관계가 있다고, 흔히들 이야기한다. 인간적이란 마음이나 행동의 됨됨이가 사람으로서의 도리에 맞는 것을 말한다. 큰 조직에서는 비인간적이 되어야 한다는 것은 아니다. 인간적이란 나눌 줄 알기 때문에 조직의 업무도 나누어서 같이하는 즐거움을 말한다.

나눔의 역할이 가장 중요한 인간 생활이다. 우리 몸에는 눈도 2개, 귀도 2개, 손도 2개, 발도 2개씩 있다. 이것은 하나는 내 것이고 하나는 네 것이 되라고 신이 만들어 준 것이다. "한 개의 촛불로서 많은 촛불에 불을 붙여도 처음의 촛불의 빛은 약해지지 않는다"고 탈무드에 쓰여 있다. 남과의 나눔을 위해 행동하는 직접적인 삶이 소(所)의 삶이다.

초가지붕이 둥글다는 것은 열교환을 가장 최소화할 수 있는 형태이고, 반구형으로 만든 것은 빗물과 바람의 흐름을 빠르게 하기 위함이다. 자연의 이치를 나눔에 적응시키는 것이 집 짓는 사람들의 운명인지라 집 짓는 사람들은 과학과 비과학을 절충시킬 줄 알며, 사회원리를 나눔이란 말로 정의한다.

각득기소(各得基所)는 모든 것이 제대로 있어야 할 곳에 있는 것을 말하는 것이다. 각자의 능력과 적성에 맞게 적절히 배치하여 자신의 능력에 따라 즐겁게 살게 해야 한다는 뜻이다. 큰 뜻을 지닌 사람에게 작은 일을 요구하지 말고, 작은 뜻을 지닌 사람에게 큰일을 요구하지 말아야 한다.

우리가 몸담고 있는 조직은 어떤지 생각해 봐야 한다. 모두 똑같은 길을 가게 하는지 아니면 자신의 뜻대로 정글을 해쳐가게 하는지를 파악해 보는 것도 자기발전의 양념이 될 것이다.

소(所)는 각득기소라는 말을 만드는 아원자이지만 큰일을 앞장

서서 시행하는 지혜의 스승이 되어 원자가 되고, 분자가 되어 큰 뜻이 된다. 오늘날도 변사무소, 파출소 등의 소(所)가 국민과 이울려 국민의 소망이 정책으로 될 수 있게 하여 각득기소의 큰 뜻이 실현되길 기대해 본다. 소는 작은 집이지만 그 속에는 큰 파도가 출렁대고 있다.

원(院)

봉사는 사람을 완성시킨다

원(院)의 건축물은 남아 있는 곳을 찾기 어렵다. 원은 전문적인 일을 하는 곳이었을 것이다. 일을 불편함이 없게 수행하기 위하여 집을 지었기 때문에 완전하고, 편리한 집이 원(院)이었을 것이다.

원의 어원은 언덕 부(阜) 자와 완전할 완(完) 자가 결합한 문자이다. 원(院) 자는 집을 완전하게 잘 지었다는 의미에서 완벽하다는 뜻이 있다. 원(院) 자는 완벽하게 잘 지어진 집을 뜻하는 완(完) 자에 언덕 부(阜=阝) 자를 더한 것으로 담벼락이 잘 갖추어진 큰 집이라는 뜻이다.

언덕 부(阝)는 언덕, 크다, 높다라는 뜻을 가진 글자다. 더 세밀히 원을 풀이하면 완(完)은 집 면(宀)에 근본 원(元)이 있는 것으로 근본이 잘되면 모든 것이 잘되는 것이란 뜻으로 기능에 맞게 완전하고, 완벽한 집을 뜻하는 것이 원(院)이다. 집 원(院)은 사람을 성하게(阝) 하고, 완전하게(完) 하는 곳이다. 사람이 먹고 자면서 몸을 튼튼히 하고, 건강하게 하는 곳이다.

공적인 임무를 띠고 지방에 출장 가는 관리나 일반인, 상인 등에게 숙식 등 편의를 제공하던 공공숙소로 설립된 것이 원이다. 또 원은 먼저 집을 가리키는 말로 시작하여 담장을 두른 궁실을 가리키기도 한다. 담이나 울타리 자체를 가리키기도 하며, 여성들이 거주하는 내전을 말하기도 하고, 동산이나 원림, 뜰이나 정원, 유학자들의 거소공간을 말하기도 한다,

그러나 원래 뜻은 급하지 않은 여행자들의 숙소라고 보는 것이 맞는 것 같다. 다른 기능을 하는 원은 숙소 기능을 하는 원(院)이 너무 완벽하게 기능을 시행하기 때문에 원으로 이름을 붙인 것 같다. 현재의 병원, 법원, 감사원 등도 그런 것 같다.

숙소를 제공하는 원은 종업원들이 봉사를 제일로 여기기 때문에 봉사에 따른 평가가 좋아 그것을 닮기 위해 사간원, 승정원, 제중원, 등 국민을 상대하는 관청이나 봉사하는 기관에 원(院)을 붙여 봉사와 친절을 전파하였을 것이라고 본다.

여행자를 위한 시설 및 행려병자를 간호해 주던 복지시설로 한양을 중심으로 동쪽에는 보제원, 서쪽에는 홍제원, 남쪽에는 이태원, 북쪽에는 전찬원이 있었다. 주례의 대사도를 보고 위정자들이

설립한 것 같다.

“보식육정(保息六政)으로써 만인을 기른다”고 하였다. 이에는 첫째, 어린이를 양육함이고, 둘째, 노인을 공경함이며, 셋째, 빈궁한 자를 구제하는 것이고, 넷째, 상사를 당한 사람을 보살피며, 다섯째, 장애인과 중환자에게 신역을 면제하고, 여섯째, 재난을 구제하는 것이다. 이 여섯 가지를 원이란 집에서 해야 하는 것이 맞는 것도 여행자를 담당한 원의 봉사와 친절의 정신이 널리 퍼져서일 것이다.

사찰의 이름 중에도 원(院)으로 끝나는 미륵대원, 보국원, 제비원 등은 고려시대까지 역원(驛院)의 기능을 하던 곳이다. 이곳에는 10미터가 넘는 불상이 있다. 미륵대원은 계립령 길에 있는 숙식이 가능한 휴게소였다. 지금의 하늘재로 충주의 수안보면 미륵리와 문경시의 관음리를 이어주는 길이었는데 길손들이 쉬어 가는 곳으로 지금의 호텔이자 사찰이었다.

고려시대의 역원은 설립은 나라에서 하고, 관리는 사찰에서 하였으나 조선시대에는 국가에서 원을 관리했다.

도로에는 규정된 거리마다 역과 원이 설치되도록 되어 있었다. 여행하는 사람들이 잠자고, 먹고, 쉬고, 말(馬)을 바꿀 수 있는 장소로 정해진 곳이다. 역과 원에는 누(樓)와 정(亭)이 설치된 곳도 있었다. 여행자들의 편의를 제공하기 위한 것으로 역, 원의 설립이 누정의 건축문화를 발전시킨 계기가 된 점도 있다.

거리측정은 기리고차(記里鼓車)를 이용하였는데 일정 거리를 이동하면 북소리와 종소리가 자동으로 울려 거리를 알려주는 수레로 된 기구이다. 이 기구로 측정한 서울과 부산의 거리는 477킬로미터였다고 한다. 이렇게 측성한 거리를 알려주는 표식은 장승, 정자, 돌무지, 나무 등으로 이정표를 만들었는데 널리 쓰인 것은 장승이다.

5리, 또는 10리마다 작은 장승을 설치하고, 30리마다 큰 장승을 설치했다고 한다. 30리는 아침밥을 먹고 출발한 여행자가 휴식을 취하며 간단하게 요기할 수 있는 거리라는 점에서 1식경(食頃)이라 불렀다고 한다.

원(院)은 1식경에 하나꼴로 설치되었다. 원은 음식값과 약간의 토지 대여료로 운영하였기에 수익이 없어 재정난으로 임진왜란 이후 소멸되어 갔다. 그 후에 생긴 것이 주막이었다. 도보 여행자가 여행할 수 있는 거리는 3식경, 곧 45킬로미터였다고 한다.

원은 역원, 원우(院宇)라고도 한다. 서거정이 《신증동국여지승람》의 서문에 "참과 역은 사명을 전달하는 것이고, 원우는 행려를 쉬게 하고, 도적을 금하는 것이다"라고 했듯이 원은 역에 비해 반관반민성격이 있으며, 이용자층이 다양했다.

불교식 편액이 많고, 설립자 가운데 승려가 많다는 사실을 볼 때 원이 사찰의 부속 기관이었거나 사찰에서 발전한 기관인 것 같다. 《신증동국여지승람》에 나타난 원(院)은 1,309개소로 500여 개소인 역의 2배가 넘는다고 《한국건축개념 사전》에 나와 있다.

원은 주거를 목적으로 하지 않는 숙박과 휴식의 기능을 가진 봉사와 친절이 필요한 집이었을 것이다. 이러한 원의 봉사와 친절이 평가가 좋아서 국가기관에서도 봉사와 친절이 특히 필요하다고 판단되는 기관에는 원(院)이라는 칭호를 붙였을 것이다.

봉사와 친절은 인간들의 삶에서 심적 풍요를 말하는 것으로 집으로 치면 용마루가 푸근하고, 불룩한 초가집 같은 것이다. 봉사는 국가나 사회 또는 남을 위하여 자신의 힘을 바쳐 애씀을 말하고, 친절은 타인에 대한 관심과 배려로 표시되는 행동이다. 이는 덕으로 여겨지며, 많은 문화와 종교에서 가치 있게 인식된다고 위키백과에 쓰여 있다.

아리스토텔레스는 "어떤 대가가 아니라, 도우미 자신의 이익이 아니라 도움받는 사람의 유익을 위해 도움이 필요한 사람에게 도움이 되는 것"이라고 친절을 정의한다.

봉사와 친절은 공무원들이 특히 유념해야 할 말이다. 일반인도 서로 서로의 존중과 존경이 필요한 만큼 봉사와 친절은 물질을 떠나 정과 성으로 대하여야 한다고 말하는 것이다.

service와 volunteer를 의미하고 있었지만 지금은 volunteer의 의미로만 쓰이는 것 같다. volunteer의 어원은 라틴어인 '자유의지'의 voluntas와 '사람'의 뜻인 eer로 인간의 자유의지, 즉 자발적인 활동이 '봉사'이다.

봉사(奉仕)의 한문 풀이는 받들 봉(奉)은 윗사람이 시키는 것을 맹목적으로 받는 것을 말하며, 섬길 사(仕)는 사람(人)과 선비(士)가 합한 말로 선비가 학문에 힘쓴 후 사람을 아는 것이다. 사람은 겪어봐야 알 수 있는 것이다.

원(院)은 봉사와 친절의 탄생지다. 분명히 건축물에도 봉사와 친절의 상징이 있었을 것이다. 건축물은 없어지고, 건축물이 있었다는 표지석만 남아 있어 안타까울 뿐이다. 높다란 담장을 둘러 안전과 완전함이 있는 건축물은 기능에 맞게 지어 운영하였을 것이라 생각된다. 여기서 나온 봉사와 친절의 의미 때문에 원의 편액을 가진 기관이 생겼을 것이며, 업무는 특수한 고유업무를 이행하였을 것이다.

마더 테레사는 항상 이야기하였다. "얘들아 누군가에게 좋은 일을 할 때는 말없이 하여라. 바닷물 속에 돌을 던지듯 말이다." 바다에 돌을 던져봐야 아무 반응이 없다. 그렇게 표시 나지 않게 좋은 일을 하면서 삶을 살아가라고 하는 말이었다.

원이 있던 자리에 서서 봉사와 친절을 생각하는 맹자의《진심장구》하편 14장을 읽어본다. "백성이 가장 귀하고, 국가는 그다음이며, 임금이 가장 가볍다"는 내용이다. 왕은 가볍고, 국민은 귀하다. 관료들은 국민에게 친절하고, 봉사해야 한다. 이 말은 '국민이 나라의 근본이다'라는 말이다.

원은 상징성이 아니라 민생의 집합소이다. 국민이 귀하고, 왕은 가볍다는 여론이 들어오고, 나가고, 하는 현장이다. 원에서는 직선적 사고보다 곡선의 사고를 가져야 했을 것이다. 그래야 모나지 않는 순리의 행동으로 객에게 진정한 봉사와 친절을 베풀었을 것이다. 그리고 관리들은 곡선적 사고를 배워야 했을 것이다.

세종대왕의 애민정신을 다시 생각해 보게 하는 요즘이다. "국왕의 자리는 백성들이 하려고 하는 일을 원만히 하도록 만들기 위해서 만들어졌다"는 말을 했기 때문이다. 원의 터에서 원의 건축물을 생각하며 원의 그림을 추측으로 그린다.

원(院)은 문화를 발전시키는 생각의 창고이며, 사, 농, 공, 상의 통섭이 흐르는 향연장이라는 아름다운 그림을 내 손이 그리고 있다.

조령원

"자연과 가까워지면 병과 멀어지고, 자연과 멀어지면 병과 가까워진다"는 말이 있다. 자연풍광을 20초만 접해도 심장 박동이 진정되고, 3분에서 5분 정도가 지나면 높은 혈압도 정상으로 돌아왔다고 하였다. 자연은 의사이며, 병원이다. 휴가 때나 주말에 사람들이 자연을 찾는 이유가 빛과 함께 있기 위함이다. 요일의 요(曜) 자는 빛날 요 자이다.

공부도 자연에서 하면 더 잘된다. 자연은 병원이라 하였다. 자연에 의지하여 튼튼히 지어진 원(院)은 자연인 언덕 부(阝)를 더하여 담장을 잘 갖춰 지은 특수한 일을 하는 완전한 집이다. 무게감이 느껴지는 건축물은 튼튼하고, 오래 지속되며, 중요하다는 것을 주측으로 느낀다.

오가는 객들의 안전과 건강을 위한 조령원은 자연 속에서 나그네들의 쉼터가 되었을 것이다. 조령원 관계 자료를 보면 전체면적 1,980제곱미터(600평), 돌담은 너비 2.8-3.0미터, 높이 2.9미터 내외이며, 동쪽으로 57.6미터, 서쪽으로 53미터, 남쪽으로 38.9미터, 북쪽으로 37.7미터 길이로 쌓여 있다.

원의 건축물은 없으나 경계 담장이 복원되어 원의 규모를 추측할 수 있다. 건축물의 터가 있고, 건축물의 배치를 유추해 보면 대지를 높은 곳과 낮은 곳으로 조성하여 건축물을 배치한 것으로 보여진다. 발굴 조사 때 상단 건축물 터에서 온돌 흔적과 부엌시설의 일부가 드러났다고 한다.

제1 건축물은 전면 4칸, 측면 3칸으로 12개의 공간으로 되어 있고, 제2 건축물도 같은 규모이며, 제3 건축물은 전면 7칸, 측면 2칸으로 14개의 공간으로 되어 있으며, 제4 건축물은 전면 3칸, 측면 2칸으로 6개의 공간을 가진 형태로 되어 있다. 그리고 동쪽에 대장간, 북쪽 귀퉁이에 누각, 서쪽 귀퉁이에 마구간이 있었던 것으로 보여진다. 건축물은 각 실을 어떻게 배치하였으며, 복도가 있었는지, 통 칸으로 만들어졌는지 알 길이 없어 궁금함이 그지없다.

석문은 폭 3.1미터 높이 2.4미터 정도이나 문의 앞쪽으로 40-50센티미터 크기의 방형 석주가 서 있어 통행 폭은 2.4미터 정도이다. 석주 위에는 판석으로 된 인방석이 올려져 다른 천장석과 함께 돌천장을 만들었다. 마치 통도사 지장암의 돌문 같아 보인다.

자연 속에서 거대한 건축물 흔적이 언덕 부(阝) 안에 들어앉아 오가는 사람들의 새로운 소식과 민의가 전해지고, 개인사의 호의호식하는 방법들이 토론되었을 것이다. 그런 중에도 종사원들은 객들의 주문에 바쁘게 움직였을 것이다.

"당신을 만나는 모든 사람이 당신과 헤어질 때는 더 나아지고, 더 행복해질 수 있도록 하라"는 마더 테레사의 말은 조령원에 있는 사람으로부터 배웠을 것 같은 생각이 든다.

김홍도의 〈기로세련계도〉를 보면 밥상이 독상으로 차려져 있다. 원에서 먹는 밥상도 독상이었을 것이다. 밥상뿐만 아니라 건축물 형태도 상상만 하여야 하는 안타까움이 있다. 건축물은 역사의 보물이며, 삶의 보임이고, 이어가야 할 전통의 산물인데 원과 관련된 건축물은 남아 있는 곳이 없다. 그런데도 병원 등 특수한 일을 하는 분야에 '원' 자를 사용하고 있으니 원의 옛 건축물이 한층 궁금하다.

조령원은 영남과 기호지방을 잇는 교통로상에 있는 중요 지점이었다. 태종 14년(1414)에 조령로를 관도로 개통시켜 교통 및 군사적으로 중요시되었다. 그래서 조령 근처에는 통행인을 위한 숙박시설이 많이 설립되었다. 조령원, 동화원, 요광원, 관음원, 화봉원이 있었다. 조령원은 고려시대에는 초점원이라 하였는데 조선시대에 와서 조령원이라 하였다고 한다.

원은 단기간 머무는 곳이다. 그래서 돌아올 수 없는 말과 행동이 많이 있었을 것이다. 카이로의 시장 카페에서 들은 말이 기억난다. "이미 해버린 말, 쏘아버린 화살, 지난날의 삶, 무시해 버린

기회는 다시 돌아오지 않는다"고 한 말이다. 나그네 처세에서 배울 수 있는 주옥이다.

원의 터에 있는 초석에 앉아 종업원이 되어본다. "진짜 봉사를 하려면 두 가지를 알아야 한다. 그의 필요, 나의 능력 말이다"라고 말한 아이반 패닌의 말이 되뇌어진다.

조령원은 선조 2년(1592) 임진왜란 때 왜장 고니시 유키나가가 경주에서 북상해 오던 카토오 기요마사와 합류한 지역이다. 소 잃고 외양간 고친다고 숙종 34년(1708)에 조령에 3개의 관문을 완성했다. 조령원 주변의 경치가 나를 희롱한다. 원은 정자와 누각을 활성화시켰으며, 희로애락의 사연도 많았을 것이다.

권근의 기문(記文)에 의하면 "나라의 길에는 10리 길에 여(廬, 초막)가 있고, 30리에 숙(宿, 여관)이 있었으며, 후세에는 10리에 장정(長亭, 쉬는 집)이 있고, 5리에 단정(短亭, 쉬는 작은 정자) 하나씩이 있었는데 모두 나그네를 위한 시설이었다"라고 하였는데 30리에 있는 숙박시설이 원(院)이었을 것이다. 실크로드의 숙소인 사라이도 30-45킬로미터의 간격을 두고 있었다고 한다. 이는 낙타의 활동거리 때문이라고 한다.

원은 담이 보호해 주는 건축물이다. 조령원의 돌담은 크기와 모양이 다른 돌로 쌓아 다름을 인정하면서 하나가 되는 조화와 화합의 상징이다. 우리 국민이 조령원 터의 돌담같이 살았으면 얼마나 좋을까 생각해 본다.

이 담은 규격이 다른 크기의 모자이크 담이다. 모자이크(mosaic)

는 '꾸민다'라는 뜻의 그리스어 무자와크(mesauwak)에서 유래된 영어라고도 하고, 라틴어 musium opus에서 유래한 것인데 mosaique으로 불리다가 프랑스어 msaique로 부르게 되었다고도 한다. 모자이크는 모르타르나 석회, 시멘트 등으로 돌, 유리, 도편들을 접착시켜 그림을 표현하는 기법이다.

조령원 터의 담이 크기가 다른 돌을 이용한 모자이크 작품 같다. 쌓고, 끼우고, 얹고 만들어서 단결이 잘된 담장의 어울림이 우리 국민이길 원해본다. 사, 농, 공, 상이 함께하고, 봉사하는 친절한 공동의 삶의 터가 원(院)이다.

부르주아지와 프롤레타리아트, 즉 성안 사람과 무산자로 나누지 말자. 우리나라 국경선을 성으로 보면 우리 국민은 모두 부르주아지가 된다. 둘로 나누어지는 것보다는 하나로 되어 큰 힘을 만드는 것이 좋은 것이다.

표(表)는 바깥이다. 조령원 터의 표(表)는 2.9-3.0미터의 높이로 계단이 없는 직각으로 서 있다. 리(裏)는 속이다. 속은 계단식으로 만들어 외부를 볼 수 있게 하였다. 표리는 부동하다고 하는데 이곳의 표리는 자기 할 일을 똑바로 하는 기능의 일체화가 되어 있다. 이 또한 부럽다. 우리는 틀린 것이 아니고, 다르다고 해야 한다. 다른 것이 조화를 이루면 강력한 화합이 된다. 로마가 그랬고 신라가 그랬다.

조령원 터의 석문에 서서 오쇼의 《십우도》에 나오는 말을 상기해 본다. "새어 나가는 경우와 흘러넘치는 경우가 있다. 무엇인가

새어 나갈 때 그대는 피곤함을 느낀다. 그리고 넘쳐흐를 때는 충만감을 느낀다. 넘쳐흐름은 순수한 기쁨이다. 기쁨 외에 다른 것이 끼어들지 않는다. 나무가 꽃을 피워내는 것을 보라. 그것이 넘쳐 흐름이다. 꽃이 만개한 나무를 보라. 나무 전체가 편안하게 이완되어 있다. 넘쳐흘러 나누어 줄 때 그대는 결코 피곤함을 느끼지 않는다." 이 말이 봉사와 친절의 정의이다. 조령원에서 봉사와 친절을 생각해 본다. 원은 봉사와 친절의 창고이기 때문이다. 예수도 말하였다. "지키려고 하면 잃을 것이요, 나누어 주면 얻을 것이다." 조령원의 종업원들이 만들어 낸 마음의 소리와 일치하는 역사의 소리이다. 우리의 마음에 담자.

헌(軒)

검약의 결과는 청백리 문화

"거만한 마음을 자라게 해서는 안 되며, 욕심은 방종하게 해서는 안 된다. 뜻은 가득 차게 해서는 안 되며, 즐거움은 극도로 누려서는 안 된다."《예기》의 〈곡례상〉에 나오는 검약에 관한 글이다.

헌(軒)을 보면 검약을 주장하는 공적인 업무가 생각나는 공간이다. 검약은 돈이나 물건, 자원 등을 낭비하지 않고 아껴 쓰는 것이다. 헌이란 건축물에는 박기후인(薄己厚人)의 정신이 있다.

남에게 후하게 하고, 자신에게 박하게 하는 것이 선비정신이다. 지도자들은 검약과 근면을 솔선수범하여 국민들에게 절약정신과 베푸는 마음을 보여주어야 한다. 청렴하려면 검약이 내 것이 돼야 한다. 관료들은 씀씀이를 절약하는 것을 임무로 생각해야 한다.

헌(軒)은 수레 거(車)와 굽다, 휘다, 막다의 뜻을 가진 간(干) 자가 결합한 글자다. 그래서 헌(軒) 자는 햇빛을 막는 차양이 있는 마차를 뜻하였다. 후에 의미가 확대되면서 지붕이 있는 집을 뜻하게 되었다. 또 헌은 본래는 처마가 휘고, 앞이 높은 대부 이상의 벼슬아치가 타는 수레란 뜻이다.

집의 처마 모양이 높고, 휘었으므로 후에 처마를 가리키는 뜻이 되어 수레와 같은 모양으로 지은 집을 가리키는 것이 되었다라고 하는 말도 있다. 수레, 처마, 추녀의 뜻을 가지고 있으며, 난간이 아름다운 집이며, 여럿이 모여 회의도 하고, 공적인 업무처리를 하는 공간을 일컫는다.

헌(軒)은 대청마루가 발달되어 있는 집을 가리키는 경우가 많고, 용도에서는 일상적 주거용보다는 공무용 기능을 가지는 경우가 많다. 그리고 경관을 감상하고, 심성을 수양하는 방으로 사랑채에 많이 붙이는 이름이기도 하다.

또한 전(殿)의 좌우에서 이를 보좌하는 형태인 익각이거나 따로 독립된 건축물로 위치하기도 하였다. 전의 익각인 경우는 전의 주인이 보조적으로 활용하였고, 공무적 기능을 가진 경우는 특별한 인물의 전용공간인 뜻도 있다.

정약용이 쓴《아언각비》에는 "넓은 창이 있고 짧은 처마가 있는 집을 헌이라 한다"고 되어 있다. 헌(軒)은 본래 높은 수레의 이름이고, 첨우의 끝으로 높이 올라 전망이 넓게 보이는 것을 말하는 것이다.

이러한 사유로 인하여 점차 살림집에도 '헌'이란 편액을 사용하기 시작한 것 같다. 부정적인 생각을 할 수 있는 '왜'보다는 긍정적인 생각을 할 수 있는 '어떻게'가 보이는 집이 헌이다.

높고 활짝 트인 장소에 지어 경치를 바라볼 수 있도록 한 집이다. 헌이란 고관대작들이 타던 수레로 수레 위에서 밖을 내다보듯 지은 집이란 뜻도 있다. 잘생긴 장부를 헌헌장부라고 하듯이 헌은 돋보이는 공간을 가진 집이다.

헌(軒)의 양식은 수레와 비슷하여 '높은 곳에 올라 의기양양하다'는 뜻을 가지고 있다. 헌은 높고 활짝 트인 공간이기에 중심에 있어야 그 가치를 가지는 집이다.

헌은 위엄을 보여주는 집이다. 위엄이 존재하려면 그곳에 위치하는 사람들이 겸손하고, 권위의식이 없이 권위만 유지하며, 정직하고, 검약해야 한다.

헌은 구조가 복잡하지 않다. 2칸에서 3칸은 마루를 놓아 문을 달지 않고, 공간을 열어둔다. 숨김이 없다는 것을 보여주는 것이다. 헌은 마당이 넓다. 그것은 발광체인 태양을 보며, 올바름을 찾기 위한 것이다. 햇빛은 역사를 진행시키고, 달빛은 역사를 계획하는 것이 발광체와 반사체의 역할이다.

헌의 기단은 조금 높다. 그것은 권위를 가지기 위함이며, 올바른 판단과 국민들의 삶을 알기 위함 때문이다.

소크라테스가 말한 "가장 적은 욕심을 갖고 있기 때문에 나는 신에 가까운 것이다"라는 것은 마음의 동요가 적은 검약의 습관을 가지고 있다는 것을 말하는 것이다. "내가 헌(軒)의 주인이다" 하고, 헌 이란 건축물을 봐야 바로 보인다. 그 시대로 돌아가서 그 시대의 주인이 되어보면 내가 바로 보이듯, 마음에는 검약의 습관이 있어야 모든 것이 바르게 보이는 것이다.

우리의 건축물은 시대가 지나도 변함이 눈에 확 드러나지 않는다. 그것은 우리 국민의 신체 및 정신이 서서히 변하기 때문이라고 생각한다. 또한 우리의 삶은 기후나 자연조건의 변함이 적었다는 것을 알게 하는 것이다.

공포에 익공 구조가 생기면서 목재가 절약되어 헌은 익공 구조가 많다. 익공 구조는 검약의 결과물이다. 이런 검약의 정신이 배어 있는 곳이 헌(軒)이다. 헌은 치장 및 단청은 수수하게 하거나 아예 하지 않았다.

헌(軒)도 건축물 전체를 보면 고전적이며, 규칙을 가진 건축물로 보이나 세부적으로 보면 투박하고, 정적인 면이 많이 보인다. 유교적 건축물은 정해진 틀 속에 인, 의, 예, 지, 신을 넣어 표현하려고 하였다. 그러나 우리의 집 짓는 사람들은 정확한 기술을 비정형적으로 발휘하여 비규격화를 많이 보여주고 있다.

집 짓는 기술은 사회의 삶의 수준을 생각하는 사회발전의 기준선이다. 헌이란 집에는 규칙이 있었기 때문이다. 솟을대문은 헌이나 가마나 말 때문에 생겼다고, 하나 헌은 검약정신이 있는 집이다.

헌의 건축물에는 위엄도 보이지만, 부드러운 곡선과 울안의 다듬은 정성이 아름다운 정신을 품을 줄도 안다. 기둥에서 자존을 세우고, 지붕 선의 미려함이 국민정신을 단아하게 만든다.

건축물은 시대의 정신과 삶의 흐름을 포함하기 때문에 허투루 지을 수 없어 우리의 고집을 주장한다. 기단에서 지붕까지 우리의 얼이 새겨져 있다. 성인은 자애로움과 검약을 건축물에서 찾는다. 그리고 불감위선(不敢爲先, 사람들 앞에서 나서지 않음)을 자랑으로 아는 우리 민족성을 헌(軒)은 가지고 있다.

청녕헌

"우리는 시간이라는 목재와 어제와 오늘이라는 벽돌을 이용해 건물을 쌓아 올린다." 롱펠로의 말이다. 시간이란 누구에게나 주어지는 평등함으로 어제와 오늘, 내일을 말하는 것이다. 어제와 오늘, 내일은 우리 삶의 목표를 달성하는 검약과 끈기와 노력을 말하는 것이다.

집을 짓는다는 것은 노력의 결과를 기다린다는 것이다. 기다린다는 것은 검약과 보람의 느낌을 환희와 함께하기 위한 자기표현이다.

새무얼 스마일즈의 《검약론》을 읽었다. "검약하는 데는 불굴의 용기라든지 뛰어난 지능이나 초인적인 미덕이 필요한 것이 아니다. 그저 상식과 이기적인 쾌락을 물리칠 수 있는 의지만 있으면 가능하다"는 말이 나온다.

이는 자기의 의무를 다하고, 그 결과에 따른 정당한 보수를 받으면 되는 것이고, 그 보수를 가지고, 자신의 검약습관을 만들어 생활하면서 개인경제의 목적을 이루고, 행복감을 느끼며, 국가경제에도 도움이 될 수 있는 것을 말하는 것이다.

검약론은 건축물에 필요한 단어이다. 식, 주, 의중에 집은 검약 없이는 가질 수 없는 중요한 무게감이 있기 때문이다.

건축물의 공간은 검약을 가르친다. 검약이란 미래를 준비하는 것이지 미래를 계획하거나 예측하는 것은 아니다. 그래서 건축의 공간은 무심의 공간으로 만들고, 거주자를 유심의 공간으로 길들이는 것이다. 공간은 검약으로 자신을 준비시킨다.

검약은 자신을 성숙시키는 최고의 양념이다. 집 짓는 사람들이 나뭇가지 하나를 아끼는 것은 검약의 정신이 습관이 된 것이다. 이 검약의 정신을 가지고 짓는 집에 혼을 넣어준다.

청녕헌은 전면 7칸, 측면 4칸의 동헌이다. 동헌은 관찰사, 목사, 수령 등의 정청으로서 일반행정 업무와 재판 등이 행해지는 지방의 기관이었다. 중앙의 3칸은 마루로 대청이며, 오른쪽에 방이 3칸 있고, 좌측에 누마루방이 1칸으로 배치되어 있다.

청녕헌의 7칸은 희, 노, 애, 락, 애, 오, 욕을 의미하는 것 같다. 관원들이 국민과 함께하겠다는 각오를 다지기 위한 것으로 생각된다. 독일의 국회의사당 머릿돌에는 "독일 국민을 위하여"라는 글이 있다. 말보다는 행동의 표식으로 보여져서 참 좋았던 기억이 있다. 청녕헌은 웅장해 보이지만 검약하고, 장식이 단순하다.

직경 40센티미터의 원기둥 40개가 중심을 잡고, 두 겹의 처마와 추녀가 아름다운 곡선을 보여주고 있다. 세상을 각지게 다스리지 말고, 둥글게 융통성을 가지고, 다스리라고 하는 뜻 같다. 이익공의 새 두 마리가 같이 앉아 주심포를 만들며, 밖을 바라보고 있다.

후면의 1.8미터 폭의 3칸 마루에는 업무에 따른 자료가 들고 나고 했을 것 같고, 팔작지붕의 합각은 부드럽게 선을 내려서 측면 지붕 끝 선의 원형 곡선을 곱게 만든다. 국민들과 친근감을 가지려는 욕심이 보여서 좋다.

500년 된 느티나무가 자세도 바르게 서서 청녕헌을 지켜보고 있다. 워싱턴 DC의 링컨기념관의 링컨은 국회를 바라보고, 제프슨은 백악관을 바라보며, 잘하라고 하는 것 같은 생각이 든다. 기단은 선의 바름이 참 예쁘다. 어느 누구도 거짓으로 행동과 말을 못 하도록 하는 분위기를 주는 직선이 계단을 건너 이어진다.

3칸의 대청마루에는 옳은 호령이 울리는 것 같고, 기단의 원형 주추는 하늘 집 같은 느낌을 만들어 준다. 정직하고 검약하라는 일언을 더해주는 것 같다.

대량 상부에 낮은 동자주를 놓고, 종량을 받쳐주고, 있는 것을 보니 국민과 관원의 협력 관계가 중요하다는 것을 알 수 있다. 종량 상부 중앙에 제형대공은 모든 책임은 내가 진다고, 하며 굳건히 하중을 견디고 있는 모습이 헌을 책임지는 목사를 향해 나를 닮으라고, 하는 것처럼 보인다.

주산은 계명산으로 하고, 안산은 대림산으로 잡은 충주의 중앙에 자리 잡고, 한반도를 지켜낸 고난의 역사가 청녕헌으로 굳건히 표현되어 있다. 건축물은 자존과 인격과 꿈을 이어주는 식, 주, 의의 주체이며 검약의 상징이다.

새무얼 존슨은 "키케로와 마찬가지로 부와 안락한 삶의 원천이 근검한 생활에 있다. 검약은 분별의 딸이요, 절재의 자매이며, 자유의 어머니다"라고 말했는데 기본을 중요하게 생각하라는 것을 강조한 것 같다. 누구나 삶의 기본은 남의 것을 보는 것이다. 그리고 나서 자신을 보는 것이다. 노력과 검약은 진정성과 함께 꽃피는 것이다.

이국헌이라는 충주목사가 재임 시 청렴결백한 청백리로 애민하고 선정을 베풀었는데 6방 관속들의 가렴주구를 엄격히 통제하니 6방 관속이 죽였다는 설이 구전으로 전해온다고, 느티나무 밑에서 휴식하고 계시는 촌부가 전해준다. 욕심에서 비롯되는 욕망은 검약으로 다스려야 한다.

동헌의 구조가 단순하고, 공간이 열려 있는 것은 근무하는 사람의 심성을 가르치는 것이다. 헌은 대청이 많은 공간을 차지하는 열린 공간이다. 열린 공간은 욕심이 없어야 당당해진다. 동헌은 지방행정의 책임자가 있는 곳이기에 욕심이 없어야 하고, 넉넉한 인정과 온화한 인품이 있어야 하나, 동헌에는 추상같은 냉정함이 함께 있어야 한다.

동헌은 좋음과 나쁨의 이분법적 논리로 판결하지만 더 명확한 결정을 위해 시대적 정서도 잘 따랐을 것이다. 인간의 상대적 성격에 대한 논리는 예나 지금이나 결론이 없다.

스페인 속담에 "하늘도 좋고 땅도 좋다. 나쁜 것은 하늘과 땅 사이에 있는 것들이다"라는 것이 있다. 사람의 모순을 이야기하는 것일 것이다. 사람은 상대적인 성격을 소유하고 있다. 그래서 이분법밖에 모른다. 옳은 일을 하고, 긍정적인 역할을 하면 사람도 좋아질 수 있을까?

아보츠 포드에 있는 월터 스콧 경의 부엌에는 "낭비가 없으면 부족함도 없다"라는 글이 새겨져 있다고 한다. 설악산 봉정암 공양간 벽에도 "쌀 한 알 흘리면 부처님께서 삼천 번을 우신다"라는 글이 쓰여 있다. 검약을 통하여 농자의 수고와 감사를 알고, 국민의 고생을 알아야 한다.

이것이 동헌에 있는 천경(天經)이다. 관리자는 있어야 할 곳, 있어야 할 시간, 해야 할 일, 위임해야 할 일을 분명히 해야 한다. 는 것을 청녕헌에서 배운다. 동헌에는 자연의 순리에 따라 자신을 만드는 목민관이 건축물의 검약정신을 본받으며, 선과 악을 구분하고 있다.

3
부

유통의 공간

유통의 공간

독일 함부르크 항구의 슈파이셔슈타트(Speichrnstadt) 지구를 창고 도시라고 한다. 그곳의 창고 중에 붉은 벽돌로 지은 높이 30여 미터의 카이슈파이허 A(Kaispeicher A)라는 창고가 있다. 규모가 큰 창고이다. 이 창고 위에 엘프 필하모니 홀이 있다.

바슐라르의 물질적 상상력이 현실이 된 것 같은 느낌을 받는다. 창고는 1963년에 지어졌고, 엘프 필하모니(Elbphilharmonie) 홀은 2016년에 준공된 왕관 모양의 건축물이다. 마치 할아버지 어깨에 손자가 앉아 있는 것 같이 느껴진다. 격대교육의 모범이 될만한 현장이다. 할아버지와 손자의 화합에 대한 대화가 들려오는 것 같다.

엘프 필하모니 홀은 왕관을 쓰고 있는 아르고스같이 건축물 이곳저곳에 눈이 많이 붙어 있는 것같이 보인다. 세상을 많이 보고, 배우라는 울림의 뜻이 있는 창고의 상징 같다. 오래된 유통시설인 창고가 이제는 문화까지 유통시키고 있다.

창고가 문화를 만들었다. 할아버지의 살신성인의 정신을 손자가 배웠을 것이다. 신구의 조화가 범위를 잊게 한다. 엘프 필하모니를 받치고 있는 Kaispeicher A를 보면서 이 세상에서 가장 무거운 것과 가장 가벼운 것은 무엇인지 생각해 본다. 하펜시티는 다기능의 공간으로 변신하고 있다.

유통은 재화나 용역이 생산자로부터 소비자에게 도달하기까지 여러 단계에서 교환되고, 분배되는 활동이다. 또 공판장, 경매, 도매, 소매 등의 과정을 거쳐 우리 손으로 오는 여러 단계를 말하는 것이 유통이다.

유통은 경로를 가지는데 여기서 시간효용과 장소효용, 소유효용을 논하게 되며, 서로의 편리성을 생각하게 되어 길과 창고와 운송수단을 유통의 요소로 보게 된다. 운송수단은 과거에는 동물을 이용한 운송과, 배를 이용한 운송이 있었지만 지금은 철도, 자동차, 비행기, 배 등을 이용하는 운송수단이 시간효용을 보여주고 있다.

유통의 길은 육상과 해상, 공중길이 있다. 과거에는 물류의 양이 가장 많은 길이 비단길이었을 것이다. 비단길이란 말은 근세에 나온 말이다. 독일의 지리학자 리히트호펜(1833-1905)이 처음 사용하였다고 한다. 중국 각지를 1868-1872년까지 답사하고, 중국으로부터 서북 인도로 비단이 수출되는 것을 알고, 독일어로 '자이덴

슈트라센(seiden 비단과, strassen 길)이라고 명명하였다고 한다.

비단길이 처음 열린 것은 전한(BC206-AD25) 때다. 한무제는 중국 북방을 위협하고 있던 흉노를 제압하고, 서아시아 지역을 확보하기 위해 장건을 보내었다. 이를 계기로 중앙아시아와 서방각지와 무역을 하게 된 것이 비단길의 시작이었다.

비단길은 초원선, 오아시스로, 해로의 3대 간선과 마역로, 라마로, 불타로, 메소포타미아로, 호박로의 5대 지선으로 이루어졌다. 간선과 지선에는 문도 많았다. 문은 경계의 의미가 강했다. 문은 유통의 도착선이다. 문은 하나로 결합시키는 포레나(forena)이다.

길은 유통의 기본이다. 삶을 연결하는 생명선이 길이다. 길은 문화와 인간을 연결하고, 서로의 격을 높이며, 폭과 넓이를 알게 하는 신의 선물이다. 알렉산드로스, 칭기즈칸, 한무제 등이 제국을 만든 것도 길 때문이며, 황하문명, 인더스문명, 불교문명 등이 발생된 길이 비단길이었다.

비단길은 중국 중원에서 지중해 동안까지 6,400킬로미터의 길이었다. 길은 유통의 길도 있지만 통치의 길도 된다. 진시황제인 영정은 치도와 직도를 만들어 통치수단으로 활용했다.

우리도 삼국시대부터 조선 이후까지 동서와 남북의 유통길이 많았고, 산경표의 용어대로 일제의 잔재인 산맥보다는 대간과 정맥의 이름으로 유통길이 형성되었다. 길뿐만 아니고, 상거래 질서와 운영을 담당하는 관청인 신라의 동시전을 시작으로 각 시대별로 담당기관이 있었고, 신라의 서시전, 남시전, 동시전 같이 고려

시대에도 경시전을 두었다.

조선시대에도 관설 시전이 있었다. 800여 칸의 좌우 행랑과 육의전이다. 큰 상점을 전(廛), 중간을 방(房), 가가(假家, 가건물 밑에 차양을 친 자리)라고 하는 세 종류의 상점이 있었다. 보부상도 있었다. 유통은 사람들이 살면서부터 시작된 길에서 시작을 만들었다.

길에서 시작된 물류는 창고에서 보관되었다가 판매처로 흩어진다. 창고는 유통경로에 따라 생산지 창고, 집산지 창고, 소비지의 창고로 분류된다. 또한 경영 주체에 따라 자가창고, 영업창고, 조합창고, 공영창고로 나눠진다.

이러한 창고들은 우리가 먹고, 입고, 생활하는 것을 보관하는 역할의 비중이 제일 많다. 창고의 크고 작음이 그 집의 부와 관련이 있다. 창고의 위력은 인간들을 길들이는 것이다. 식, 주, 의의 욕망이 창고 속에 있기 때문이다.

창(倉)은 곡물을 보관하며, 고(庫)는 포백, 병기, 보물 등 물건을 보관하는 공간이다. 요즘은 같이 묶어 창고라고 한다. 먹는 것이 우선이기에 창이 앞에 온다. 그리고 크게 보면 위성이 존재하는 우주도 유통의 공간이다.

그래서 인간들은 욕심이 생겼고, 바쁨이 생겼다 우주라는 큰 창고를 채우려면 욕심이 많아야 하고 바빠야 한다. 유통을 하려면 바쁘고 부지런해야 한다, 사업을 business라 한다. busy에서 나온 말이다. 우리는 사업이라는 업(業)을 등에 지고, 밤낮없이 바쁘게 산다. 땅길, 바다길, 하늘길을 잘 아는 사람들이 유통가이며, 사업가들이다. 노강호(老江湖, 세상 물정에 밝은 사람)가 되는 것이다.

유통시설은 몸이 경험한 공간을 가지고 있어야 한다. 쌓고 내리는 습관의 경험이 몸에 기억될 수 있는 공간 설계가 필요하다. 기계를 사용해도 몸으로 움직여야 한다. 복도에서 움직여야 하고, 쌓는 끝점에서 멈추어야 한다. 작업의 순응성을 위해서 공간 구획이 되어야 한다.

유통시설의 건축물은 몸의 경험이 학습된 설계가 필요하다. 창은 적고, 문은 적당해야 한다. 공간이 넓고, 높이가 높아야 한다. 빛과 환기가 중요하고, 습기에도 주의하여야 한다. 유통시설 중 창고는 만능의 기술과 과학이 동원되는 철학이 있어야 시공이 가능한 건축물이다.

창고는 도량형 단위가 필요한 곳이다. 창(倉)과 고(庫)에는 무게 단위인 근(斤), 냥(兩), 치(錙), 수(銖)가 있고, 양의 단위에는 두(斗), 곡(斛), 승(升), 석(石)의 단위가 있으며, 길이의 단위에는 심(尋), 장(丈), 척(尺), 촌(寸)이 있다. 이러한 양수사들이 창고에는 필요하다.

길이의 단위로 3센티미터를 1촌이라 하고, 10촌을 1척이라 하며, 8척은 1심이라 하고, 10척은 1장이라 한다. 1냥은 37.5그램이며, 16냥을 1근이라 한다. 기장알 100개의 무게를 1수라 하고, 6수를 1치라 한다. 창고의 셈은 정확하고, 확실해야 한다.

그래서 셈을 하는 산 가지가 생겼고, 속으로 셈하는 암산, 정확하게 하는 정산이 있고, 확인하는 검산도 있으며, 주판도 생겼을 것이다. 잘못된 계산인 오산도 간혹 있었을 것이다. 지금은 전자화가 되었지만 간혹 옛 생활의 기억이 날 때가 있을 것이다. 이러한 도량형 단위는 도량을 기준으로 하는데 사물을 너그럽게 용납하여 처리할 수 있는 넓은 마음과 깊은 생각이 첫 번째 뜻이고, 그 다음이 재거나 되거나 하여 사물의 양을 헤아리는 것이다. 유통인과 창고는 첫 번째의 뜻인 도량의 격을 갖춰야 한다.

창고와 창고의 연결선이 도로가 되고, 가게와 가게의 연결선이 유통의 길이 되어 서로를 연결시킨다. 길의 연결에 따라 만남과 헤어짐의 시간이 결정되듯 유통의 금액도 결정된다.

길을 나타내는 말은 많다. 길의 규모에 따라 경(俓), 진(畛), 도(道), 로(路)가 있다. 경은 우마를 수용하고, 진은 대거(大車)를 받아주고, 도는 승거(乘車) 두 대를 수용하며, 로는 세대를 수용한다고, 주례에 주석되어 있다. 이러한 길에 따라 운송수단이 다르고, 유통되는 물류가 달랐을 것이다.

길은 인류문명 발전의 초석이며, 물자운송, 학문과 기술의 교류, 군사와 정보의 유통을 신속하게 만들었다. 길 때문에 물건을 보관하였다가 필요할 때 사용하는 창고의 효능이 좋아졌다. 보관하고 사용하는 물건과 곡식이 있는 곳이 창고이고, 전시되어 매매가 되는 곳이 점(店)이며, 운송되는 경계는 문(門)이다.

유통의 공간은 광범위하다. 인간 생활에 절대적으로 필요한 것이 유통공간이다. 유통공간의 거리에 따라 삶의 조건들이 달라진다. 편리와 불편이 만드는 삶의 조건들은 세월이 지날수록 더 까다로워질 것이다.

지금은 가정에 냉장고와 냉동고라는 음식 창고를 가지고 있다. 음식을 제외한 것을 보관할 창고도 많이 가지고 있다. 물류의 끝점인 가정에서 창고는 저장하는 공간이고, 점은 필요한 것을 매매하는 공간이다.

길에 의해서 지역이 연결되고, 개인도 연결된다. 길에 의해서 물류가 연결되어 유통되고, 유통된 물류는 개인의 집에서 저장되었다가 소비된다. 길은 소유의 공간인 창고를 길의 크기에 따라 규모를 조절한다. 큰길에는 큰 창고, 작은 길에는 작은 창고를 지었다.

존재는 생존의 욕구를 발현하는 것이다. 존재와 소유 때문에 경세재민의 큰 명제가 생겼다. 소유와 존재 때문에 길이 생긴 것이다.

길은 서양에서는 산스크리트어의 vahana와 라틴어 vehiculm에서 유래되었으며, 영어의 road는 라틴어 rad(말 타고 여행하다)에서, path는 padc(발로 다져진 길)에서 유래되었다. 그래서 길은 역사의 창고이며, 역사의 이음이다.

유통의 공간에서 자신을 다듬자. 많으면 그것의 소중함과 필요성을 모른다. 많은 것 속에 있으면 인간의 속성은 순수해진다. 아무리 많아도 욕심 앞에서는 굴복할 수밖에 없지만 그래도 많으면 욕심도 줄일 수 있는 것이다.

욕심을 줄이고, 흐름을 곧게 하고, 책임감을 강하게 하여 자신을 돌아보는 유통공간이 되었으면 한다. 그러면 모든 것에 감사하는 마음이 생길 것이다. 이것이 유통공간에서 이루어지는 물류를 통해 인간애를 퍼트리는 것이다.

《어우야담》 사회 편에 나오는 이야기다. "기름을 쌓아 두면 불이 나고, 고기를 쌓아 두면 상(喪)이 난다"라고 했다. 범려가 6년 만에 한 번씩 모은 재산을 흩뜨렸다. "6년 모은 것을 사람이 흩뜨리지 않으면 하늘이 일부러 흩뜨릴 것이다"라고 하였는데 하늘의 수고를 들어주는 것은 우리 스스로 좋은 일에 쓰는 것이다.

좋은 일에 쓰고, 욕심을 버리면 하늘은 6년마다 할 일을 하지 않게 되니 하늘은 우리에게 복을 줄 것이다. 6년마다 제 할 일을 해야 하는데 그럴 사람이 몇이나 될까? 유영경이 다락 창고에 매달아 둔 사슴고기 때문에 멸족의 화를 당했는데 스스로 창고를 열어 좋은 일을 하면 창고의 권위가 복이 되어 행복을 노래할 수 있을 것이다.

세상에서 가장 무거운 것은 판도라의 상자이고, 가장 가벼운 것은 사람의 마음인 것 같다. 마음을 보관할 창고의 크기는 얼마가 적당할까?

창고(倉庫)

정직과 선의 학습 장소

홍길주(1786-1841)의 《수여방필》 4부작을 정민 교수외 13인이 번역하여 옮겨 만든 책이 《19세기 조선 지식인의 생각창고》라는 책이다. 이 책에 홍현주의 '산장 10경'이란 말이 나온다.

수만금의 재물이 있어야 완성될 수 있는 계획이다. 죽림처, 양류장, 도화경, 행화촌, 이화원, 홍엽경, 파초소, 중향해, 우화당, 만송관을 짓는 것이다. 책 이름을 '생각창고'라고 한 것은 생각만 하는 창고라는 것으로 받아들이기 좋은 10경이다.

재물을 위한 창고, 정신을 위한 창고로 분류한다면 두 창고는 같이 채울 수 없는 공간이다. 재물과 정신은 같이 갈 수 없는 생각이 다른 창고이기 때문이다. 물질주의 삶이 우선되면 돈이 우선이지만, 정신적인 삶이 우선되면 돈은 하나의 수단이다. 물질과 정신을 구별하며, 사는 사람은 많지 않을 것이다. 인간이라면 둘 다 가지려고 할 것이다.

고(庫)는 곳집 고(庫) 자로 곳집, 곳간, 창고의 의미가 있다. 여기에는 정직이 같이해야 하는 공간이다. 정직하려면 청빈이 같이 있어야 한다. 창고는 정직이 없으면 지켜질 수 없고, 청빈이 없으면 욕심 때문에 창고는 빈 공간이 된다.

백거이는 자기 묘비 문을 스스로 썼는데 "밖으로는 유가의 몸가짐으로 몸을 닦고, 안으로는 불교로 욕심을 제거하였으며, 옆으로는 그림, 사서, 산, 물, 거문고, 술, 시 같은 것으로 뜻을 즐겁게 했다"라고 하였다.

고(庫)는 집 엄(广)과 수레 거(車)로 만들어진 글자다. 차(車)는 수레나 전차를 표현한 글자이다. 여기에 집 엄(广)이 붙어 곳집 고(庫)가 되어 수레를 보관하는 곳을 뜻한다. 수레가 들어갈 정도이니 고는 어느 정도의 규모가 있는 건축물이며, 물품을 보관할 수 있는 공간을 말한다.

곳집이란 곳간으로 쓰려고 지은 집이다. 차고, 창고, 빙고, 국고, 문고, 저장고, 격납고 등 우리의 생활에서 고(庫)와 관련되어 있는 단어가 가장 많은 것 같다. 인간의 욕심과 관련되기 때문이다.

고(庫)는 창(倉)과 같이 쓰는 경우가 많다. 그래서 우리는 고와 창이라고 하지 않고, 창고(倉庫)라고 한다. 관리하는 것이 방과 같이 중요하기에 고방(庫房)이라고도 한다.

곡간은 창(倉)으로 곡식을 보관하는 곳이다. 곳간(마룻바닥에 선반과 시렁이 있다)이라고도 하며, 가옥의 일부에 고를 만들거나, 독립된 건축물로 적당한 위치에 건립한 곳도 있다. 그래서 광, 곳간, 고방, 창고는 같은 의미로 쓰인다.

《설문해자》, 《서경》, 《예기》 등에서 나오는 말을 보면 "곡물을 보관하는 곳을 창(倉)이라 하고, 포백, 병기, 보물, 금, 은, 재화 등의 물건을 보관하는 곳을 고(庫)라고 하였다"고 한다.

고려 초기까지는 이와 같은 창과 고의 개념이 통용되었던 것으로 보인다고 《한국민족대백과사전》에 나온다. 고려 중기 이후에는 구별이 모호해져서 창(倉)에서도 물품을 보관했고, 고(庫)에서도 곡물을 보관했다고 한다.

창고의 기록에 관한 것은 삼국시대 때부터 있었다. 3세기 무렵의 고구려에는 집집마다 작은 창고로서 부경(桴京)이 있었고, 원나라 때 왕정이 지은 《농서》에도 경(京)이 나온다. 부경은 목재로 반듯한 공간을 만들었을 것이다.

백제에도 창고 관리를 했던 곡내부와 내, 외경부가 내관으로 설치되고 내두좌평이 관리를 했다. 신라에는 창고 관리를 하는 곳을 창부(倉部)라고 하였다. 여기에 품주를 배치하여 창고를 관리했다. 창고지기들은 글자에 익숙하고, 행정에 능통한 자들이었다. 청렴하고, 정직하며, 책임감도 강한 사람들이었다고 한다.

조선시대에도 백관에게 지급할 녹봉을 보관했던 광흥창, 국가의 국용재원을 보관한 풍저창, 군량미를 보관했던 군사창 등이 있었다. 상평창, 의창, 사창 등도 있었다. 그리고 목주 토벽, 목주 판벽을 가진 규모가 큰 관고가 있었다. 로마에서는 호레움이라는 공공창고를 운영하였는데 주로 곡물을 저장했다고 한다.

창과 고는 도시의 형성과 존재에 필요한 큰 요소이다. 남순북송(南順北松)이라는 말이 있다. 한강 이남에는 순흥, 한강 이북에는 송도라는 뜻이다. 순흥은 10리를 가도 비를 맞지 않고 갈 수 있다고 하는 큰 도시였다. 집의 처마가 이어져 있기 때문에 비를 맞지 않고, 10리를 갈 수 있다고 하였다.

순흥에는 순흥부가 있었다. 금성대군(문종의 동생이며, 단종의 숙부)이 단종 복위 운동을 벌이다 발각되어 형인 세조에게 살해되고, 세조 3년(1457) 6월에 세조는 순흥부를 없애버렸다. 고을만 없애서는 안 된다고 하며, 창고와 관사를 파괴하고, 허물어 버리라고 하였다고 한다.

창고가 없어지면 재화의 보관능력이 없어지기에 도시의 형성이 불가능했다. 그러나 하늘의 공간은 우주의 창고이기에 자연은 존재하는 것이다.

중국에서는 창름부고(倉廩府庫)라는 말이 있다. 곡물을 저장하는 건축물을 창이라 부르고, 쌀을 저장하는 건축물을 름이라 하며, 국가에서 문서자료를 보관하는 건축물을 부라 부르고, 황금, 비단, 재물, 무기를 보관하는 건축물을 고라고 불렀다고 한다.

이 네 가지 건축물에도 습도, 온도와 환기 등을 고려하여 건축해야 했을 것이다. 지상으로 얼마를 띄워야 하며, 환기는 어떻게 해야 하며, 충해는 어떻게 막아야 하는지 등의 방법을 건축적으로 찾았을 것이다. 창름부고도 창름은 양식을 저장하는 통칭이 되고, 부고는 국가에서 문건, 물자, 금, 비단을 보관하는 통칭이 되었다.

명, 청 시대의 가장 유명한 것은 '경사십삼창'과 호부삼고'였다. 이러한 창과 고를 지키는 사람은 정직하였을 것이다. 정직하지 않으면 맡기지도 않았을 것이다.

동민들의 정직성과 착한 공익성을 가지고 만든 동네의 약속인 부인동 공약이란 것이 있다. 창고의 의미를 가진 공약이다. 백불암 최흥원은 공을 앞세우고, 빈민을 구제한다는 선공고(先公庫)와 휼빈고(恤貧庫)를 두어 농민들의 생활을 안정시키려 노력하였다. 선공고에서는 토지세를 담당하고, 휼빈고에서는 토지 없는 농민에게 토지를 지급하는 것을 동약으로 하였다.

창고는 창과 고가 같이 뭉친 것이라 하였다. 창고는 재화를 안전하게 보관할 수 있을 정도로 튼튼해야 하며, 화재나 재해에 대한 고려를 하고, 방습, 방풍, 환기, 방화, 도난, 충해, 내열 등에 대비하여야 한다. 그래서 집 짓는 사람 중에 대목과 소목이 머리를 맞대고, 짓는 것이 창고이다.

곡식을 보관하는 창고는 지상에서 1자 정도로 땅을 돋우어 숯과 소금을 이용하여 지정을 만들고, 볏짚과 작은 돌을 이용하여 바닥을 편평히 하고 기둥을 세운다. 문은 판재를 끼우는 식으로 하는데 판재를 끼우는 기둥에 홈을 파고 판재 끝이 홈에 들어가게 한다.

가로 60-80센티미터, 세로 25센티미터 정도의 판재에 번호를 써서 순서대로 끼우는데 이어지는 부분의 작은 틈은 곡식의 숨구멍이 되기도 한다. 지붕은 환기공이 양사방에 있어 순환을 도운다. 벽은 판재를 사용하여 나무의 신축과 곡식의 숨소리를 조화시킨다. 곡식 외 다른 것을 보관하는 창고는 문은 두 짝으로 여닫이로 하고, 3면의 벽은 나무를 사용하거나 돌과 흙을 사용하였다. 요즘의 창고는 다양한 재료로 다양하게 짓고 있다.

창고를 짓는 나무는 여러 가지 나무가 사용되나 제일 많이 사용되는 나무는 소나무이다. 소나무는 관상이 좋고, 껍질은 내부를 보호할 때 골을 만들어 몸통의 온도를 조절한다. 그리고 소나무는 숭고하고, 단아한 기운을 가지고, 노래와 시와 문학의 소재가 제일 많이 된다.

고색창연한 집은 소나무로 지은 집이다. 송진과 솔 냄새는 모든 물건을 살린다고 한다. 침묵과 장중함이 집이 되어 기품을 뽐낸다. 창고가 되어 인간 생활에 필요한 우아한 아름다움과 힘 있는 기력을 지켜주고 보관해 주는 나무는 소나무이다. 그래서 창고를 짓거나 뒤주를 만들 때 소나무를 제일 많이 쓴다.

노자는 "말 없음이야 말로 자연이다"라고 하였다. 창고가 된 소나무는 말이 없다. 오로지 보관물을 지킬 뿐이다. 묵언의 건축물이 되어 사람들에게 보여주려고 서 있다.

경(京) 자는 기둥 위에 큰 건축물이 세워져 있는 글자다. 본래 의미는 높다, 크다는 뜻이다. 사람들이 많이 모여 사는 서울은 큰 건물이 예나 지금이나 많다. 그래서 경(京) 자는 도읍, 수도, 서울의 뜻이다. 수도를 나타내는 capital도 원래는 큰 건물 기둥을 나타내는 말이었다.

명수법에 의하면 경(京)은 큰 수이다. 부자가 되고 싶어 경으로 창고를 의미하고, 부자들이 사는 곳을 경성으로 하였나 보다. 경보다 큰 수는 많다. 해, 자, 양, 구, 간, 정, 재, 극, 항하사, 아승기, 나유타, 불가사의, 무량수 등이 있다. 만 단위로 올라가는 수이다.

창고의 택지는 운송의 편리성에 의해 결정된다. 적의 공격 침입에 대비할 수 있는 곳이 우선이다. 관의 창고는 강가나 바닷가 산속의 물가에 분산되어 배치되었다.

고구려 시대의 부경은 기둥을 세우고, 밑은 필로티 같이 띄우고, 그 위에 집을 짓고, 지붕을 설치하였다. 기둥(小) 위에 집(口)을 짓고 지붕(亠)을 설치하는 글자가 경(京) 자다. 경 자는 보기에도 창고로 보인다. 오르내림은 계단으로 하였다. 다락식 창고였다. 덕흥리 고분벽화에 나온다.

수도의 사람들이 굶으면 안 되기에 경(京) 자에 창고의 뜻을 부여한 것으로 보인다. 정약용이 자식들에게 서울에서 살아야 한다고, 한 이유가 굶지 않을 확률이 높기 때문이란 것을 알았기 때문일 것이다.

인류가 문명을 발전시키는 것은 잉여물품 때문이라고 한다. 잉여물품은 삶에 여유를 주기에 생각을 깊이 할 수 있을 것이다. 창고라는 시설이 있어 잉여물품이 보관되기 때문이며, 창고는 필요할 때 사용하게 해주는 삶의 지혜가 들어 있는 공간이다.

곳간에서 인심 난다(家給成市), 살림이 넉넉해야 예의도 나온다(禮義生於富足)라는 말이 있다. 나무는 뿌리를 깊게 내려야 튼튼하게 자랄 수 있듯이 삶은 내가 잘 살아야 된다는 말들이다. 내가 여유가 있어야 남도 보이며, 내가 우선 되어야 우리가 구성된다는 것을 강조하는 말들이다.

"세계를 움직이려는 사람은 우선 자기 자신부터 움직일 줄 알아야 한다"고 소크라테스는 말하였는데 이것이 자기 자신의 여유를 만들라고 하는 말이다. 전쟁도 이웃 간의 싸움도 식, 주, 의의 부족에서 오는 것이다. 위정자들은 국민의 식, 주, 의를 해결해 줘야 한다. 그러면 부즉다사(재물이 많으면 할 일도 많다)가 되고, 세답족백(베풂은 곧 자기에게 돌아온다)이 되며, 덕불고 필유린(덕이 있으면 결코 외롭지 않다)의 행복사회가 된다.

창고를 장악하는 자가 곧 최고 권력자가 된다. 왕은 창고를 효율적으로 관리하여야 나라를 유지할 수 있다. 흉년과 풍년을 잘 조절하여 창고를 통해 국민을 돌봐야 한다. 그러면 성군이 된다. 나라의 창고는 국민의 원망과 칭찬의 대상이 되어야 한다. 사농공상이란 순위로 말하지만 유학자(士)들도 보이지 않는 인격인 내심은 돈(商)을 최고로 생각하였을 것이다.

경복궁 사정전 월대에 앉아 사정문을 보면 사정문 좌우에 고(庫)가 있다. 가로 18센티미터 세로 47센티미터의 명패에 천자고, 지자고, 현자고, 황자고, 우자고라고 쓴 창고가 오른쪽에 있고, 주자고, 홍자고, 황자고, 일자고, 월자고라고 쓴 창고가 왼쪽에 있다.

임금도 자기 창고를 내탕고라 하여 자신 가까이에 두고 관리했다.

우자고와 주자고는 2칸 규모이다. 나머지는 3칸 규모로 전체 28칸의 창고를 가지고 있었다. 1고주 5량의 가구이다. 전후 평주에 익공을 설치했다. 익공의 형상은 초익공으로 하여 강하게 만들었다.

고를 잘 지키라는 의미같이 보인다. 양 문에 당초문양이 보인다. 내단은 연화두형으로 보아지 기능을 하게 한다. 삼분변작으로 지붕을 만들어 굴도리로 사용하였다. 문을 제외한 나머지 벽은 돌로 마감하여 도난과 화재에 대비하였다.

문의 크기는 64센티미터로 양판문이며, 128센티미터의 폭과 180센티미터의 높이로 두 사람이 같이 서서 일은 못 하고, 일인이 물품을 들고 날 수 있는 과학이 있다. 위에는 환기를 위해 살창이 있고 창고는 1칸 폭 380센티미터와 높이 약 420센티미터로 되어 있다. 3칸 규모의 창고가 24칸, 2칸 규모의 창고가 4칸이니 내탕고는 큰 편이다.

"돈은 지옥에서도 통한다"는 일본 속담이 있다. 돈의 신은 마몬이다. 현대는 모든 면을 마모니즘이 지배하고 있다. 돈이 있어야 권력도 있다는 것은 역사의 진리인가 보다. 임금의 권력은 돈이 만들어 내는 것이라는 것을 10개의 창고를 보며 생각해 본다. 28칸에서 만들어지는 돈이면 홍현주의 산장 10경이 생각이 아니고, 실제로 이행될 수 있을 것 같다.

창고는 역사의 이음이다. 돈이 중요한 것은 삶과 직결되기 때문이다. 돈을 모으려면 절약하고, 올바르게 모아야 한다. "절약은 신중의 딸이요, 절제의 여동생인 동시에 자유의 어머니라고 할 수 있다"고 하며 새뮤얼 존슨은 절약을 강조하였다

절약의 중요성은 시대를 초월하여 존재하는 것이다. 식, 주, 의는 인간 삶의 필수이기 때문에 전제군주들은 국민을 식, 주, 의로 통제하여 자신을 높인 것 같은 기분이 든다.

리카이 저우의 《공자는 가난하지 않았다》라는 책에 의하면 맹자는 연봉이 1백억이 넘었고, 포청천도 24억이 넘었으며, 공자도 가난하지 않았고, 이백은 묘비명 한편에 5천만 원의 고료를 받았다고 한다.

공짜는 없다는 것을 창고는 말한다. 노력이 정직이라는 것을 창고는 말한다. "창고의 말을 잘 듣는 사람은 군왕이 되고, 부자가 된다"고 《안씨가훈》에서 말하였다. 시대를 뛰어넘는 보편성을 가져야 하며, 가족이 겪어야 했던 삶의 체험인 공감을 시대와 공간을 뛰어넘는 생명력을 가지게 해야 한다고 덧붙인다.

창고(倉庫)에는 적정온도가 유지되고, 빛과 바람이 비치고, 흘러야 한다, 생명과 숨결이 있기 때문이다. 존재하는 씨앗은 숨을 쉰다. 노르웨이의 스발바르에는 세계 씨앗 창고가 있다. 우리나라도 경북 봉화군에 시드볼트를 가지고 있다. 씨앗은 미래를 위해 창고 속에서 생각과 생명을 이어가고 있다. 창고에 있어도 세상을 알고 있는 것이 생각의 창고다.

창고는 삶의 안내서이며, 정직의 훈을 가르친다. 우리도 자신의 마음속에 생각의 창고를 지어 자신의 경험과 지혜를 보관하여야 한다.

점(店)

책임과 신용을 가르치는 집

“대체로 일반 백성들은 상대방의 재산이 10배 많으면 몸을 낮추고, 백배 많으면 두려워하며, 천 배 많으면 그의 일을 하고, 만 배 많으면 그의 하인이 된다. 이것이 사물의 이치다”라고 사마천이 말하였다.

“정말로 역사를 움직이는 것은 정치나 전쟁이 아니다. 그것은 바로 돈과 경제이다. 돈을 잘 모으고, 적절히 분배할 줄 아는 사람만이 정치권력을 가지게 되며, 전쟁에서 이기는 사람은 어딘가에서 반드시 경제적 도움을 받는다”라고 오무라 오지로는 그의 책 《비정하고 매혹적인 쩐의 세계사》 프롤로그에서 말하였다. 이와 같이 돈은 중요하다.

경제는 경세제민(經世濟民)을 어원으로 한다. 경세제민은 세상을 경영하며, 국민을 잘살게 한다는 뜻이다. 경(經)은 지날 경, 목메다, 다스리다는 뜻의 경 자다. 실 사(糸) 변에 물줄기 경(巠)을 합친 글자다. 제는 건널 제(濟)다. 건너다, 돕다, 도움이 되다의 뜻을 가지고 있다. 경제는 도움이 되게 다스리는 물질의 범위를 말한다. 다스리는 사람들의 인간에 대한 책임을 말하는 것이다.

돈을 말하는 것은 점(店)을 말하기 위함이다. 점은 돈을 벌기 위한 집이다. 점은 한쪽 벽을 언덕이나 다른 집에 붙여 지은 형상이다. 가게 점(店)이라고 하는데 가게, 상점을 뜻하는 한자어이다. 점(店)은 자리를 잡는 일로 대청의 구석에 식기를 얻는 반침, 선반의 뜻이었으나 나중에 물건을 늘어놓고, 파는 가게의 뜻으로 사용되었다.

토기나 철기를 만드는 곳을 점이라고도 하며, 주막도 주점이라고 한다. 점이라는 지명도 많다. 장인들이 오랫동안 머물러 살았기 때문에 혈연성이 강하다. 그래서 점은 책임의 원산지다.

점은 화물을 쌓아놓는 시설을 뜻하기도 한다. 고대에는 객관을 저(邸)라고도 했는데 훗날 지방관이 서울에 보유하고, 있는 주택이 되었다. 이 저(邸)는 지방관들의 경쟁 때문에 크고, 화려하게 변했다고 한다. 또한 많은 상인들이 왕래하든 객사를 점(店)이라 고도 하였다.

점(店)은 포(鋪)와 붙여서 쓰는 경우가 많다. 포는 가게포, 펼보라고 하는데 쇠 금(金)과 클 보(甫)로 대장장이가 망치로 쇠를 넓게 펴다 라는 뜻을 가지고 있다. 이는 점이 크게 발전하라는 의미에서 포(鋪)를 붙여 썼다고 한다.

점은 백화점, 음식점, 상점, 매점, 제과점 등의 상업 시설이 많다. 중국에 가면 점이란 간판이 많이 보이고, 일본에서도 많이 보이는 상업 시설이 점(店)이다. 랑이 통로라면 점은 집이다. 통로까지 상품을 펼쳐놓고, 물건을 판매하고, 있으니 점포는 상인이 상업 활동을 영위하는 공간이다. 상점, 점포의 범위에는 대규모, 소규모의 상점이 포함되며 최근에는 무점포 판매도 증가하고 있다.

점의 어원은 점(店)을 보는 점집에는 사람들이 많이 모였기 때문에 그곳에서 상업이 출현했을 것이라 보는 이도 있다. 시렁, 선반 또는 차양을 뜻하던 것으로 행인이 앉아 쉬게 하던 평상 같은 것을 가리키든 가게에서 기원하였다고도 한다. 가게의 어원은 가가(假家)에서 나온 말로 제대로 지은 집이 아니라 임시로 지은 가건물을 가리키는 말이다.

집(广)에 물건이 공간을 차지하게(占) 진열하여 놓고, 판매를 할 수 있게 만든 공간이 가게이다. 점은 이웃과의 벽이 따로 없이 상대의 벽을 이용하여 이어 붙인 임시로 지은 집 같은 느낌이 들게 한다.

집 짓는 사람들이 가장 중요시하는 것은 집중이다. 특히 과정과 사용자의 개성에 집중한다. 그리고 재미를 찾게 한다. 나 때문에 사용자가 웃으면서 '고맙습니다' 할 때 모든 어려움을 잊을 수 있는 천사가 되는 것이 집 짓는 사람들이다.

집을 짓는 사람들과 가장 잘 통하는 것이 점(店)이다. 점을 지을 때의 집 짓는 사람들의 마음은 이 점(店)에서 영업을 하는 경영자의 마음이 나와 같다는 것을 상상하고, 예측하며, 재미와 즐거움과 여유를 가지자고, 하는 사용자를 생각하면서 기둥을 세우고 보를 건다.

기둥을 세우고, 보를 걸고, 벽을 만들면서 점(店)에 신용과 책임감을 심어 주는 사람이 집 짓는 사람이다. 책임은 맡아서 행해야 할 의무와 임무다. responsibilty는 라틴어 respondere에서 유래한다. '응답하다'라는 의미이다. 응답에는 능력이 필요하다.

책임은 능력의 발현이다. "책임을 없애는 유일한 방법은 책임을 이행하는 것이다"라는 말이 있다. 책임은 행동이 꽃을 피우는 것이다. 요즘은 맹자가 한 말이 필요한 때이다. "말이 쉬운 것은 결국은 그 말에 대한 책임을 생각하지 않기 때문이다"라는 말이다. 책임은 절대 소홀히 하면 안 되는 최고의 황금률이다. 그래서 점(店)은 책임을 가르쳐 주는 집이다.

점의 규모는 시장에 따라 다르다. 시전 상인의 행랑 건축물, 즉 점포는 대개 2층의 목조 기와집으로 축조되어 1층은 점포로 하고, 2층은 창고로 이용되었다. 규모는 장터의 크기에 비례한다. 육의전의 경우는 행랑의 규모가 1840년 화재 때 저포전의 소실 건축물이 133칸, 진사전이 50칸, 상전이 120칸, 입전은 본청만 50칸에 이르렀다는 기록으로 보아 적어도 100칸 내, 외였을 것이며, 작은 규모의 시전도 20-30칸 정도였던 것으로 추정한다고, 공평도시 유적 전시관에서 보았다.

신용과 책임의 중국상인, 정직과 사랑의 유대상인, 협상과 이해의 아랍상인의 규모에는 못 미치지만 우리의 시장 문화도 그에 못지않은 경영의 도가 있었다. 상업은 상품을 사고파는 행위로 이를 통하여 이익을 얻는 일이며, 상술은 장사하는 재주나 꾀이며, 상도는 상도덕이며, 상인으로서 지켜야 할 도리이다. 모두 책임을 우선시하는 말이다.

집 짓는 사람들은 상업, 상술, 상도에 따라 지어져야 할 평면 구조를 잘 알기에 전면을 1-2칸으로 하고, 속은 길게 마치 바실리카 형식의 건축물을 만들어 심리전에서 서로 유리하게 하는 구조를 만든다.

우리는 재래시장이란 곳을 좋아한다. 재래란 옛날에 생겨 지금까지 이어져 오고 있는 것이다. 시(市)란 "도시 한쪽에 정연하게 정비된 상업구역을 말하고, 행상이 몰려들어 교역하고, 물러가는 곳을 장이라 한다"고 전우용이 쓴 《서울은 깊다》에 쓰여 있다.

재래시장은 역사와 가게(店)와 행상과 소비자들이 만나는 곳이다. 시장에는 대조(contrast)와 도전과 산만함의 질서가 존재한다. 삶이 있다. 꿈과 열정이 있다, 그리고 긍정의 힘이 있다. 점에서는 문화가 교환된다. 시(市)는 도시의 핵심 구성요소다.

도시가 출현한 이래 시에는 여러 종류의 장이 들어섰는데 물건을 팔기만 하는 곳을 전(廛), 생산과 판매를 겸하는 곳을 점(店), 용역을 제공하는 곳을 포(鋪)로 나누어 불렀다고, 하는 것을 들었다. 집 짓는 사람들은 전, 점, 포에 따라 공간구성을 별도로 하여 건축하였다.

점은 바실리카 형식이 대다수다. 이는 정면의 칸이 좁기 때문에 소비자들이 집중을 한다는 것을 알고 있는 상인들의 심리에 의한 것이다. 점의 정면 구성에 요구되는 다섯 가지 요소, 즉 주의(attention), 흥미(interest), 욕구(desire), 기억(memory), 행동(action)을 보여주기 위한 것이다.

점의 문은 열려 있다. 이는 손님을 맞이하는 눈인사이다. 문지방이 없는 것은 편안함을 주는 것이고, 잘 진열된 상품은 기쁨에 의한 선택의 요구를 요청하는 것이고, 통로는 서로의 스침의 미를 보호하기 위해 적정 넓이를 가지고 있다. 집 짓기는 심리에 의한 구조물을 형성하는 것이다. 점의 건축은 전시와 천장의 비밀 공간화, 바닥의 시각화도 중요함을 집 짓는 사람들은 알고 있다.

점은 재화를 형성하는 공간으로 중요한 의미가 있기에 지명에도 점은 많이 쓰고 있다. 점말이란 지명이 특히 많다. 가게를 뜻하는 점과 마을을 결합한 말이다. 또 목로주점이란 곳도 있다. 나무 목(木)과 주막 로(爐)를 써서 나무로 지은 주막이란 뜻이다. 술집에 놓였던 상을 목로라고 했다고도 한다. 여기에 술 주(酒)와 가게 점(店)이 붙어 목로주점이 되었다.

장바닥에 물건을 늘어놓고, 파는 좌고들도 많지만 건축물을 지어 내부를 1칸, 2칸으로 분할해 놓고, 그 안에 앉아 물건을 파는 사람들이 더 많았다. 이것이 점이다. 이러한 점포들이 모여서 거대한 점을 만든다. 백화점도 작은 점의 집합이다. 점이 결합되어

고층 건축물이 된다. 점은 공간구성이 허투루 된 곳이 하나도 없다. 공간을 최대한 이용하면서 실용성을 보여준다.

춘추전국시대에 분류된 사농공상(士農工商)은 정신 노동자가 치자(治者)가 되고, 육체 노동자가 피치자가 되는 유교 중심의 직업 기준으로 사(士)가 가장 상위에 선다. 그다음이 먹고 살아야 되니 농(農)이 되고, 기구 생산자인 공(工)이 그다음이며, 농과 공을 가지고 거래를 하여 이익을 추구한다고 하여 상(商)을 제일 말업이라고 하였다. 그러나 요즘은 상공농사가 되어가고 있다.

점을 가진 사람들은 책임을 제일 중요시하면서 그들 나름의 자존심을 간판으로 지키고 있다. 일본인들의 노렌에 대한 생각은 신용과 품질과 책임을 다한다는 것으로 자긍심이 대단하다.

사(士)는 건축물의 벽을 한 면만 이용한다. 병풍이나 좌우명 하나 걸려 있다. 농자는 벽 2면을 이용한다. 한 면은 농기구를 걸어 놓고, 다른 면에는 등잔불을 놓고 밤에도 일을 한다. 공(工)은 3면을 이용한다. 기구가 많기 때문이다. 상은 4면을 이용한다. 물질과 심리와 다중의 기억 때문이다.

점안에는 포대화상의 웃음이 많이 걸려있다. 배를 불룩이 내밀고, 어린아이의 순진한 웃음을 가지고 있다. 아침에 일어나서 웃고, 저녁에 잠자리에 들면서 웃는 사람들이 점을 경영하는 사람들이다. 긍정과 여유, 오늘 아니면 내일을 생각하는 전문가들이다.

점의 웃음은 아기들의 웃음같이 순수하고, 순진무구하다. 점의 주인들은 정도와 한도를 안다. 그래서 '덕분에'라고 인사한다. 점의 웃음은 간사한 미소가 아니고, 웃음의 꽃이다. 삶의 정의를 알려주는 웃음이다.

일본의 하네다 공항에 있는 에도코지가 부러웠다. 우리도 전통을 중시하지만 점(店)의 중요성을 확대하였으면 한다.

판문점

70년이 되어가는 사진을 컴퓨터를 통해 보고 있다. 오래된 초가가 4채 있고, 유엔군 막사인 텐트 2동과 북한군 막사인 임시 건물 3채가 있는 사진이다. 6.25 전쟁 휴전회담을 하는 장소의 사진인데 장소는 널문리, 곧 판문점이다.

"작은 집과 작은 방은 정신을 강하게 만들지만, 큰 집과 큰 방은 정신을 약하게 만든다"고 레오나르도 다빈치는 말하였다. 그래서 우리의 선조들은 적당한 크기를 좋아했다. 적당함이 삶의 뚜렷한 철학을 만들고 강한 정신력을 세워주었다. 판문점에 있는 집은 크지가 않다.

판문(널문)은 나무판자로 만든 문이다. 사진에 있는 집은 이러한 판문이 붙어 있는 초가 4채다. 이 중에 1채가 주막이라고, 하는데 막으로 된 집은 아니고, 초가에서 가게를 운영하는 집인 점이다. 모두 정신을 강하게 만드는 작은 집과 작은 방으로 되어 있는 집이다. 콩밭 가에 지어진 작은 집으로 강인한 정신력으로 생존하다 정전 협상의 장이 된 판문점이다.

오가는 나그네들이 목을 축이며 잠시 쉬어 가는 주점이었다. 판문(널문)과 점(店)이 합쳐 판문점이 되었다고 한다. 그러나 400년 전의 예언가 격암 남사고(1509-1571)가 남긴 《격암유록》에 그 이름이 이미 나와 있었다고 한다. 이 유록 40장에 〈삼팔가〉라는 제목이 나오는데 내용은 다음과 같다고 한다.

"십선반팔삼팔(十線反八三八)이요, 양호역시삼팔(兩戶亦是三八)이며, 무주주점삼팔(無酒酒店三八)이니, 삼자각팔삼팔(三字各八三八)이라"는 것이다. 십(十) 자에 반(反) 자와 팔(八) 자를 합하니 널빤지 판(板) 자가 되고, 호(戶) 자 둘을(兩) 합하니 문 문(門) 자가 되며, 주점(酒店)에서 주 자를 떼어내니(無) 가게 점(店) 자가 되어 판문점(板門店)이 되니 신기하다. 또한 세 글자 모두 8획이니 38선(線)에 판문점이 생긴다는 예언이니 《격암유록》을 믿고 싶다.

또한 《연원직지(1833)》와 《장단읍지(1842)》에도 나오고, 일제 강점기 때 만든 지도에도 표기되어 있어 판문점이란 지명은 정전협정 이전에도 썼던 지명이다. 지금은 콘크리트로 만들어 도끼만행 사건 이후에 봉쇄되어 있는 돌아오지 않는 다리가 옛날에는 나무로 놓여져 있었는데 이 다리가 판문교였다고 한다.

초가 4채가 있는 널문리 주점은 조선의 1번 대로인 의주로의 개성과 장난의 중간에 위치하여 여행자나 상인들이 쉬어 가던 곳이었다. 임진왜란 때 의주로 몽진가든 선조가 점심을 먹었던 곳이라고도 한다.

판문평이라고도 한다. 이는 넓은 들판이기 때문에 군사들이 집결하는 주둔지이기도 했다고 한다. 태종의 생모인 신의왕후 한 씨의 묘인 제릉이 개성에 있어서 왕들이 오가기도 하였는데 이때 지금의 텐트인 대주정(大晝停)을 치고 쉬어가기도 하였다고 한다.

색 바랜 초가 3칸 집과 4칸 집인 ㄱ 자 집 3채가 있다. 이 중에 마당이 넓어 보이는 초가 1채가 보이는데 이 집이 주점을 겸한 가게인 것 같다. 이 주점에도 간판이 있었을 것이다. 아마도 판문점이 아니었을까 생각해 본다. 점(店)은 책임을 다하여 객들에게 정성을 다하였을 것이다.

초가 4채는 길옆에 있으며, 울타리도 없고 정식으로 조성된 마당도 없다. 비가 내리는 날의 초가지붕은 쇼팽의 피아노 소품인 〈빗방울〉이 연주되는 날이다. 이때는 객들도 그리운 것이 많았을 것이다. 일면 차분한 여유도 즐겼을 것이다.

쉼의 공간은 울타리로 인한 좁혀진 공간이 아닌 주변의 넓은 전답이 모두 쉼의 공간으로 사용되었을 것이다. 여기저기를 쉼터로 보고, 막걸리를 즐기는 점의 공간이 되었을 것이다. 초가 4채 중 1채는 분명히 주점 겸 가게였을 것으로 본다. 물론 2채일 수도 있다.

초가는 겹집으로 지어 줄입분이 널분(판분)으로 되어 있고, 방문이 따로 있었는지 또는 부엌문만 판문이었는지 모르나 사진상으로 봤을 때 겹집은 아니다. 그렇다면 장단의 넓은 들판 가운데 있기에 강한 바람으로부터 보호받기 위해 모든 문을 널문(판문)으로 하였을 수도 있을 것이라 생각해 본다.

초가의 변함은 사방에서 모여드는 객들로 인해 서서히 변해야 하는데 판문점의 변함은 정전협정으로 갑자기 변했다. 판문점은 6.25 정전협정으로 인해 갑자기 많이 변했다. 미국과 소련에 의해 38도선이 생겼고, 6.25로 인해 휴전선이 생겼다.

지금은 하늘색 건축물 3채와 회색빛 건축물 4채가 남북을 경계 짓는 높이 5센티미터, 폭 50센티미터의 구조물(군사 분계선)을 중심에 두고 남북으로 임시 건축물 7채가 있다. 이 임시 건축물을 T1, T2, T3 등으로 명명한다. T는 Temporary로 임시를 뜻하는데 70년이 되어도 임시라는 단어를 버리지 못하고 있다.

처음 널문리에 있던 초가 4채는 사단이다. 측은지심, 수오지심, 사양지심, 시비지심이다. 임시 건축물 7채는 삶의 칠정으로 보인다. 희, 노, 애, 락, 애, 오, 욕의 감정이 모여서 완성체를 만들려고 서 있는 것같이 보인다.

임시 건축물 외부 통로에는 남쪽은 자갈이 깔려 있고, 북쪽은 모래가 깔려 있다. 나는 자갈과 모래를 보면 단단한 콘크리트 생각이 난다. 자갈은 소리를 남기고, 모래는 흔적을 남긴다. 판문점의 소리와 흔적은 경계와 분쟁을 말한다.

여기에 시멘트만 있으면 소리와 흔적이 없는 영구적인 콘크리트 건축물을 지을 수 있다. 시멘트는 유엔에서 담당해야 하나? 우리가 부담해야 하나? 우리는 나를 여유롭게 만들어야 생기는 말이다. 남과 북이 모두 여유로워질 때 우리가 되어 소리와 흔적을 느끼지 않는 관계가 될 것이다.

판문점의 점(店)은 미래를 알려주는 책임을 가지고 있는 집인 것 같다. 콘크리트같이 단단히 응결할 수 있도록 준비기간을 길게 가질 것을 말하고 있는 것 같다. 자갈과 모래는 준비되어 있으니 시멘트만 준비되면, 소리와 흔적이 생기지 않는 제3의 공간으로 만들어 평화의 터를 다질 것이라고, 오늘도 판문점은 예측을 하고 있는 것 같다.

비빔밥은 비벼서 맛을 내듯이 콘크리트도 비벼야 한다. 빠른 시일 내에 맛있게 비벼서 평화라는 새로운 메뉴를 내놓을 것이다. 판문점은 많은 역사적 사실을 가지고 있다. 서울에서 의주까지 가는 큰길을 중국으로 가는 길이라 하여 사대로라고 하였다고 한다. 외국인들은 패킹로드(packing road)라고 한다고 한다. 많은 물자가 오고 갈 것을 예언하고 있는 것 같다.

그리고 보현원과 저수지가 판문점 주변에 있다고 한다. 고려 의종 때 무인들이 문인들을 보현원에서 죽여서 저수지에 수장시키고, 정중부, 이의방, 이고 등이 무인 시대를 열었던 곳이다. 저수지 이름은 조정을 수장시켰다고 하여 '조정침'이라고 하였다고 한다.

또한 청교역이라는 이별과 만남의 역참이 있었는데 이는 상인들이 떠나거나 돌아올 때 가족들과 만나는 곳이었다고 한다. 고려 때 문충공 이제현의 효도와 오관산 이야기가 있는 곳도 판문점과 그 주변이다.

"산 자에게 유일무이한 보물은 누구의 지배도 받지 않고 아무도 지배하지 않는 것이다. 그것이야말로 진정한 자유이고, 진정한 자립이며 진정한 젊음이다"라는 말이 마루야마 겐지가 쓴《나는 길들지 않는다》라는 책에 나온다.

판문점에서 느끼는 것은 지배와 자유가 무엇인지이다. 점은 책임을 다하는 건축물이라고, 나는 생각하는데 판문점의 책임은 무엇인가? 지배와 자유라는 말이 같이 비벼져서 가장 어려운 말인 평화가 가장 쉬운 말이 되었으면 하고 기대해 본다.

지금 있는 임시 건축물이 없어지고 나면 로마에 있는 판테온 신전과 우리 것인 환구단이 혼합된 로톤다(rotunda, rotunde)를 지어서 천장에 천사들이 미소 짓는 그림을 그려 놓고, 그들의 부드러운 포용력이 세계로 퍼져 나가도록 하였으면 좋겠다. 로톤다는 모서리가 없다. 시작과 끝이 없이 계속 이어진다. 우주의 질서는 둥글기에 유지되듯 원형의 희망이 필요한 지금이다.

판문점은 미래의 도시가 되어 과거를 기념하는 터가 분명히 될 것이다. 점(店)은 예언과 예측을 책임지는(占) 집(广)이기 때문이다.

문(門)

사랑을 지키는 문의 신 야누스

하늘이 처음 열려 세상을 만들었을 때 우리에게도 가르침의 경전이 있었는데 《천부경》, 《삼일신고》, 《참전계경》이다. 순수한 우리의 경전이라고 한다. 이 중에 《참전계경》은 제6 강령이 복(福)에 관한 사항이다. 이 강령은 큰 문항을 문(門)이라 하고, 작은 문항을 호(戶)로 구성하였다.

사랑과 복은 문을 통해 들어온다는 뜻일 것이라 생각하니 선조들의 깊은 뜻을 알 것 같다. 각 강령의 큰 문항과 작은 문항의 제목이 모두 다르다. 《참전계경》의 성스러움을 느낀다.

사랑과 복은 큰문으로 들어와서 각각의 호로 들어가서 빛을 뿌려주는 기쁨들이다. 문의 중요성을 《참전계경》에서 읽어본다. 《참전계경》은 8강령에 366사로 구성되어 있다. 문(門)과 호(戶)를 조합한 정말 좋은 교육서다.

문(門)은 하나의 공간을 만드는 경계이고, 그 공간에 출입하는 통로이다. 방(房)과 실(室)을 만드는데도 창과 문이 필요하다. 방문은 방의 안과 밖을 경계 짓는 것이다. 집에서 가장 중요한 것은 문이다. 문이 있어야 집의 기능이 갖추어지는 것이다.

마을 경계를 말하는 문이 이문(里門)이고, 도시의 경계를 말하는 것을 성문(城門)이라 한다. 히브리어에 샤아르(shaar)라는 말이 있다. '생각과 함께 성문'이라는 뜻을 가지고 있다. 또 고대의 이스라엘 사회에서 성문이란 야만과 문명, 혼돈과 질서를 구분하는 대문이었다고 배철현 교수의 《심연》에서 읽었다. 문은 우리의 삶에 숨은 뜻을 많이 준다.

담장에서 개구부는 문짝이 있던, 없던 문이란 명사로 말한다. 석문, 독립문, 일주문 등이 그렇다. 《강희자전》에서는 문을 "어떤 구역에 사람이 출입하기 위한 것"으로 말하고 있다. 집 또는 방에 출입하기 위한 것을 지게문이라고 하였다.

문은 지게문이 두 짝 붙은 형상을 가진 상형문자다. 출입을 위한 것을 문이라고 하고, 채광이나 환기를 목적으로 한 것을 창이라 한다. 아언각비에는 "창은 좁고 작게 만들어 다만 햇빛을 받아들일 만하게 하고 사람이 드나들 수 없었으니 옛날의 창은 지금의 것과 같이 크지 않았다"라고 하였다.

조그만 창이 치안이 좋아지고, 사람의 키가 커지면서 창도 커진 것 같다. 이만영의 《재물보》에 보면 "문(門)은 출입하기 위한 것이고, 호(戶)는 한 짝이며, 두 짝이면 문(門), 창은 선축물의 눈, 그리고 외호는 대문"이라고 분류하고 있다.

또한 문은 위도에 따라 다르다. 남쪽과 북쪽이 다르다. 우리나라도 북쪽으로 갈수록 문살의 개수가 적은 정자문살이 많고, 남쪽으로 갈수록 문살이 많은 주자살이 많다. 문살과 창호지는 빛의 사랑과 빛의 양을 조절하기 위한 지혜다. 이와 같이 문에는 지혜와 사랑이 있다.

그리고 서양집의 도어는 아무나 열 수가 없다. 이런 문은 외부로부터 내부를 완벽히 차단하지만, 우리의 장지문은 심리적으로 가릴 뿐 자연과 함께하는 문으로 자연의 소리가 우리의 긴장을 풀어주는 역할까지 같이한다. 같은 부류의 사람들이 같은 문을 사용하며, 드나들었다 하여 동문, 문벌이라고도 하는 문이니 문의 역할은 인간애 이상이라고 볼 수 있다.

문은 나와 남을 구분시키고, 드나듦의 기준점이 되어 나의 방향을 잡아준다. 또한 내가 문을 나서면, 나에게 격을 지키라고 말한다. 나는 문과의 인연을 중히 여기며, 문의 관성을 따른다.

문은 두 짝을 말하지만 요즘은 외짝 문인 호(戶)도 같이 문으로 부른다. 문은 크든 작든 드나들 때 장애가 되지 않으면 되지만 그 집의 상징이라는 대문은 크게 만들어야 좋은 것은 아니지만, 너무 겸손해도 좋지 않다고 본다. 요즘 아파트 단지의 정문은 너무 크게 하여 아름답다기보다는 위압감을 느낀다.

대문은 안과 밖을 구분하는 것이라고 한다. 그러나 세상은 안과 밖이 없다. 문은 세상으로 나가고, 들어가는 것이 아니다. 그냥 왕래하는 기준일뿐이다. 나가는 것과 들어오는 것은 같은 말이다. 세상을 넓게 보느냐, 좁게 보느냐의 차이일 뿐이다. 그래서 문은 세상을 사랑으로 가르친다. 조지훈의 〈석문〉이란 시에서 사랑과 문의 관계를 알 수 있다.

문을 보고 있으면 부부지간으로 보인다. 특히 문의 크기가 다를 때 더 그렇게 보인다. 개심사의 종무소 문이 그렇고, 송광사의 침계루 고방문은 크기가 다르다. 문지방과 주춧돌 때문에 짝짝이가 된 문을 달아놨다. 이 문에서 부부간의 조화와 협동과 양보와 이해를 배운다.

서로 다르나 의지하고, 배려하며, 맞추어 서 있는 모습이 꼭 어머니와 아버지 같아서 보기 좋다. 부부간의 훈은 사랑이다. 그래서 문(門)만 보면 사랑이 생각난다. 그런데 지금의 공동주택의 방은 호(戶, 외짝문)가 많다. 그래서 요즘 개인적인 생각만 하는 사람들이 많아졌나 하고 생각도 해봤다.

문의 손잡이는 양쪽에 다 있는데 우리 건축물에 보면 동물 문양이 많다. 문은 앞면과 뒷면의 모양이 같다. 그래서인지 문의 신은 야누스다. 야누스는 로마신화에만 있는 문의 수호신이다. 얼굴이 앞, 뒤에 있으니 일반 도어(door)의 모양이 앞, 뒤가 같아서인지 야누스 얼굴에 빗대어 문의 수호신이 된 것 같다.

또 문의 빗장은 거북이 빗장이 많다. 거북이가 장수하기 때문인 것 같다. 거북이는 1분에 숨을 2-3회 쉬기에 수명이 250-300년이라고 한다. 생에 대한 욕심이 문에 있구나 생각하면서도 불갑사 향로전의 문과 문을 잡고 있는 거북이가 부러운 것은 무엇 때문일까? 그리고 문턱은 예를 가르친다. 고개를 숙이며 겸손을 보이라고 한다.

입학, 취업, 승진 등 개인들과 가정의 좋은 일에 대한 이야기도 있다. 한턱낸다고 하는 것이다. 문턱의 높낮이 때문에 생긴 말이며, 턱을 내라고, 주변에서 기쁨을 축하해 주는 것이다. 예절의 어려움을 강조하는 것 같다.

삼문을 보면 내 몸이 삼등분된다. 가운데 문으로 내 영혼이 들어가고, 좌측 문으로는 내 정신이 들어가고, 오른쪽 문으로는 내 육신이 들어간다. 문을 들어가서는 다시 하나가 된다. 이는 나를 돌아보고, 나를 찾아보고, 나를 생각해 보라는 뜻으로 삼문을 만들었을 것이다.

궁궐은 이런 과정을 세 번 거쳐서 들어가야 하는 곳이다. 삼문이 세 곳에 있기 때문이다. 내 혼은 왕이고, 내 정신은 무관같이 용감하며 튼튼하고, 내 육신은 문관같이 뜻이 확고해야 한다고, 하며 궁궐에 갈 때 나는 꼭 되짚어 본다.

나는 건축에서 문(門)은 사단칠정의 출생지라고 한다. 인간의 모든 감정은 문이 만든다. 문을 경계로 감정이 만들어지기 때문이다. 소속된 공간에 들어갈 때 문(門) 앞에서 자신의 감정을 현장 분위기에 따르게 만든다. 그래서 나는 문(門)이 사단칠정을 만든다고 생각한다.

문은 종류가 많다. 일주문은 사찰의 입구에 세우는데 사찰의 구역을 뜻하는 의미를 가지고 있다. 기둥 2개를 세우고, 그 위에 창방과 평방을 대고, 그 위에 공포를 조성하여 올리고, 서까래를 걸고, 부연을 만들어 올리는 것이 보통이다. 문짝은 없다. 지붕은 맞배지붕이 많다.

홍살문은 기둥 2개를 세우고, 끝부분에 화살 문양과 중앙에 태극문양을 넣어 붉은색을 칠한 문으로 사당이나 능묘, 서원에 서 있다. 신성한 영역을 상징하는 문으로 문짝은 없다. 문짝이 없다는 것은 마음이 내킬 때는 언제든지 오라는 뜻일 것이다. 일각문은 기둥을 2개만 두어 간단한 출입문으로 사용하거나 궁전이나 양반집에서 협문으로 사용하는 작은 문이다.

사주문은 기둥 4개를 세워 만든 문이고, 평삼문은 솟을대문 형식의 솟을삼문(3칸 문)이라 한다. 3칸 문은 정면 3칸의 궁궐문이 많고, 5칸 문도 창덕궁의 돈화문 등이 있으며, 중층문은 성곽에 1층과 2층에 문을 만드는 것을 말한다. 정려문은 충신, 효자 효녀, 열녀에게 내려진 문이다.

주택에도 문이 많이 있다. 집주인의 계층에 따라 여러 가지의 문이 나타나며 대문에 있어서는 소농계층은 울타리만 있는 집도 많았다. 이때 문은 사립문이 멋을 낸다.

제주도는 정랑이라 하여 양쪽에 정랑을 세우고. 구멍을 뚫어 정랑목을 걸어 둠으로써 대문 역할도 하였다. 솟을대문은 권세와 부의 상징과 과시적 표현을 나타내는 것이었다.

미서기와 여닫이분은 방문의 종류이다. 자연과 집을 일체화시키는 장지문, 분합문 등 다양한 문이 있다. 대문에는 아이가 태어나면 금줄을 걸어서 행복과 건강은 들어오게 하고, 불행은 들어오지 못하게 하였으며, 입춘대길, 개문 만복래 등을 써서 붙였다.

방문의 문살은 규칙과 질서를 알게 한다. 문살만 보아도 주인의 성격을 알 수 있다. 매화무늬, 오얏무늬가 있고, 오일러의 다면체 공식인 F-E+V=2가 문짝의 문살에서 나온 것 같다. 문살에서 면의 수, 모서리 수, 꼭짓점 수를 다양하게 볼 수 있기 때문이다. 또한 다각형의 면과 모서리, 꼭짓점의 차원 관계가 오일러를 움직였을 것 같은 생각이 든다.

문의 역사는 인류가 건축을 하기 전 구석기 시대에 동굴이나 천막생활을 하면서부터 있었던 것으로 추정되지만, 이때는 출입을 위한 개구부 역할뿐이었을 것이다. 메소포타미아와 고대에 주로 사용했던 문은 동물가죽이나 풀로 만들었을 것이다. 역사의 흐름에 따라 문도 많이 변했을 것이다.

궁의 문에는 화(化)가 붙어 있다. 사람이 바로 서고(人) 거꾸로 서(匕) 있는 글자가 변화를 말하는 것이다. 이 문들이 변하고 변하여 자동문까지 만들어 내었으니 '화(化)' 자의 의미는 대단한 것이다.

판테온 신전의 문은 7.3미터 크기의 쌍여닫이 문이며, 피렌체 두오모의 천당과 지옥의 문도 예술미가 흐르는 문이며, 오슬로의 비겔란 공원 후문은 온갖 매력을 알게 해주는 가치의 격이 아주 높은 명작이다. 문은 앞과 뒤를 강조할 필요가 없다. 그래야 사랑도 오고, 복도 온다. 문은 사랑이며 복이다.

로버트 스턴버그(Robert Sternberg)의 사랑의 삼각형 이론의 요소는 열정(passion), 친밀함(intimacy), 헌신(commitment)이다. 사람들의 사랑이 모두 다른 이유는 이 세 가지 요소가 서로 다르게 작동하기 때문이라고 한다. 열정은 사랑하는 사람에 대한 뜨거운 마음이다. 친밀감이란 상대방과 정서적으로 연결되어 있다는 느낌이다. 헌신이란 사랑을 지속하도록 서로를 단단하게 묶어주는 끈과 같은 것이다.

문은 열정과 친밀함과 헌신을 가지고 있어야 한다. 문을 달려면 지도리와 빗장과 문고리가 필요하다. 열고 닫을 때 무게와 연속적인 힘을 견뎌주는 지도리가 열정이다. 뜨거운 마음이 참아내는 인내의 바탕이기 때문이다. 그리고 빗장이 양쪽을 연결시켜 잠가주고, 열리게 해주는 친밀감이다. 또한 문고리는 만나는 사람마다 악수를 해야 하니 헌신의 정신 없이는 견디기 힘든 장식이다.

문에는 열정과 친밀감, 헌신이 있다. 그래서 문(門)은 사랑의 증표이다. 문을 통해서 현명해지고, 사람다워지는 지혜와 진, 선, 미를 깨달아야 한다.

열정은 초기에 강렬하지만 시간이 지나면 줄어들고, 친밀감과 헌신은 시간이 지나면서 발전한다고 스턴버그는 말한다. 그래서 세 가지가 균형을 이루도록 노력하는 것이 사랑이라고 한다. 결혼은 사랑의 무덤이 아니다. 문의 지도리와 빗장과 문고리는 시간이

지나면 새로운 것으로 바꾸어야 한다.

세 가지를 바꾸면 문은 다시 새로워진다. 그래서 결혼 생활은 서로 간에 헌신하여 매일매일 새로운 것을 찾아 공유하는 노력이 필요하다. 매일매일 변신하는 것이 결혼이어야 한다.

사랑은 문 열기다. 문고리를 잡고 살짝 밀어보는 것이 가족 간의 사랑인 스트로게(storge)이다. 거기서 조금 더 밀면 인간의 우정을 말하는 필리아(philia)이다. 거기서 조금 더 열면 남녀 간의 열정적인 사랑을 말하는 에로스(eros)이다. 문을 완전히 열면 신에 대한 사랑을 말하는 아가페(agae)가 된다.

인간들은 사랑을 말할 때 네 가지 중에 하나만 보고 사랑이라 한다. 그러면 안 된다. 가족, 친구, 연인, 신에 대한 네 가지의 사랑을 한 사람과 같이해야 진실된 사랑이 된다는 것을 알아야 한다. 모든 사랑은 수학 방정식의 양쪽 항이다. =를 중심으로 양쪽이 같다는 것을 알아야 한다. 대등함을 말하는 것이다.

문을 대할 때도 문설주 2개와 윗인방, 하인방을 보고 나서 문고리를 잡아야 하는 조심성을 가져야 한다. 그래야 조심성 있게 한 사람과 네 가지의 사랑을 할 수 있다. 사랑을 하면서 서로 간에 네 가지 사랑을 해봐야 상대의 진정과 진실을 알 수 있을 것이다.

이익이 쓴 《성호사설》도 천지문(天地門), 만물문(萬物門), 인사문(人事門), 경사문(經史門), 시문문(詩文門)으로 하였다. 문을 드나들면서 항상 사단칠정에 대한 문제의식을 가져보는 것도 자아성숙에 도움이 될 것이다. 숭례문은 가토 기요마사를 기억하고 있고, 홍인지문은 고니시 유키나가를 기억하고, 있다는 것을 알아야 한다. 두 사람이 임진왜란 때 들어온 문이기 때문이다. 문은 치욕의 역사도 기억하는데 우리는 때때로 잊고 산다. 슬픔은 기억해야 해소할 수 있다.

문은 내 마음이다. 그래서 손잡이를 잡을 때마다 나를 찾아보는 성찰의 계기가 되어야 한다. 문은 습관에서 벗어나게 해주는 변신가이다. 문 앞에서 자신을 찾아보고, 자아를 성숙시키는 생각을 해야 한다. 위정자와 관료들은 문을 국민으로 보고, 조심스럽게 열고 닫아야 함을 명심해야 한다.

그러면 문은 사랑으로 보답할 것이다. 위정자와 관료들은 격물치지 성의정심 수신제가 치국평천하를 매일매일 되뇌어야 한다. 왕세자가 공부하는 곳이 성의정심에서 따온 성정각이었다. 부모들은 아이들 방 방문 위에 편액 하나 잘 새겨서 걸어주는 것도 좋겠다는 생각이 든다.

나는 대문을 만들 기회가 온다면 문설주는 연리지와 연리목으로 세우고, 문은 비익조와 비목어로 만들고 싶다. 사랑의 상징이기 때문이다. 장한가를 다시 읽어본다. 비익조의 연리가 내 귀에 들려온다. 활짝 열린 신의문인 바벨탑이 문 자랑을 한다. 바벨탑의 뜻은 신의 문이다.

4
부

오사의 집

오사(五事)의 집

오사(伍事)는 정치에 사용할 다섯 가지 일이라는 것으로 하나라 우왕이 남겼다는 홍범구주에 있고,《서경》의 홍범에도 나오는 정치이념을 가진 유교 용어이다. 오사는 사람이 타고난 다섯 가지를 바탕으로 용모, 말하는 것, 보는 것, 듣는 것, 생각하는 것이다.

이 다섯 가지는 수양이 필요한 기간이 있어야 한다. 별도의 공간에서 다양한 경험을 하면서 수련해야 하는 사람의 바탕이다. 그래서 나는 이 다섯 가지를 수양하는 공간을 오사의 집이라고 한다.

바람과 물이 조화되는 자연 속에 있으면 좋은 집이다. 혼자만의 공간에서 자신을 세우고, 여럿의 공간에서 관계의 성립을 배우고,

적정 수와의 공간에서 진리와 학문의 이름을 배울 수 있는 곳이다.

오사인 용모, 말, 보는 법, 듣는 법, 생각하는 법을 자신의 발전과 생존에 보탬이 되도록 사용해야 한다. 오사의 집은 조용한 동천에 많다. 자연은 품성을 받아들여 성품을 완성시키는 기적의 힘이 있다. 경치가 좋은 곳은 사람들이 사용할 수 있도록 자연은 배려하여, 사람들이 자신의 존재를 알고, 인생을 알게 하며, 어떤 삶을 살 것인지 고민하게 한다.

나가에 세이지는 그의 책 《아들러가 전하는 행복을 위한 77가지 교훈》에서 "사람은 세 가지 신념으로 자신의 라이프 스타일을 만들어 간다. 이것은 나는 어떤 존재일까? 와 인생이란 어떤 것일까? 그리고 나는 어떻게 살까? 라는 신념이다"라는 말을 하였다.

오사의 집에는 존재, 인생, 삶의 해답이 있다. 나만의 공간, 친한 벗 4-5명 만날 수 있는 공간에서 충분히 자신을 다듬을 수 있기 때문이다. 오사는 대(臺)나 관(館)과 같은 큰 공간에 가도 자신을 낮출 수 있고, 루(樓)나 정(亭)과 같은 공간에서 생각을 다양하게 할 수 있게 한다. 장(莊)과 같은 고요가 있는 곳에서는 절대적인 침묵을 만들어 자신을 찾는 근원을 가지게 한다. 오사의 집은 자신을 밝게, 맑게 수련을 할 수 있는 곳을 말한다.

"소유는 최소한의 필요함이면 된다. 소유로 인해 방해받지 않는 삶이 사막에 있다. 사막에는 문명 세계에서 얻을 수 없는 자유가 있고, 풍족한 고기, 깨끗한 물, 잠, 모닥불의 따스함이 가져다주는 만족감은 그곳에서 극대화된다"라고 월프레드 세이지는 그의 책

《절대를 찾아서》에서 소유와 존재를 이야기한다. 오사의 집을 찾는 사람들은 최소한의 소유에서 얻는 만족을 찾아야 한다. 그래야 자신의 안녕과 안심을 만들 수 있는 큰 자신감을 가질 수 있다.

오사는 용모, 말, 보는 것, 듣는 것, 생각하는 것이다. 모(貌)는 모양, 자태, 얼굴, 행동거지, 다스리다 등의 뜻이 있다. 해태 태(豸) 자는 고양잇과의 동물을 그린 것이다. 모(貌) 자는 한눈에 들어오는 '사람의 용모'라는 뜻을 표현하고 있다.

사람평가의 기준이 신언서판(身言書判)이다. 첫째가 신(身)이다. 외모다. 예나 지금이나 수려한 외모는 중요하다. 외모지상주의자였던 오스카 와일더는 "얄팍한 사람들만이 외모로 사람을 판단하지 않는다"라고 하였다. 대다수 사람들은 외모로 사람을 평가한다는 뜻이다. 루키즘(lookism)이라고 한다. 외모지상주의다.

자신의 용모에 대하여 관심이 많아 성형을 하는 사람도 있다. 자기 개성을 가지려고, 다양성을 선호하는 사람들이 자신을 가꾸는 것이다. 이것은 남을 위한 배려심이다. 그래서 남의 인격, 사상, 행위를 인정하고 공경하는 마음이 생긴다. 이것이 엄숙함의 권위를 가질 수 있는 내가 되는 것이다. 그러나 외모는 내면의 단단함과 표정의 웃음은 못 이긴다.

집도 외양이 눈에 들어온다. 집의 모양은 사람 수만큼 다양할 수 있다. 집의 모양은 기후, 기온, 강수량, 바람 등 지역의 특성을 알게 한다. 빈부도 알 수 있게 한다. 사람은 외양만 보고는 전체를 모르지만 집은 본성을 그대로 보여준다. 집은 남들과 비교하지 않는다. 삶을 담는 집과 정신을 담는 집은 모양이 다르다.

정신을 담는 집은 자연과 일체가 되어 개방공간을 가진다. 바람을 불러들이고, 음악을 찾는다. 별과 달을 친구로 한다. 시(詩), 서(書), 화(畵)와 경(經)이 함께하는 집이 오사의 공간이다. 오사의 공간에서 겸손과 경청과 수수한 인품을 품을 수 있는 덕과 아량의 자세를 키워야 외모가 돋보일 것이다.

말(言)은 사람의 생각이나 느낌 따위를 표현하고, 전달하는 데 쓰는 음성 기호이며 행위이다. 언(言) 자는 입(口)에서 말이 나가는 형태를 보여주는 글자이다. 말은 각이 잡혀 나간다. 부드러운 곡선이 아니고, 각을 지어 나가기 때문에 변형된다는 것을 알고 말을 해야 한다. 언어는 사람이 쓰는 말이다. 그래서 언어는 사람을 만든다. 바르고, 곧고, 참다운 말을 쓰는 민족은 정확하고, 정직하다고 한다.

한 사람이 평생 5백만 마디의 말을 한다고 한다. 부드럽고, 덕성스러운 말은 한마디로 천 냥 빚을 갚는 것이다. 5백만 마디면 엄청난 빚을 갚을 수 있다. 사람은 누구나 빚쟁이지만 너무 많은 빚을지고 있는 것이다. 그래서 빚과 관계없이 사람은 말을 아껴야 한다. 말을 아끼면 부자가 된다. 5백만 마디 중 한 말을 제외한 나머지는 내 것이 된다.

건축은 합리적인 기능이 있는 부재들의 결합이다. 공간의 넓이도, 구조의 연결도, 글과 말로써 표현이 가능해야 한다. 말은 낭비하면 안 되고, 건축물을 이야기할 때는 과학과 기술의 논리성이 정확하고, 일관되어야 한다. 그래야 건축물도 자신의 존재감을 당당하게 말할 수 있는 것이다.

건축물은 말을 한다. 말은 무한한 마음의 전달이다. 사용자들의 성격, 심리, 상태를 정확히 표현한다. 문소리, 마루 밟는 소리, 공간을 울리는 소리에서 사용자들의 칠정을 느끼게 하는 등 건축물은 정확한 말을 한다. 층간 소음이든 외부의 강제성이든 비록 삐걱삐걱 과 쿵쿵 등 몇 마디지만 건축물은 자신을 소리로 표현한다.

미스 반 데어 로에는 "건축을 하라, 말을 하지 말고", "건설을 하라, 말을 하지 말고", "지어라, 말하지 말고"라는 이야기를 했는데 다 지어놓고 나면 "말하라 건축물과 함께"라는 말을 잊은 것 같다. 건축물은 말로 짓는 것이 아니고 행동으로 짓는다. 건축이란 분야에서 말의 중요성을 단적으로 보여주는 것이다. 정치는 헛소리도 하지만, 건축은 헛소리가 통하지 않는다.

피카소도 그림에 대하여 "내가 볼 때 그림은 스스로 발언을 합니다. 그림에 대하여 설명을 하려 든다면 무슨 소용 있습니까? 화가는 오직 하나의 언어를 가지고 있을 뿐입니다"라고 말을 했다고 한다. 점, 선, 면, 공간의 합창이 건축과 미술이다. 건축과 미술은 같은 말을 가지고 있다. 공간, 모양, 구조의 세 마디 말이다.

좇음은 말하는 것이다. 좇다는 목표, 이상, 행복을 추구하며, 나의 말이나 뜻을 따르고, 규칙이나 습관을 지켜 그대로 한다는 뜻이다. 그래서 좇음은 다스림을 만들어 내는 것이다. 말은 적게, 이치를 따라 조리 있게 표현하는 정직성이라고 들었다. 말의 근본은 침묵이다. 침묵은 승자의 자존이며, 경청의 어머니다.

보는 것은 눈으로 대상의 존재나 형태적 특징을 알아내는 것이며, 눈으로 대상을 즐기거나 감상하는 것이다. 그리스어인 이데인(idein)은 보이는 것, 곧 형태나 모양이다. 이 말에서 플라톤 철학이 나왔다. 보다라는 뜻의 동사 에이도(eido)에서 나온 에이도스(eidos)와 이데아(ided)를 구분한 플라톤이었다.

보는 것은 여러 가지가 있다. 볼 열(閱)은 보다, 검열하다의 뜻을 가지고 있다. 볼 람(覽)은 바라보다의 뜻이다. 볼 감(監)은 살피다라는 뜻을 나타내는 것이다. 볼 견(見)은 사람이 가진 눈으로 바라보는 것으로 look이다. 볼 시(視)는 수동적으로 비치는 것으로 watch이며. 볼 관(觀)은 자신의 생각을 가지고, 의미를 파악하며, 보는 것으로 insight이다. 볼 찰(察)은 '왜'라는 의문을 가지고, 지켜보는 것으로 observe같이 보면 될 것 같다. 볼 간(看)은 보다는 뜻에만 의의가 있는 것으로 하는 것이다.

보는 것만큼 종류가 많은 것도 오감에는 없을 것이다. 시각은 모든 감각의 60퍼센트를 점유한다고 한다. 그만큼 본 대로 전해져야 한다는 것이다. 보는 것은 중요하다. 보는 것대로 전해지기 때문이다. 보는 것은 보이는 대로 보는 것이고, 보려고 보는 것과는 다르다. 보이는 대로 전해져야 한다. 집에서 보는 시설은 창이다. 창호지 문과 창은 건축물의 귀이며 눈이다. 창호지는 참 좋은 마감재다. 그림자가 보이고, 소리가 들리기 때문이다.

보는 것은 다양하다. 그래서 맑고 밝게 봐야 제대로 보는 것이 된다. 남이 말한 대로 보면 남이 보는 것이지 내가 보는 것이 아니다. 내가 보려면 내가 봐야 한다. 사람의 마음과 정신을 보려면 집의 청소상태를 보면 되고, 물건을 보려면 전후좌우 상하 여섯 면을 봐야 한다. 맑고 밝게 봐야 중요하게 보는 것이 된다. 반만 보면 반을 만들고, 흐리게 보면 흐리게 만들고, 맑게 보면 맑게 만든다. 아는 것만큼 보이고, 보이는 것만큼 만들 수 있다. 건축물은 보여줌으로써 보는 이들의 평가가 정확하길 기다린다.

청(聽)은 받아들이고, 듣는 것이다. 청을 파자 하면 왕보다 위에 듣는 귀가 있으니 듣는 것이 무엇보다 중요하고, 10개의 눈으로 보는 것을 들어야 하고, 들은 것을 하나의 마음으로 흔들림 없이 받아들여야 한다는 뜻이다.

듣는다는 것은 남의 말을 중요시한다는 것이다. 말은 지식의 표현이고, 듣는 것은 지혜의 표현이다. 히브리어로 지혜는 레브스메아(lebsmea)이다. 레브는 '마음', 스메아는 '듣다'이다. 듣는 마음이 지혜라는 뜻이다. 자연의 소리에서 이치를 듣고, 사람의 소리에서 인륜의 도리를 듣고, 하늘의 소리에서 천명을 듣고 깨닫는 것도 지혜라고 한다는 것을 어디선가 보았다.

반응하며 듣고, 공감하며 듣고, 편견 없이 들어야 경청의 의미가 있다. "경청은 상대방의 마음을 얻는 최고의 지혜다. 듣는 것은 귀의 밝음을 생각게 한다"고 공자는 《군자유구사(君子有九思)》에서 말하였다. 들어가면서 막히는 것이 없으면 귀 밝음에 자연의 숨소리까지 들을 수 있다는 것이다.

귀 밝은 사람은 사광이고, 눈이 밝은 사람은 이루라고 하였다. 하지만 이루는 규구가 있어야 도형을 그릴 수 있고, 사광은 율려가 없으면 오음을 바르게 잡을 수가 없었다고 한다. 인간의 오감은 도구의 필요성을 요구한다는 것이다.

귀 밝고(聽) 눈 밝은(明) 것이 총명이다. 잘 듣는 것은 귀 밝음을 말하는 것이고, 귀 밝음은 어떤 일을 이루려고 뜻을 두거나 힘을 쓰게 하는 꾀함을 만드는 것이다, 집은 오만가지를 듣고 있으나 말을 전해주지 않는다.

듣기만 할 뿐 자발적인 저항은 없다, 자연재해라는 재난이 있으면 자연재해는 자신을 파괴하고 없어질 뿐이다. 그러나 집의 의지력은 가정과 가족을 지키는 것을 제일의 사명으로 하고 있는 것이다.

사(思)는 생각, 심정, 정서를 뜻한다. 생각은 사물을 헤아리고, 판단하는 작용이며, 어떤 일을 하고 싶거나 관심을 갖는 일이다. 삶은 깨달음을 찾는 것이고, 질문을 위한 어떻게를 찾는 것이다. 질문에 대하여 깊이 파고드는 것이 생각이며 깨달음의 길이다.

사(思)는 사색하는 생각으로 1개씩 따져서 하는 생각이고, 상(想)은 어떤 상으로 떠오른 것을 생각하는 것이며, 염(念)은 기억과 같은 떠나지 않는 것을 생각하는 것이고, 여(慮)는 걱정거리를 생각하는 것이다. 이 네 가지를 생각하다 보면 사리를 바르게 판단하고, 일을 잘 처리해내는 재능인 슬기가 생긴다.

이런 슬기가 있으면 함부로 가까이할 수 없을 만큼 고결한 성스러움을 갖게 되는 것이다. 생각의 힘과 방법은 생각의 공간에 좌우되는 것이다. 생각의 공간이 집이다.

신들이 만든 경치인 동천과 바람이 만드는 풍경과 물이 만드는 수려와 산이 만드는 산자에 적당한 공간을 가진 생각의 집들이 많다. 이 산자수려한 동천풍경이 인간을 생각으로 채워서 보다 나은 삶의 철학을 가지게 하는 곳이 오사의 집이다.

오사의 집은 생각의 결정인 행동을 하게 한다. 중력의 작용이 없는 붕붕 나르면서 떠 있는 가벼움이 있게 한다. 모든 진리의 화합이 이루어지는 곳이 오사의 집인데 자연과 함께하고 있다.

물도 흐르고, 바람도 흐른다. 형체도 없는 부드러움이 오사의 집을 둘러싸고 토론의 장과 유흥의 난제를 슬기롭게 풀어준다. 오사의 집에는 사광의 청상, 청치, 청각에 대한 음악이 있고, 경, 시, 서, 화가 오고 간다. 음악에는 인생이 담기고, 인생으로 연주한다. 미술에는 인생이 그려지고, 인생으로 보여준다. 건축에는 인생이 담기고, 그려져야 하고 사람의 편안함이 보이고. 연주되어야 한다.

음악과 춤은 심장의 박자가 토대이며, 사람의 활동상을 창작하는 예술은 인간의 순수한 놀이이기에 사람들은 예술을 찬양한다. "예술은 채찍을 사용하지 않고, 인간을 교육할 수 있는 유일한 수단이다"라고 버나드 쇼는 말하였다. 자연에 안겨 있는 오사의 집은 모든 이의 스승이며, 예술의 창고다.

자연의 곡선은 인간이 만든 직선을 뭐라고 평할까? 자연의 모든 선은 곡선이다. 곡선은 인간을 부드럽게 만들고, 사고를 모나지 않게 하라고, 요구하는 자연의 섭리이다. 그런데 인간은 자신만을 생각하는 습작을 계속한다.

자연과 함께 있는 오사의 집이 아름다움이란 말을 만든다. 존재는 건축물의 한 부분을 강조하는 표현이다. 건축물 속의 오사는 서로 다름의 같음을 외모에 그리게 하고, 듣게 하고, 말하게 하며, 보게 하고, 생각하게 한다.

"작은 집과 작은 방은 정신을 강하게 만들지만 큰 집과 큰 방은 정신을 약하게 만든다"고 레오나르도 다빈치는 말했다. 오사의 집은 공간이 넓지 않다. 성인들의 수련공간인 토굴, 부처의 보리수나무 그늘, 법정 스님의 오두막, 그리그의 작곡실, 르코르뷔지에가 아내에게 선물한 별장, 소로우의 월든 집, 독일의 슈필라움, 스페인의 카렌시아. 방장기에 나오는 초메이의 집, 로물루스의 움막 등 모두가 작은 공간이다. 이 공간에서 큰 자신을 만들었다.

오사의 집은 생각을 집중시키고, 자신을 크게 만드는 다짐의 집이다. 무문관 수련을 하는 정신이 있는 집이다. 놀이와 공간이 합쳐진 말이 슈필라움이다. 독일어 슈필(spiel)은 '놀이'이고, 라움(raum)은 '공간'이다. 우리말로는 '여유를 가질 수 있는 공간'이라고 할 수 있다.

슈필라움은 내가 내 몸을 마음대로 가눌 수 있는 나만의 공간이다. 몸과 마음과 정신까지 자율적으로 가질 수 있는 공간이다. 자신을 되찾고 새로운 생의 꿈을 세길 수 있는 공간이다. 내 공간은 나를 만들 수 있기 때문에 중요한 곳이다. 경치와 일체가 될 수 있는 자연은 오사를 수련하는 도량이다.

“모든 과잉은 결점을 낳고, 모든 결함은 과잉을 부른다, 모든 즐거움은 괴로움을 내포하고, 모든 불행은 행운을 내포하고 있다. 쾌락을 받아들이는 재주는 그것이 남용되면 그에 상응하는 벌을 받는다”라고 랄프 왈도 에머슨이 《보상》에서 한 말이다. 집 짓는 사람의 입장에서 본다면 적정선을 지켜서 공간계획을 하고, 즐거움은 도를 넘으면 안 된다는 것을 알려주는 것 같다.

자기발전의 공간인 오사의 집에서는 주자의 “의심을 적게 하면 적게 진보하고, 의심을 크게 하면 크게 진보한다”는 말에 유념하여 큰 자신을 만들어, 생각할 때는 의심을 하여 결과를 피드백하여야 한다. 그리고 우리들도 마음에 오사의 집을 지어서 하루에 한 번씩 방문하여 자신을 돌아보는 시간을 가진다면 이마의 주름살을 줄일 수 있을 것이다.

또 지(知), 와 신(信)과 행(行)이 아름다운 질서 속에서 조화되고, 화합되는 인격이 생길 것이다. 소크라테스와 같이 그렇게.

대(臺)

용기는 잔여물의 흔적을 없애는 정신

대(臺)에 앉으면 용기란 말이 떠오른다. 아리스토텔레스는 “용기는 무모함과 비겁의 중간이다”라고 하였다. 위험과 평화에 대한 준비가 있어야 한다는 것을 말하는 것 같다. 장병들이 성을 지키기 위해 대(臺)를 올려다보면서 명령을 기다렸을 것이다. 명령은 용기를 태어나게 하는 시간의 행동이다.

임어당은 그의 책《생활의 발견》에서 “내 생각으로는 슬기도 용기도 같은 하나의 것이다. 왜냐하면 용기란 인생을 잘 이해하는 데서 생기기 때문이다. 때문에 인생을 완전히 이해하는 자에게는 언제나 용기가 있다”고 하였다. 용기는 삶에 있어서 자신감과 자존감, 자조, 자주의식을 준다. 자조는 용기가 정복하는 인생의 이

행사항이다.

"뱃사람의 솜씨를 알 수 있는 것은 폭풍우 때이고, 장수의 용기를 볼 수 있는 것은 전쟁터에서이다. 우리는 가장 위험한 순간에 처했을 때 사람의 됨됨이를 가장 잘 알 수 있다." 이는 다니엘의 말이다. 사람은 용기를 필요로 하는 곳에서 그 본성이 나타난다는 말일 것이다.

"용기에는 육체적 용기와 정신적 용기가 있다. 육체적 용기는 명예와 작위, 승리를 얻을 수 있지만, 진리를 추구하고, 진리를 대변하고자 하는 용기, 공정함을 잃지 않으려는 용기, 정직하고자 하는 용기, 유혹에 저항하는 용기, 의무를 다하려는 용기는 얻을 수 없다. 이것들은 정신적 용기이기 때문이다." 새뮤얼 스마일즈의 《인격론》에서 읽었다. 생각과 판단이 하나가 돼야 하듯이 빈틈없는 용기의 행동이 필요한 때를 구분해야 한다는 것을 알게 해주는 말인 듯하다.

용기(courage)는 라틴어 심장, 마음, 박자를 뜻하는 cor, cord, cour와 age의 합성어이다. '심장이 뛴다'는 뜻이 되어 용기라고 말한다고 한다. 용기는 행동으로 나타난다는 것을 대(臺)에 오르면 느낄 수 있다. 나도 심장이 뛰는 것을 느끼며, 용기인이 되어 상상의 칼과 활을 만져본다.

대(臺)는 입(口) 열(十) 한 개(一)가 만나서 만들어진 길할 길(吉) 자와 이를 지(至)와 집 면(宀)이 만난 글자이다. 여기서 지(至)는 일(一)은 하늘, 모(厶)는 팔을 구부려 자신을 가르치는 글자, 즉 나를 의미한다고 한다. 토(土)는 땅을 의미한다. 그래서 이를지(至)는 '반드시' 라는 넓은 뜻을 가지고 있다고 한다. 본체, 최고, 최상의 뜻도 있다.

그래서 대(臺) 자는 최고로 길한 사람이 집에 있다는 뜻이 된다고 한다. 또 대는 높을 고(高)의 생략된 모습과 이를지(至)가 결합되어 사람들이 가서(至) 사방을 조망할 수 있는 높은(高) 건축물을 나타낸다고 하고 있다. 대(臺)는 높고 크다는 뜻이라고 한다.

대라고 하는 곳을 다녀보니 대(臺)는 경치가 좋은 곳에 서 있는 군사시설로 말하고 싶다. 원래 대(臺)는 "돌로 높이 쌓되 위를 평탄하게 한 것과 나무를 엮어 높이 만들어 평판을 깔되 지붕이 없는 것이거나 누각 앞에 일 보 나오게 하여 시원하게 해놓은 것인데 공통점은 평탄하다는 것"이라고 계성이 쓴《원야》에 쓰여 있다고 한다.

우리는 자연적인 평탄함이 있는 바위나, 높고 평탄한 곳을 말하고, 중국은 인위적인 평탄함을 말한다. 대(臺)에는 건축물이 흔하지 않았고, 임진왜란 이후에 건축물이 많이 건축된 것 같다.

대(臺)라는 편액이 달려 있는 건축물은 경치가 좋은 곳에 있는 군사활동에 필요한 장소같이 느껴진다. 그래서 누, 정은 건축물이고, 처음에 건축물이 흔하지 않았던 대(臺)는 건축물이 아니라고 하는 것이 다수론이다.

돈대(墩臺)는 성벽 위에 석재 또는 벽돌로 쌓아 올려 망루와 포루, 총구로서의 역할을 할 수 있도록 만들어진 높은 누대이다. 강화도에 많이 있는 돈대 위에 오르면 평지보다 조금 높으면서 두드러진 평평한 땅이라고, 규정한 우리말 사전의 정의를 알 것 같다.

우리나라의 대(臺)에 관한 최초의 기록이 나오는 것은《삼국사기》이다. 고구려 동명성왕 때 "산새가 왕대에 모여들었다"는 기록이《삼국사기》에 있다. 왕대(王臺)는 일반 평지보다 600미터나 높아 사방을 볼 수 있는 전술적 지형이었을 것이다. 대는 이러한 기록을 보더라도 군사적 목적으로 이용되었을 구조물이었을 것이다.

마애석은 신선이 노니는 곳이며, 사람은 경치를 즐기고 싶어 하는 현실을 찾는다. 높은 곳은 넓게 보이지만 자세히는 보이지 않는다. 그렇지만 대(臺)에 오르면 현실과 이상이 교류되는 벅찬 감동에 용기가 생긴다.

건축물은 원인과 결과를 알게 하여 준다. 어울림이라는 단어는 대(臺)에서는 생각할 수 없으나 원인과 결과에 따른 형식미는 대(臺)도 가지고 있다. 대는 질서의 엄중함을 알게 하고, 역할의 분담을 쉽게 알도록 배치되어 있다.

건축물은 단조로우면서도 무게감 있게 석축 위에 서 있다. 지장과 덕장과 용장의 용기가 이치를 지키고 화합하게 한다. 생존을 지키게 하고, 사용가치를 절실하게 필요케 하는 지킴이로서의 대(臺)는 굳건히 서 있다.

평야 지대에 포진한 나폴레옹 군대와 조그만 언덕 위에 포진한 웰링턴이 전투를 치른 전쟁이 워털루 전쟁이다. 이 전투에서 웰링턴이 이기고 나폴레옹은 패했다. 대(臺)를 사용하는 법을 잘 알고 있던 웰링턴이 높은 곳에서 지휘를 하여 승리를 하였다. 낭만적

천재라는 나폴레옹과 실용주의자인 웰링턴은 동갑이라고 한다. 승리한 웰링턴은 사자의 언덕이란 큰 대(臺)를 만들어 죽은 영혼을 위로하였다.

반면 1931년 5월 평양에서는 을밀대에서 파업투쟁이 있었다. 과중한 노동과 차별 있는 현장구조 타파를 위해 강주룡이 고공농성에 들어간 것이다. 8시간 만에 끌려 내려왔지만 대(臺)에 올라 농성을 하였으니 대단한 여성이었다. 이와 같이 대(臺)는 많은 사연을 가지고 있는 승패의 공간이기도 하다.

대는 순우리말로 너럭바위라고도 하며, 평퍼짐한 모양의 바위를 말하기도 한다. 백운대, 만경대, 문장대, 유선대 등이 그렇다. 바위 꼭대기뿐만 아니라 주변의 경관을 관망하기 좋은 계곡에 있는 평평한 반석도 같은 의미로 쓰고 있다. 비선대, 와선대 등이다.

건축물로 건축된 대(臺)는 의심을 많이 가지는 건축물이다. 사방이 트여 있으니 감시를 소홀히 하면 안 되기 때문이다. 그래서 군사시설을 대라고 부른다. 높기 때문에 관측이 용이하며, 작전 지휘가 수월하기 때문이기도 하다.

예루살렘에는 바위 위에 지은 성전이 많다. 그 바위가 대(臺)다. 만인이 보는 노천에서 정치를 한곳이 아크로 폴리스다. 바위로 된 산, 즉 대(臺)이다. 신라의 육촌장이 민주적으로 군왕을 추대한 곳이 알천이라는 냇가의 바위 위이며, 백제의 민주주의 토론장이 정사암이라는 바위 위였다.

고구려의 제가회의, 신라의 화백회의도 노천에서 거행된 횟수가 많았다고 한다. 동, 서양을 막론하고 대(臺)는 자연의 빛과 함께 하는 숨김없는 투명한 정치를 논하는 곳이기도 하였다. 삼국시대의 정치논의는 밖에서 공개적으로 하였다고 배웠는데 현세는 멋진 가구로 장식되어 있는 곳에서 가짜 빛인 조명을 받으며, 숨기기 좋은 실내에서 정사를 논하고 있다.

정치나 사람의 길은 공간이 만들어 주는 것에 따라 이루어진다. 때론 대(臺)에 앉아 진짜 빛과 함께 거짓 없이 진솔한 정사를 논하길 기대한다. 대에는 용기와 정의가 있다. 그래서 군인의 무대이며, 국민의 생존과 안전을 담당하는 곳이다. 거짓과 허위는 군인들의 최대의 적이다.

봉수대는 국가의 위기상황을 불과 연기로 알려주었고, 등대는 오늘도 빛을 밝혀 배들을 인도하고, 있는데 우리의 정치는 봉수대도 등대도 없는 어둠을 헤매고 있다. 걱정보다 우려가 앞선다.

그래도 대(臺)가 가지고 있는 용기는 지킴이의 본분에 충실하고 있다.

수어장대

"내 안에 삶을 외면하려 드는 두려움과 마찬가지로 삶에 용감하게 맞서고자 하는 용기도 함께 자리하고 있단다. 삶에 용감하게 맞선다고 성공이 보장되는 건 아니란다. 하지만 두려움에 굴복하고, 삶을 외면한다면 확실하게 실패를 보장받는 셈이지. 삶에 용감하게 맞서지 않으면 경험을 얻을 수 없을 테고, 경험을 얻지 못하면 아는 것에도 한계가 있기 마련이지. 아는 것이 없으면 지혜도 얻을 수 없지 않겠니? 그것을 다 지니려면 삶이 어떠하든지 간에 용감하게 맞서야 하느니라." 조셉 M. 마셜의 《그래도 계속 가라》에 나오는 이야기다. 작가의 굴곡 많은 인생사에서 용기의 중요성을 이야기하는 내용이다.

남한산성의 수어장대에 오르면 추녀의 팔 벌림이 나는 용기인이요 하는 것 같다. 1624년(인조2)에 지을 때는 '서장대'라 하여 단층집이었다. 용기인들의 용맹스러운 행동이 한겨울의 냉기에 얼어버린 흔적이 남한산성의 이곳저곳에 남아 있다.

수어장대는 병자호란 당시 이시백 장군이 총지휘했던 곳이다. 이시백은 이귀의 아들이다. 이귀는 인조반정의 주요 인물이며, 안방준이 쓴《묵제일기》의 대상자이다. 1751년(영조27)에 이기진이 2층으로 증축하고 외부 편액을 '수어장대'로 하였고, 내부 편액을 '무망루'라 이름하였다. 무망루라는 편액은 별도 건축물을 지어서 따로 보관하고 있는데 '굴욕을 잊지 말자'라는 뜻이다. 우리 국회의사당에 걸려 있으면 참 좋을 것 같다는 생각이 스친다.

1636(인조 14)년 12월부터 1637년 1월까지 일어난 조선과 청나라의 싸움이 병자호란이다. 이 싸움의 처음부터 끝까지의 과정을 수어장대는 몸으로 기억하고 있을 것이다. 2층으로 증축하였다하나 1층이 알고 있으니 결국 알게 되는 것이다.

길이 방향으로 연결하는 것은 이음이며, 2개의 부재를 결합하는 것은 맞춤이라 하니 이음과 맞춤이 증축이다. 증축은 하나가 되기에 건축물의 사연도 하나가 된다.

45일의 항전이 있었다. 인조가 삼전도에서 굴욕적인 삼배구고두의 항복을 하고, 청태종의 공덕비를 세워야 하는 슬픈 역사를 우리는 가지고 있다. 일제 36년의 강점기와 930여 회의 외침을 당한 역사를 가진 우리다. 잊으면 안 되는데 사람들인지라 잊고 산다.

그러나 건축물과 구조물은 다 기억하고, 형상을 흔적으로 가지고 우리에게 전해준다. 수어장대 추녀에 끼어 있는 토수는 왜 불을 뿜지 않는지? 우리에게 주기적으로 기억하며, 살게 해 주었으면 좋겠다. 후안흑심의 중국인 철학이 때론 부러울 때도 있다.

수어장대는 수어청의 장병들이 임금을 지키기 위해 근무하던 곳이다. 높은 곳에서 내려보며, 지휘를 하던 지휘소이다. 높이 있으니 좋은 경치를 즐길 만도 한데 이들은 임무를 잊지 않고, 자신의 역할에 충실하였을 것이다.

마당에서 올려보면 하부 기단의 다짐은 자연석을 불규칙한 허튼 층으로 쌓았는데 이것은 잘났든 못났든 자신의 역할이 있으니 자신의 역할에 최선을 다하라는 뜻이며, 모두가 단결하고, 화합하면 이긴다는 것을 표현하는 것이다. 그리고 한단 높이의 기단은 다듬은 돌로 질서 정연하게 상부 기단을 만들었는데 이것은 윗사람들의 강한 원리원칙의 정신력을 강조하는 것이다.

주춧돌은 맨 바깥 둘레는 조선 8도와 팔면의 방향을 잘 경계하라고, 8각 주춧돌을 놓았다. 안쪽의 주춧돌은 모나지 않게 잘 지휘하라고, 반구형 주춧돌을 받쳐서 기둥을 세웠다.

기둥은 모두 민흘림 둥근 기둥으로 각을 가지지 말고, 서로의 임무에 충실하라는 뜻이며, 지붕은 팔작지붕으로 좌우에 삼각형의 합각이 구성되어 좌우 끝이 들려지는 반전 곡면을 생기게 한다. 이 선을 연장하면 큰 원이 생길 것 같이 보인다. 팔작지붕은 그 집에 생활하는 사람들의 양보와 배려를 알고, 부드러움 속에 원리원칙을 지키며, 사는 것을 가르쳐 준다.

1층은 전면 5칸으로 공포가 초익공이고, 2층은 전면 3칸으로 이익공으로 되어 있는데 이는 전황을 주고받는 전서구 같은 생각이 든다. 고주위에 대들보를 올리고, 동자기둥을 받쳐 마루보를 설치하였다. 위층으로 오르는 계단은 동북쪽 칸에 설치되어 있다. 1층 5칸은 화랑도의 정신인 세속오계를 나타내는 것 같고, 2층 3칸은 지장, 덕장, 용장을 뜻하며 이들의 전술전략 회의장 같다.

주칸은 정면이 10척, 협칸은 8척, 툇칸은 6척이고, 측면은 가운데 2칸은 9척, 퇴칸 2곳은 6척의 폭을 가지고 있어 생활에 불편함이 없으며 바쁘게 드나들어도 걸림이 없어 군사시설의 실용성이 눈에 들어온다. 아래층 평면은 내진 3×2칸, 외진 5×4칸으로 되어 있다. 내진에는 긴 마루를 깔아 지휘소를 설치하고, 외진에는 전돌을 깔아 비상시에 속도 있게 움직이도록 하였다. 이는 작전에 신속히 대응하기 위함이다.

2층에 설치되어 있는 화반(주심도리 밑에 장혀를 새겨놓은 받침)과 운공(화반 상부에 얹혀 장혀와 도리를 받치는 것)이 있는데 이것은 장사병들이 이를 보며 조금이라도 여유를 가지라고 아름다운 미를 만든 것일 것이다. 추녀 끝에는 토수를 끼웠는데 이는 부식방지 기능인데 강함을 다짐하는 각오의 상징으로 나는 봤다.

남한산성의 수어장대는 비극의 역사를 다 알면서도 말없이 서 있다. 서쪽에서 벌어진 삼전도의 비극을 예측이나 한 듯이 비극의 현장을 보지 못하겠다는 듯 동남쪽으로 앉아 있다. 척화파든 주화

파든 모두 나라를 지키겠다는 의지의 표현인데 누가 나쁘다 또는 좋다고 평가하는 것은 불합리하다는 듯 수어장대는 처마를 높이 올려 모두 영웅이라고 하며, 안아주는 자세를 가지고 있다.

초목 중에 눈에 띄게 아름다운 것을 영(英)이라 하고, 짐승 중에 특별히 우수한 것을 웅(雄)이라 한다. 문무의 재능이 뛰어난 사람을 영웅이라 한다. 재지(才智)가 출중한 것을 영이라 하고, 담력과 요기가 남다른 것을 웅이라 하여 영재와 웅재가 합쳐 영웅이라 한다.

대(臺)만 보면 영웅이 생각난다. 《설문》에서는 "대(臺)를 사방을 볼 수 있으며 높은 것이다"라고 하였고, 《석명》에는 "대(臺)는 지탱하는 것이다" 하며 "흙을 견고하고 높게 쌓되 능히 자체를 지탱하여야 한다"라고 하였으며, 《문집총간》에는 "판을 대어 높이 쌓는 것을 대(臺)라 한다"고 하였다.

대는 높은 곳이란 뜻이 명시되어 있는 곳이다. 이곳에서 영웅들이 능력을 발휘하는 것이다. 영웅들은 천문을 보는 영대, 시간을 보는 시대, 새와 짐승을 움직임을 보는 포대를 알고 있어야 한다. 이것을 삼대라고 한다.

수어장대에서 뿐만 아니라 나는 집을 보면 역사를 생각한다. 역사는 과거에 있었든 일을 기록이나 흔적으로 남겨져 후대로 전해가는 시간의 여행이다. 역사에는 기쁜 역사와 슬픈 역사가 있다. 남한산성에 있는 수어장대의 역사는 기쁜 역사를 아무리 많이 가졌다 해도 슬픈 역사만 기억된다. 잊지 말자는 무망비가 내 가슴을 아리게 만든다.

역사라는 말은 HISTORY를 일본에서 '역사'로 번역한 것을 우리가 사용하고 있는 것이다. 지날 역(歷)과 적을 사(史)가 역사이다. 지난 일을 적는 것인데 우리 말로는 어떻게 해야 하는지 몰라 안타깝다. 서구에서는 그리스의 역사가 헤로도토스가 '탐구들', '정보들'이란 뜻으로 전 아홉 권을 썼는데 우리는 역사라고 한다. 이 책의 이름이 history의 어원이다. 고대 그리스어 히스토리아(historia)는 '진실을 탐구하다'라는 뜻이다.

역사는 개인이 판단하는 것이 아니다. 선과 악을 함부로 바꾸면 안 된다. 역사관이 투철해야 국가관이 확립되고, 개인의 확고한 정체성을 가질 수 있는 것이다.

수어장대에 올라 잠실(삼전도)을 바라보니 멀리 여의도도 보인다 국민들은 국회의원 300명으로 국회 300개를 만들라 했는데 당론으로 움직이는 주식회사 몇 개로 활동한다. 한심한 모습이다. 개인이 입법기관이다. 300개의 의견과 몇 개의 의견은 우리 생활에 관한 차이를 많이 느끼게 한다.

영웅의 집에서 영웅이 되라고 하였더니, 스스로 졸장부의 길을 가고 있으니 졸장부들의 집 300채를 지어주고 싶다. 자기 의견이나 자기주장이 없는 집은 국회도 아니고, 대(臺)도 아니다.

관(館)

경험은 부드러워지는 힘

많은 사람들이 모일 수 있는 크고, 개방된 관아 성격의 건축물로서 삶에 대한 경험들이 쌓여 있는 처세의 터이다.

메디치의 사랑방에 모인 예술가, 철학자, 과학자, 수학자, 인문학자 등은 메디치의 후원을 받으며, 전문분야의 벽을 허물고, 융합의 시너지를 모아 르네상스를 만들었다.

관(館) 앞에 서니 메디치의 사랑방 앞에 서 있는 기분이 든다. 다양한 생각이 한 공간에서 만나 교차점을 만든 메디치 사랑방은 현대의 피터의 카페와 같은 곳이었다.

대서양의 아조레스 제도의 항구도시 호르타에 있는 '세계의 생각과 경험'의 창고가 피터의 카페다. 경험과 전문성이 다양한 여행자와 선원들이 만나 지식, 지혜를 서로 토론하고, 새로운 생각과 아이디어를 얻어 자신들을 성장시키는 기회로 삼는 곳이 피터의 카페이다.

조선은 민국(民國)이 아니라 왕국(王國)이었다. 임금을 상징하는 객관이나 객사가 동헌보다 크고 높다. 객관이나 객사에는 임금을 대신하는 전패를 모시고 있기 때문이다. 관(館)의 마루에 앉아 하늘에 흐르는 흰 구름을 보면서 관(館)이 메디치의 사랑방과 피터의 카페였다면 하고 생각해 본다.

짧은 기간의 숙박과 흑백논리의 우리 사고로는 어려움이 있었겠지만 놀이와 놀이 사이를 뜻하는 막간(막간이란 interlude는 라틴어 inter와 ludus에서 왔다. Ludus는 '놀이' 또는 '연극'을 뜻하고 inter는 사이 between를 의미한다. 그래서 interlude는 놀이와 놀이 사이를 뜻하는 말이 된다)이라도 '왜'와 '어떻게'의 질문이 오가고, 하나인 진리를 찾기 위해 많은 표현의 말이 오갔으면 관(館)의 효과는 어떠하였을까를 찾아본다.

인간의 발전은 식, 주, 의, 돈벌이, 출세 등에 관한 것부터 시작된다. 관(館)이나 메디치 사랑방의 이야기 주제였을 것이다. 관(館) 자는 밥 식(食) 자와 벼슬 관(官) 자가 결합한 모습이다. 높은 신분의 사람들이 묵어가는 관청을 뜻하였는데 후에 주로 단기간인 임시로 머무는 여관, 묵다, 투숙하다의 의미로 사용되었다. 물론 궐패가 있는 정청과 동헌, 서헌으로 배치된 동일성도 있다.

관(館)은 집관, 객사관으로 집, 객사, 관사, 마을, 학교, 별관 등의 뜻을 지니고 있는 글자이다. 관(官) 자는 '높은 곳에 지어져 있는 집'이라는 의미로 나랏일을 하는 사람들이 기거하는 곳이었다. 군사들의 지휘본부로 사용하기도 했던 곳이었으며, 많은 사람들이 모일 수 있는 크고 개방된 관아 형식의 건축물을 말한다. 사신들이 왕래하는 곳에 관(館)을 두었기도 하였다.

관은 편의를 제공하는 큰 집을 관료적으로 일러온 말이다. 지방에 설치했든 객관은 규모가 큰 건축물이 많다. 관원이 공무로 지방을 다닐 때 숙식을 제공하고, 빈객을 접대하기 위하여 설치한 기관으로 관소유의 땅도 있어 운영비에 보탤 수 있게 제도적으로 되어 있었다.

요즘은 사람의 마음을 편하게 해주는 집에 관(館) 자가 많이 붙어 있다. 도서관, 박물관, 예술관, 영화관, 체육관, 미술관, 마을회관 등등 규모가 큰 건축물에 관(館) 자가 붙어있다. 이는 경험에 대한 강조 때문일 것이다. 경험은 보면서, 느끼면서, 깨달으면서 많아지고, 새겨지기 때문에 사람들은 큰 건축물을 보면서 경험을 회고하는 경우가 많다.

특히 영화관, 미술관, 박물관, 도서관 등은 기억에 남는 경험을 많이 제공하는 공간이다. 예술의 집, 미술의 집, 책의 집으로 연결하면서 각종 경험을 쌓게 하여 주는 곳이 관(館)이다. 경험은 큰 집에서 큰 경험을 했을 때 경험다운 경험이 되어 문화와 문명으로 변화되어 가슴에 각인되는 것이다. 관(館)은 특정한 주제를 가지고, 물건(物)을 많이(博) 모아놓은 곳(館)이라는 의미이기 때문에 경험을 찾고, 연구하는 마음의 창고이다.

조선시대 때 관(館)의 가장 중요한 기능은 손님을 접대하고, 묵게 하는 것이었다. 숙박업의 역사는 고대 이집트, 바빌로니아 시대부터 시작되었다. 우리도 신라의 소지왕 9년(487) 기록에 의하면 '우역'은 우리나라 최초의 숙박시설이다. 나랏일을 하던 관리들을 위한 시설이었다.

고려시대에는 참역제도가 있었다. 조선시대에는 숙박시설인 '관(館)'이 공무 여행자들이나 고관을 위하여 지방관위에 부설되었고, 하급 숙박시설로 '원(院)'이 설치되었다.

한성에는 명나라 사신을 위한 태평관, 일본 사신을 위한 동평관, 여진인을 위한 북평관이 있었다. 태평관은 본채를 중심으로 남쪽에 문이 있고, 북쪽에는 누각이 있고, 동서로는 행랑이 있었으며, 왕이 머물든 어실과 관반청, 영접도감, 분예빈시의 창고등 관청과 부속 건축물이 있었다고 하니 꽤 큰 건축물이었을 것이다.

동평관은《태종실록》에 보면 "민무구와 민무질의 집을 헐어 그 제목과 기와로 동평관과 서평관을 짓고"라는 기록이 있다. 서평관은 동평관으로 합쳐졌다. 건축물 4채에 50여 명이 머물 수 있었지만 늘 비좁아서 일부는 절에서 묵게 했다고 한다.

왜관은 통제된 통상을 위한 기능이 강조된 건축물이다. 왜관은 담장이 높은 것이 특징이라고 세종실록에 나온다. 북평관은 동대문 옆에 있었다는 것만 알 뿐 규모나 건축물의 동수는 알 수가 없다.

사공서가 쓴《운양관여 한신숙별》의 주해에 보면 "관(館)은 역관으로 여행자들이 쉬는 곳을 가리킨다"라고 되어있다. 왜국사신 길나고가 객관에서 묵을 때 신라 장군 석우로가 이를 주관하였다(삼국사기 권45, 석우로). 그때 석우로가 "조만간 당신네 국왕은 염전의 노예로 만들고, 왕비는 부엌데기로 만들 것이다"라고 하여 전쟁이 일어나고 석우로 장군은 장작더미에서 불타 죽었다. 이후 석우로 장군의 부인이 일본 사신을 불태워 죽이자 복수가 거듭되었으나 일본은 신라를 이기지 못하였다. 관에는 희극과 비극의 이야기가 많다. 그래서 관은 사람을 알게 하고, 인간의 윤리를 생각게 한다.

관(館)은 큰 것을 보게 하고, 생각게 하며, 깨닫게 한다. 곧 경험을 하라고 요구하는 것이다. 경험은 미래를 보고, 현재를 계획하는 사람을 만든다. 집 짓는 사람들의 미래관과 생활의 지혜는 경험으로 이루어진다는 것을 알아야 한다.

"일상적인 세상살이 가운데 세상사를 경험함으로써 실용적인 지식을 가질 수 있고, 지혜를 배울 수 있다. 실용적인 지혜를 배울 수 있는 유일한 길은 경험의 학교를 통해서이다. 경험을 통해 배움을 얻고자 하는 사람은 도움을 청하는 것을 결코 주저하지 않는다." 새무얼 스마일즈의 《인격론》에 나오는 말이다.

경험을 통해 실용적인 지식과 지혜를 얻고자 하는 사람들은 자기가 알고자 하는 대상을 소홀히 보지 않는다. 자신의 지혜와 지식을 바탕으로 한 새로운 경험은 무한한 자신을 만들 수 있는 집이 된다. 그 집이 '관(館)'이다. 튼튼한 구조로 지어지고, 편의를 제공하는 큰 집인 '관(館)'의 기초는 경험이다.

경험은 잊지 말고 가지고 있어야 한다. 그래야 내 미래의 현재를 만들 수 있다. 위정자들은 역사의 현장을 가봐야 한다. 많이 찾아가서 경험을 찾아야 한다. 특히 비극의 현장에서 더 많이 깨닫고, 슬픈 경험을 내 것으로 기억해야 한다.

그것으로 국민을 단결시키고, 더 큰 힘을 가질 수 있게 국민들께 호소하여야 한다. 위정자들의 행동과 말은 결과보다 과정이 중요함을 알아야 한다. 위정자는 정치가가 돼야 한다. 정치가의 가(家)는 집 가 자이다. 사무실이 없어도 되는 직업이다. 국민들이 나와 너가 되지 않게 해야 하는 것이 정치가의 책임이다. 정치인보다는 정치가가 되어야 한다. 집을 알아야 물정을 알기 때문이다.

'관(館)'에 가면 우리의 문화와 문명과 역사가 있다. 집 짓는 사람들은 관에 대하여 잘 알기 때문에 우리를 강조하는 관(館)을 짓는다. 관은 공동 생활을 요구하는 건축물이다. 집 짓는 사람들은 관(館)의 향기를 멀리 보내기 위해 공간을 만든다.

국민을 단결시키고, 힘을 모아 더 많이 경험하게 하여 우리는 더 큰 먹거리를 만들어야 한다. 관을 크게 짓는 이유가 있다. 우리의 자신감을 세상에 보여주기 위함이다.

송사지관

관(館)은 여론과 물정이 토론되고, 인간관계의 발전을 만들며, 사연들이 경험으로 바뀌는 곳이다.

“학자라고 하는 분들은 내가 책에서 배우지 않았다는 이유로 내가 다루고 싶은 것을 제대로 표현하지 못한다고 말할 것이다. 그러나 그들의 설명에 비해 내가 다루는 주재들은 다른 사람의 말보다는 경험을 더 필요로 한다는 것을 그들은 알지 못한다.” 레오나르도 다빈치는 경험을 강조한 천재였다.

자연 철학에 대한 자신의 접근법은 결단코 경험적이어야 한다고, 레오나르도 다빈치는 생각했다. 사람들은 지식보다 지혜와 경험으로 살아간다는 것을 깨닫고, 이런 말을 하였을 것이다.

"지구는 자기 위에 앉은 작은 새의 무게에 의해 원래 위치에서 이동한다"는 경험의 순환론을 말하는 레오나르도 나빈치는 아낙사고라스와 같이 대상을 판단할 때는 부분보다 전체를 보아야 한다는 생활관을 가지고 있었다. 객관(客館)은 이와 같이 전체를 보아야 하는 복합공간이다.

송사지관(松沙之館)은 정관, 동익관, 서익관으로 구성된 복합공간이다. 관(館)은 객관이기 때문에 3동의 건축물을 전체로 보는 경험의 순환에 따라 용도와 목적을 판단해야 한다. 정관은 중앙에 두어 궐패를 모시고, 앞에 월대를 만들어 궁의 정전같이 구조를 만들었다.

그리고 동, 서로 객관을 지어 객이 문관이면 동관에서 묵고, 무관이면 서관에서 묵게 했다. 문, 무를 따지지 않고, 이용케 하였다면 서로의 생각이 합쳐 더 좋은 문화가 형성되었을 것이다. 정청에서는 매달 초하루와 보름에는 왕을 향해 배례하고 의례를 행하였다.

정청은 맞배지붕 형식을 갖추고 있다. 뺄목을 짧게 한 겸손의 자태가 보이는 맞배지붕이고, 동관과 서관은 정관에 붙여 지어 양 끝을 팔작지붕으로 마감하였다. 동관과 서관은 부석사의 종루같이 한쪽은 팔작지붕이고, 한쪽은 맞배지붕 형식을 갖추고 있다.

가장 완비된 기와지붕 형식에 적절한 팔작지붕과 주심포 형식의 집에 많이 채택하는 맞배지붕이 보기 좋게 조화를 이룬다. 다른 것은 다르게 어울린다는 본을 보여주고 있어 내 마음에 좋게 와닿는다.

다니엘 리베스킨트의 "각도의 종류가 359가지이다. 한 가지 각도만 고집하지 말라. 미국은 민주주의 국가이다. 수많은 가능성이 펼쳐져 있는데도 우리는 한가지 곡조, 한가지 박자에만 맞추어 행진하려 한다. 직각과 반복이 공간에 질서를 부여한다는 고정관념이 존재하고 있다"라는 말이 송사지관에는 비켜 가는 것 같다. 한 가지를 가지고 많은 각도와 선들을 다르게 만들었기 때문이다.

송사지관에는 고정관념의 각도와 선이 없어서 리베스킨트가 우리의 객관 건축물을 보고, 베를린의 유대박물관을 설계한 것 같이 보인다. 유대박물관의 연속 축은 역사의 이음이며, 추방 축은 추모의 이음이고, 홀로코스트 축은 희망의 이음을 보여주듯 송사지관은 경험과 행동의 기억인 동학농민운동과 이어진다.

관(館)은 실제적 경험을 극대화시키는 공간이다. 그래서 집은 기억과 이어진다. 유대박물관을 'between the lines'이라고 한다. 선과 선 사이에서 서로의 관계를 생각해야만 이해가 되는 공간이기 때문이다. 선은 공간을 분리하고, 생활의 폭을 나타내며, 삶의 이야기를 이어주는 집을 형성하게 한다.

송사지관도 마찬가지다. 동학과 서학의 선이 비교되고, 정관, 동관, 서관의 연결이 경사와 직선의 조화이고, 마루의 직선이 서로의 마음을 연결하여 세계일화의 축이 된 것이다. 동학과 서학은 말을 타고 보느냐? 말에서 내려 보느냐? 의 차이이다. 위에서 집을 보면 더 큰 집을 짓고 싶어 지고, 아래서 보면 안정을 원한다. 욕망과 소망의 차이이다. 이것이 동학과 서학의 차이와 같은 것이다.

송사지관은 아름다운 선으로 마음이 안정되는 공간을 만들었다. 진, 선, 미가 무엇인지 생각해 볼 수 있는 마음의 공간이 동관과 서관의 대칭에 있다.

송사지관은 동학농민운동의 슬픈 역사를 간직하고, 보국안민과 국태민안을 위하고, 국민의 권리를 평등하게 누리기 위한 결의를 알고 있는지 오늘도 당당히 서 있다. 화려하지 않지만 늠름하게 자태를 유지하고 있다.

맞배지붕의 정관은 월대를 안고, 슬픔을 이기려고, 애를 쓰고 있으며, 동관과 서관은 기억을 터뜨리려 한다. 이러한 사연을 연꽃으로 피웠다. 연은 연지(蓮池)라는 경험의 공간에 대한 기억을 가지고 있다. 물이 없는 연지에서 100년 동안 있었던 씨앗은 연지가 재생되고, 물이 들어오자 씨앗은 열매에 대한 경험의 빛을 가지고 있었기에 지금 꽃을 피우고 있다. 쪽배가 연꽃을 보려면 타라고 유혹한다.

씨앗과 열매는 경험의 인연이 이어져 연지의 한 곳을 봉쇄수도원의 규율 같이 지켰을 것이다. 100년 만에 꽃피운 연의 씨앗은 우리의 말과 생각의 전해짐에 대한 축복이며, 송사지관의 용마루에 대한 찬가이다. 송사지관의 마음이 연지의 마음에 이어져 나타난 경험의 역사이다.

건축물은 자신을 잘 안다. 마치 거북이가 1분에 2-3회 호흡하여 250-300년의 생을 누리듯 건축물도 호흡을 조절하여 자신의 수명을 조절한다. 농민운동의 결기가 다져진 고창의 터 무늬가 옛 역사를 간직하고, 역사의 숨 터가 되어주고 있다. 그 위에 송사지관이 서서 오가는 객의 미소에 응대하며 웃어준다.

객관의 월대 앞에 소맷돌이 계단의 좌우를 꾸미고 있다. 태극무늬와 구름, 동물 문양과 연꽃이 새겨져 있다. 자유와 자비와 겸양의 알림판이다. 특히 연꽃이 '100년 후에 필 거야'라며 화병에 꽂힌 모양으로 돌에 새겨져 예언을 하였는데, 지금 연지에서 연꽃이 피고 있다.

예언한 경험이 미래의 현재가 된 것이다. 경험은 잊혀지지 않는다. 기억보다 더 질긴 인간의 몸짓이 경험이다. 성장과 관계된 경험을 씨앗과 열매는 또다시 새로운 경험을 경험한다.

"소리에 놀라지 않는 사자와 같이, 그물에 걸리지 않는 바람과 같이, 진흙에 물들지 않는 연꽃과 같이, 무소의 뿔처럼 혼자서 가라." 연꽃만 보면 생각나는 경전의 소리다. 《숫타니파타》에 나오는 구절이다.

송사지관의 정관은 정면 3칸에 측면 3칸으로 천, 지, 인의 공간이며 처마의 선이 맞배지붕의 내림 선과 멋진 미를 만들어 나라님의 선과 국민의 선을 받치고 있다. 기단은 장대석 바른 쌓기로 바름의 모범을 보여준다. 처음과 끝이 없는 둥근 선인 원기둥으로 하늘에 감사하며, 건축물을 세운 것 같다.

동관과 서관은 정청보다 조금 낮게 하여 격식을 유지하며, 정청과 마찬가지로 전면 3칸에 측면 3칸으로 문, 무의 위엄을 지키고 있다. 넓은 대청이 문, 무의 호연지기와 당당함을 가지라고 주문하고 있다.

송사지관은 예쁘고, 아름답고, 작해 보인다. 소맷돌이 도포의 소맷자락같이 얌전히 내려 있어 월대를 쓸고 있는 형태이다. 착함과 겸손을 건축물이 표현하고 있는 모습이 참 좋아 보인다. 고부의 동학이 고창에서 꽃을 피울 준비를 한 이유가, 송사지관의 월대에 서서 진, 선, 미를 마음에 새겼기 때문일 것이다. 월대에 오르는 계단이 인, 의, 예, 지, 신의 뜻인 다섯 계단이다.

송사지관이 동학의 집강소였기에 모든 건축물과 구조물이 좋게 해석되는 것은 아니다. 실제가 진, 선, 미를 알리는 진실의 공간이기 때문에 본 모습이 보이기 때문이다. 심지어 건축물 후면에 낮은 자세로 서 있는 굴뚝은 건축물의 소독을 위한 연기를 뿜을 수 있게 서 있다.

동관의 마루에 앉아 길에 깔린 모래를 본다. 모래는 크기가 다 다르다. 다름은 새로움을 만들기 때문에 사람이 사는 공간 어느 한쪽에는 모래를 깔아놓고, 망중한을 즐기는 것도 좋을 것이다.

나는 병에 모래를 넣어 그림을 만든 것을 책상에 두고 있다. 사막의 해넘이가 내 기억에 너무 멋지게 남아 있기 때문에 사막의 모래로 만든 그림이 들어 있는 병을 구입했던 것이다. 송사지관의 해넘이도 다름을 보여준다, 오페라 한 편이 공연된다면 조명은 제외되어도 될 것 같다.

객관이 관아의 시설물 중에 서열이 가장 높고 크다. 전패와 궐패의 위력 때문일 것이다. 그래서 관아의 중앙 지점에 자리하는 경우가 많다. 규모가 큰 건축물은 내, 외부뿐만 아니라 하늘과 땅에 접하는 곳까지 완벽하다. 크다는 것은 그냥 큰 것이 아니다. 크다는 것은 역학의 균형과 원리가 만드는 완벽함의 과학과 기술이 있어야 한다.

그래야 걸작이 되고, 다름의 같음이 될 수 있다. 관(館)의 건축물에서 규모의 비례는 마음의 비례에 정비례된다는 것을 본다. 일체유심조가 건축물에는 있다. 건축물은 상상력도 중요하지만 상식과 논리가 기승전결에 맞게 생각이 정리되어 다름과 통섭될 때 차근차근의 이론이 쌓이며, 기초가 튼튼해진다는 것을 송사지관을 보며 느낀다.

"삶은 건축이고, 건축은 삶의 거울이다"라고 누군가는 이야기했다. 되돌아보는 역사는 우리의 갈 길을 일러준다. "인내심이 강하고 경험이 많은 사람은 의심하고 놀라는 일이 적다"고 하였다. 《사소절》에서 읽었다.

경험은 모든 인간에게 똑같이 주어진 시간의 장난감 같은 것이다. 송사지관(館)은 삶의 여행과 의례를 경험하게 하고, 경험을 필요로 하는 국민 정서를 이어가게 하는 지혜의 산실이다.

루(樓)

생각과 계획의 행동

루(樓)를 보면 움직임의 형태가 보인다. 보통 5칸에서 7칸까지 짓는 길고, 큰 건축물이기에 행동하는 건축물 같이 느껴진다. 루는 행동하는 공간이다. 행동은 몸을 움직여 동작을 하거나 어떤 일을 하는 것이다.

행동은 실천이다. 실천은 인간의 의식적, 능동적 활동으로 이론이나 생각을 행동으로 옮기거나 실행하는 것을 말한다.

안병욱 교수는 그의 저서《인생사전》에서 “중용의 덕은 최고의 덕입니다. 중용은 중간이 아니고 중정(中正) 입니다. 어느 한쪽으로 치우치지 않고 올바른 것입니다. 중용은 중간이라고 풀이하면 엉뚱한 곡해가 생깁니다. 중용은 선과 악의 중간일까요. 그렇지 않습니다. 참된 중용은 그때 그 경우에 꼭 알맞은 적절한 행동을 하는 것입니다. 이것을 공자는 시중(時中)이라고 했습니다. 군자는 시중합니다. 시중도 어느 때, 어느 경우에나 가장 알맞은 행동을 하는 것입니다"라고 중용의 덕은 행동한다고 했다.

실천이란 중용의 덕과 같이 행동하는 것이다. 생각한 바를 실제로 행하는 것이 실천이다. 맹목적 실천이 아니라 생각과 뜻을 표현하는 실천이 중요한 것이다.

루(樓) 자는 끌 루(婁) 자와 나무 목(木) 자의 합자이다. 끌 루(婁) 자는 두 여인이 하늘을 향해 두 손을 모아 기원하는 모양이다. 기원은 주술적 의미가 있다. 그래서 층으로 이루어진 층집과 주술적 기능을 뜻하기 위해 만든 글자이다. 그래서 우리는 나무로 복층 건축물을 만든 것을 루(樓)라고 한다.

멀리 넓게 볼 수 있도록 다락구조로 크고 높게 지어졌다. 아래층은 지금의 피로티 역할을 하지만 높이는 위층만큼 높지는 않다. 폭이 좁으면서 가로로 긴 다락집 형태의 루(樓)가 많다. 루(樓)란 편액이 붙은 집은 온돌구조가 아니고, 지면에서 공간을 두고, 바닥을 마루로 만든 집이다. 높게 지어 마천루의 어원이 된 것 같다. 지금은 높이 300미터 이상을 슈퍼톨(super tall)이라 하고, 높이 600미터 이상은 메가톨(mega tall)이라 한다.

루(樓)의 하단부 기둥은 자연 길을 만든 것이다. 아이올로스의 바람 4형제인 브레아스(북풍), 노토스(남풍), 에우로스(동풍), 제피로스(서풍)의 길이며, 인간의 칠정의 길이다. 낭만과 멋을 만들며, 여유도 보여준다.

여흥의 공간이 되고, 문, 사, 철의 연구원도 되며, 시, 서, 화의 전시장이 되기도 하니 천하일체의 공간이다. 여흥의 공간이 만들어지면 긴장을 풀게 하여 사고의 폭을 자유스럽게 하고, 행동의 단아함이 춤으로 된다. 지방의 루(樓)에도 여흥에는 술이 있었겠지만 궁의 부서에는 임금이 하사하는 술이 있었다.

술은 루(樓)에서 마실 수도 있고, 별도의 자리에서 마실 수도 있지만 루에서 즐기면 흥이 더 날 것 같다. 임금이 술을 내려주면 각 부서는 술에 이름을 붙였다.

예문관은 장미연이라 하고, 술잔을 장미배라 하였고, 성균관은 벽송연이라 하고, 술잔을 벽송배라 하였으며, 교서관은 홍도연이라 하고, 술잔을 홍도배라 하였다. 사헌부는 아란배, 승정원은 갈호배라고 하여 흥을 돋우며, 그 시간을 즐겼다고 한다.

루는 아폴로의 공간도 되지만 디오니소스의 공간일 때 문, 사, 철이 토론되고, 시, 서, 화의 경쟁이 벌어진다. 예술이 뒤따라와서 자연과학과 사회과학의 중간에 자리하여 열기를 식혀준다. 쇼가 벌어진다. 춤과 노래가 있는 공간은 즐거움이 있는 공간이다. 모사도 만들고, 간자도 만들고, 즐거움도 만드는 곳이 루(樓)이다.

덕이 많은 사람들이 있다면 사광의 청징과 청각도 들었을 것이다. 공자도 최후의 감정으로 음악을 생각했다. 시에서 감흥을 일으키고, 예를 통해 자립하고, 음악에서 완성를 이룬다고 공자는 말하였다.

아우구스티누스도 "노래는 사랑하는 사람들의 것이다"라고 하였다. 자연이 준 최고의 선물이 꽃이라면 인간이 만든 최고의 선물은 노래와 춤이다.

루(樓)는 세상과 세계의 장점과 단점이 토론되는 공간이 된다. 세(世)는 과거, 현재, 미래이며 계(界)는 사면팔방이다. 내 것과 네 것의 비교와 국민의 삶에 관한 직, 간접의 내용들이 논의되고 결론지어진다. 그때 우물마루 사이에서 시원한 바람이 올라와 열기도 식혀주는 루의 공간은 냉정을 가르쳐 준다.

루에 앉아 시름을 잊고, 막걸리 한잔에 김치 한 조각이면 김홍도의 〈삼공불환도〉가 좋아진다. 여유롭게 사는 즐거움은 무엇과도 바꾸어서는 안 된다는 그림이다. 출세는 흘러가는 물과 같고, 무희의 손끝에서 흩어지는 바람 소리와 같다. 여유와 취미는 소망의 실천을 만드는 소중한 요소이다.

"자신의 의무에 대해 깊이 생각해 본 사람은 믿는 바를 즉시 행동으로 옮긴다. 행동은 우리 마음대로 할 수 있는 유일한 것이다. 그곳은 습관의 총합일 뿐 아니라 인격의 총합이기도 하다"라는 글을 어디선가 읽었다. 습관이 외부로 표현되는 것이 행동이다.

행동에도 선과 악이 따르고, 바름과 바르지 않은 이분법이 동행한다. 자크 드 라크르텔은 "선한 행동을 믿읍시다. 의심과 불신은 악한 행동의 몫으로만 남겨둡시다. 믿지 못하면 속는 편이 낫습니다"라고 말했다. 루에서 생각하는 행동, 실천하는 행동을 민속무용인 농악무의 춤사위를 보며 생각해 본다.

《설문》에서는 중첩하여 지은 집을 루(樓)라고 하였고, 《이아(爾雅)》에서는 폭이 좁으면서 길고, 굴곡이 있는 집을 루라 하였으며, 《강희자전》에서는 루는 모인다는 뜻으로 보고 있고, 문집 《총간》에는 집 위에 지은 집을 루라 하며, 이규보도 집 위에 지은 집을 루라고 한다고 하였다.

루는 바랄 망(望) 자가 주가 되어 사방을 바라볼 수 있게 높이 지은 집이며, 행동할 때 즐거움을 느끼도록 전망이 좋은 곳에 있다. 공적으로 지어져 공적으로 사용되어 정치, 행사, 연회가 이루어지는 공간이며, 객관에 부속되어 있고, 비교적 큰 건축물로 형상에 따라 그 뜻이 정의되는 것이 루(樓)의 뜻이다.

루에 오르면 예(藝)가 생각난다. 예는 재주, 기예, 법도, 학문, 글, 과녁, 심사를 뜻한다. 예(藝) 자라는 글자 한 글자만 있으면 인간의 삶은 정의되는 것이다. 예(藝)는 독특한 표현 양식에 의하여 의식적으로 아름다움을 창조해 내는 활동이라는 뜻이다.

인간의 정신적, 육체적 활동을 빛깔, 모양, 소리, 글 등에 의하여 아름답게 표현하는 예는 건축, 조각, 회화, 무용, 연극, 음악, 시, 소설, 희곡, 평론 등을 나타내는 것으로 한자사전에 쓰여 있다.

공자도 도덕, 인, 예를 강조하면서 특히 음악을 좋아했다. 유어예(遊於藝)라 하여 선비들이 배워야 할 여섯 가지 일로 예(禮), 악(樂), 사(射), 어(御), 서(書), 수(數)의 육예를 예(藝)로 보았다. 여기에 재주 술(術)을 붙이면 광범위한 학문인 예술이 된다.

예(藝)는 사람이 꽃밭에 꽃을 심고, 가꾸는 글자이다. 꽃을 보면 누구든지 선인이 된다. 부처님이 항상 웃고 있는 것은 법당 안에 항상 꽃이 있기 때문이다. 꽃은 아름다움을 보여주고, 씨를 만든다. 일정한 기간을 가져야 되는 일이다.

꽃은 종류가 많다. 종류마다 씨를 가진다. 이것은 사람들에게 선택을 선물하는 것이다. 선택을 한다는 것은 모든 것의 앞면에는 숨김이 있고, 뒷면에는 순수가 있으니 뒷면부터 보고, 앞면을 보라고 하는 것을 말한다.

사람들은 예술 속에서 살아야 한다. 그래야 순수해진다. 루는 예술의 공연장이다. 예술은 국경이 없다. 루(樓)는 세계 어느 곳에나 다 있다. 루는 인간들에게 가장 큰 영향을 끼치는 놀이의 집이며, 사연을 공유하는 집이다.

죽서루

루(樓)에 대한 최초 기록은 백제의 개로왕(475년) 때 바다가 보이는 망해루에서 연회를 열었다는 기록이다. 연회는 행동을 생각하게 하는 미학의 꽃이다.

"기술자들은 공사(工肆)에 있어야만 기술을 배울 수 있고, 군자는 학문을 통해야 세상의 도리를 깨우칠 수 있다. 학문이 깊지 못하면 재능이 부족하게 되고, 기술이 높지 못하면 기교가 부족한 법이다." 여기에서 사(肆)는 관아에서 기술자들을 안배하여 자고 먹고 일하게 하는 곳이다. 허명규의 《권인백잠》을 기본으로 한 김동휘 옮김의 《인경》에 나오는 말이다.

《논어》의 〈자장〉 편에서 자하가 한 말에 말을 덧붙였는데, 건축물을 축조하는 기술자들은 건축물을 지을 때 두 가지 마음을 가지지 않는다. 기술자는 야망과 야심이 없다. 오로지 지을 집에 살 사람들만 생각하기 때문에 바람의 흐름과 물의 흐름이 지을 집에 어떤 영향을 줄지에만 관심이 있다. 는 말이다.

동양화의 여백을 살리는 새와 물고기같이 바람과 물을 즐기는 쟁이가 되어 한마음만 가지는 것이 건축물을 짓는 기술자이다. 일이 끝나고 나면 호모 루덴스가 되어 풍류객의 자유인이 되는 멋과 맛으로 무장된 사람들이 기술자들이다.

죽서루에는 기술자들의 애환이 많이 있었을 것 같다. 어려운 공정이 많고, 지형상의 위치 때문에 기술에 대한 생각의 역할 창고였기도 하였을 것이다. G.H 미드가 '역할'은 자신이 처해 있는 지위에 알맞은 행동을 하게끔 기대와 요구를 받는 것인데 이것에 부응하는 행동을 '역할'이라고 하였다.

우리가 말하는 지켜야 할 도리와 같은 말이다. 주변머리를 이야기하는데 이는 '주제'를 알아야 한다는 뜻이다. 루(樓)는 자신들이 지켜야 할 신분에 따른 역할의 행동이 필요한 공간이다.

오십천에서 25미터 높이의 절벽에 죽서루가 서 있다. 목수와 토목을 담당하는 기술자들은 이런 위치에 루를 짓기를 좋아했다. 예(藝)를 모르면 불가능한 술(術)이다. 애환을 오십천에 흘려보내고, 끝까지 지어내는 의지와 끈기와 인내를 가진 사람들이 우리의 기술자들이다.

죽서루는 이승휴, 정철, 정선, 강세황, 김홍도, 이광사, 엄치욱,

이이, 허목, 이성조 등의 화가, 문인, 서예가들이 감탄사를 연발하면서 좋아하던 곳이다. 문 · 사 · 철과 시 · 서 · 화와 음악이 함께 행동하던 곳이다.

122.31제곱미터(37평)에 있는 시판과 편액이 이를 알려준다. 겸재 정선은 죽서루 뒤의 오십천 건너에서 죽서루를 그렸다. 건축물은 사면에서 봐야 진면목이 보인다. 멀리서 보면 장점이 보이고, 가까이서 보면 단점이 보여야 한다. 마치 청춘 남녀가 한눈에 반한 것 같은 답사는 답사가 아니고, 만들어진 보임을 볼 뿐이다.

앞면은 숨김이 있지만 뒷면은 숨김이 없는 본래의 자태가 있다. 그래서 뒷면을 보는 것이 중요하다. 표리의 마음가짐이다. 건축물에도 표리가 있고, 사람에게도 표리가 있다. 밖과 안이다. 숨김이 없는 안과 밖이 중요한 것은 말할 필요가 없다. 바른 행동이 바른 표리를 만드는 것이다.

루는 교육적, 종교적 회합 장소로서의 기능, 순수 접대나 향연을 위한 기능이 있다. 죽서루는 객사의 부속 건축물로 접대와 휴식을 주목적으로 하는 향연을 위한 루로 보이나 나는 모든 기능이 통합되어 있다고 본다. 그것은 울타리와 담이 없이 자연을 담과 울타리로 하였기 때문이다.

열려 있다는 것은 루의 특징이나 죽서루는 루에 오르는 계단이 없이 측면에 있는 바위가 루에 들어가는 입구이다. 통제의 기능은 있었지만 예인, 문인, 공인, 상인 등이 자유로이 부름에 응하였을 것으로 생각되어 통합의 기능이 더 강했다고 본다.

죽서루는 자연과 잘 어울리도록 지어졌다. 기단과 초석이 없이 둥근 기둥 밑면을 그렝이질 하여 자연의 암반 위에 기둥을 바로 세웠다. 루의 마루는 우물마루이고, 천장은 연등천장이며, 우물마루가 끝나는 사면에는 계자 난간을 세웠는데 기둥 사이는 개방의 미를 만들었다.

낙양각이 없다. 낙양각은 마음으로 만들어 주변의 경관에 맞게 붙이어 주위를 보라고 요구하고 있다. 좁은 낙양각은 시원함을 보여주고, 넓은 낙양각은 표구 속의 아름다움을 느끼게 하는 것 같다.

5량 구조의 겹처마에 팔작지붕이다. 정면 7칸으로 칠정의 인간 본능을 알게 하고, 장방형의 평면을 이루고 있다. 본래는 정면 5칸에 측면 2칸의 맞배지붕이었을 것 같기도 한 생각이 든다. 천장 구조를 보면 우물천장과 연등천장이 같이 있고, 좌우 끝의 칸은 공포의 모습이 다르기 때문이다.

천장 부분의 도리가 그대로 남아 있어 5칸이었다는 것을 알 수 있을 것 같다. 정면에서 볼 때 오른쪽 1칸의 천장이 우물 반자로 마무리하고 상석 자리로 만든 것 같이 보인다.

그리고 기둥은 위층은 20개, 아래층은 17개인데 9개는 그렝이법으로 세웠고, 8개는 인공으로 만든 초석에 세웠다. 길이가 모두 다른데 바람길을 과학적으로 만들어 마루 틈 사이로 바람을 올리기 위한 것으로 보인다. 길이가 모두 다르기에 아름답고, 단결이 잘되고, 다름의 문화를 꽃피울 수 있도록 하였다.

2칸의 증축이 로마의 혼합 문화같이 보이고, 신라의 다문화 역사를 이어온 것으로 보이고 얼을 빛내는 것 같이 보인다. 문화는 혼자의 문화보다 모두의 문화가 되어야 한다. 그래야 세계화의 길을 갈 수 있기 때문이다. 신라와 로마가 1000년의 역사를 가진 것은 복합 문화를 강조했기 때문이다.

죽서루 주변에는 대나무가 많다. 매화, 난초, 국화를 떠나 대나무 혼자서 곧은 마음을 보여주고 있다. 대나무가 외로워 보이는 것은 나 혼자의 느낌일까?

이곳에 오는 모든 이는 행동하는 양심과 이성을 가지고, 욕심 없이 와서 정신적 풍요를 채워 가라고, 하는 것 같이 대나무가 동풍인 에우로스에게 부드럽게 흔들린다. 물과 바람이 죽서루에 미련 없이 내려앉는다. 바람은 자신이 직접 높낮이를 조절하지 못한다. 장애물이 막아서면 위, 아래, 옆으로 피해서 강약을 조절하고 자신의 감정을 조율하며 흐른다.

죽서루 마루 밑을 보면 바람의 압력을 높이기 위해 만들어져 있다. 기둥의 높이가 그렇고, 마루 밑 중간의 바위 때문에 바람이 돌게 되어 있다. 자연 냉방을 최대화시키는 기술이다. 이 바람이 마루 틈 사이로 올라와 시원함을 만들어 주는 것이다.

사막 지방의 바질(wind tower)보다 더 좋아 보이는 기술이다. 우리 조상들은 마루 틈 사이로 올라오는 바람을 첩바람이라 하였다. 바람의 행동도 과학적으로 사용한 우리 조상들은 자연의 조건을 그냥 보지 않았다.

물도 마찬가지다. 물은 산을 넘어가지 못하고, 옆으로 돌아서 흐른다. 그래서 물은 빠름을 알게 하는 직선을 좋아하지 않고, 천천히를 강조하는 곡선으로 흐르는 것이 물의 특성이다. 자연은 곡선이기 때문에 자연에 있는 물질은 곡선으로 되어 있다.

죽서루는 물, 바람, 대나무의 숨결이 곡선의 가르침을 많이 준다. 보안등에도 대나무 문양을 넣어 후손들이 빛을 하나 더 창조하였다. 죽서루는 꾸준한 실천인 행동을 하여 새 길과 새 빛과 새로운 꿈을 가지라고 한다.

죽서루에 오르는 계단은 자연적인 바위를 파서 만든 것 같다. 그래서 루(樓)라기보다는 바위로 조성된 대(臺) 같은 느낌도 받는다. 힘과 권력과 정기를 모두 가진 대의 힘이 발산되는 것 같다.

"인간은 행동에 의해서 자기 자신을 만들어 나아가는 것이다"라고 사르트르는 말하였다. 실천하는 행동, 양심 있는 행동, 이성을 가진 행동이 죽서루의 물과 바람과 선비들의 행동이다. 행동에는 리듬이 있고, 율동이 있고, 오르내림이 있고, 선이 있다.

죽서루에서 행동을 그려본다. 겸재 정선과 같이 멀리 서서.

정(亭)

생각의 힘이 생기고 이어진다

정(亭)에 관한 가장 오래된 기록은 신라 소지왕 때이며 천천정(天泉亭)에 거용하였다는 기록이 《삼국유사》〈사금갑 조〉에 있다. 정(亭)은 나를 찾을 수 있는 공간이다. 정(亭)은 개인적 공간이며, 루(樓)는 공공성을 가진다.

"고민은 제자리걸음이요, 생각은 앞으로 나가는 것이다"란 말이 있다. 그래서 사람들은 마음 한편에 생각의 공간을 가지고 살아가고 있다. 좁은 마음에 만든 공간을 삶의 큰 공간에 다시 만들어 놓고, 생각을 하게 하는 집이 정(亭)이다.

정(亭)은 생각과 개인의 취미가 행해지는 집이다. 생각은 사물을 헤아리고, 판단하는 작용이다. 생각은 행동으로 옮길 수 있는 생각을 해야 한다. 그렇지 않으면 생각끼리 저울질만 한다. 취미는 개인의 취향이다.

사람들은 식, 주, 의를 위해 산다. 이 세 가지에 대한 생각과 걱정이 평생 이어지는 것이 인생이다. 그중에 집에 대한 생각과 걱정은 무게가 너무 무거워 천근만근의 짐이 되고 있다.

우리말의 '생각'이란 말을 한자어인 '생각(生覺)'으로 알고 산다면 더 쉬울 것 같은 생각이 생각된다. 말이 말을 만든다는 것은 복잡하면서도 재미는 있다. 한자어로 표기하면 뜻이 분명히 나타난다. 하지만 한자어로 표기 못 하는 우리말인 생각과 걱정은 해석을 넘어 해석을 해야 하니 고민이 더 깊어지는 것이다.

집도 마찬가지다. 우리말로 집이라 하면 어떤 집인지 한참 생각해야 한다. 한자는 전(殿), 당(堂), 합(閤), 각(閣) 등등으로 답할 수 있는 것이다.

생각은 어디서나 언제든지 할 수 있다. 생각은 혼자의 희로애락이다. 걱정은 일어나지 않는 일에 대한 생각이 많은 부분을 차지한다. 생각과 걱정은 좋고, 큰 집에 대한 욕심 때문에 생기는 겸손이라 느끼면 또 지나가는 것이다. 그래서 사고(思考)와 생각을 비교해 본다.

사고와 생각은 생각하는 일 또는 마음먹는 일을 말한다고 한다. 여기서 나온 것이 인문(人文)이다. 인문은 어려운 분야이다. 사람 사는 것이 쉬운 것이 아니란 것을 말하는 것이다. 인문은 삼단논법의 정리가 필요하기 때문이다. 그래서 사람들은 정(亭)을 지어

명상의 공간으로도 삼았다.

정(亭)은 생각의 공간이기도 하지만 휴식이나 선방을 즐기기 위한 작은 건축물로서 자연이 차경물로 생각할 것 같은 건축물이다. 또 경치가 좋은 곳에서 휴식과 생각할 것을 정리하고, 다듬는 목적으로 세운 건축물이다.

기둥을 세우고, 지붕을 만들어 벽이 없는 곳이 많다. 바닥은 마루로 하고, 한 부분은 온돌방으로 만든 것도 있으며, 강화도에 있는 연미정같이 단층에 전석으로 바닥을 만든 곳도 있다. 혼자서 침묵과 함께 명상을 하면서 마음을 비우고, 새로움을 담는 여유와 낭만이 깃든 곳이 정(亭)이다.

이규보의《사륜정기》에 보면 "정(亭)은 손님을 접대하고, 시, 서, 화와 문, 사, 철을 토론하며, 풍류를 즐기는 공간이다"라고 하였다. 1199년 이규보가 설계한 사륜정은 이동식 정(亭)으로 가로 1.8미터 세로 1.8미터로 노래하는 사람, 시 읊는 사람, 거문고 타는 사람, 바둑두는 사람 2명, 바둑판, 주인, 술동이와 소반과 악기 두는 곳으로 구궁도를 본떠 9자리로 나누었다.

1자리가 60센티미터에 60센티미터 각이었으며, 세계 최초의 캠핑카였다. 소동파의 택승정은 이동식 정자였지만 지금의 텐트였다. 이규보는 정(亭)을 "사방이 탁 트이고, 텅 비게 만든 집으로 밖으로는 공간이 열려 있어 시원한 느낌을 주는 공간"이라 하였다.

정에서 어른들은 서와 경을 읽어야 한다고 하였다. 위정자들은 정에서 현실보다 미래를 바라보는 힘을 길러야 한다. 그것은 서와 경에서 나온다.

정(亭)은 작은 규모로 보는(觀) 것을 즐기기 위한 공간으로 사적이며, 유상과 지적 생활을 갖고자 하는 공간이고, 기능에 따라 정의되는 건축물이다.

생각은 즐거움이며, 누구나 나이 들어 문, 사, 철과 시, 서, 화와 음악을 즐길 여유가 있으면 정(亭)을 원할 것이다. 좁은 공간에서 적은 인원이 대화하며, 즐거이 한가함과 깊은 생각을 갖는 집이기도 하다.

논리보다 정리를 중요시하는 공간으로 물가에 있는 정(亭)은 물은 아래로만 흘러간다는 진리를 배우기 위함이고, 산 위에 있는 정(亭)은 원경을 바라보며, 큰마음을 가지기 위함이다.

정은 지붕 모양이 사각형 이외에 육각형, 팔각형 등이 있고, 부채꼴 모양(관람정) 등 다양한 모양이 있다. 《설문해자》에 보면 '거소이안정야(居所以安定也)'라 하여 정(亭)을 쉬는 공간이라는 포괄적 의미로 나타내고 있다. 또한 석명에서는 정(亭)을 정(停)으로 표기하여 '잠시 쉬며 놀다 가는 곳'으로 풀이하고 있다. 다각형의 지붕에는 꼭짓점이 만나는 꼭대기 부분에 세워놓은 아름다운 형태를 가진 것을 절병통이라 한다. 절병통은 정(亭)의 꽃이다.

정은 잠시 머물면서 산수경치를 즐기고, 마음을 유연하게 하고, 심신 수련을 위해 세운 작은 집이며, 나무 위에 지은 새집도 인간 세상의 정(亭)과 같은 것으로 보고 싶다.

모정은 농사를 짓는 농자들의 전용공간이다. 정에 앉아 자연을 보노라면 불규칙한 삼라만상의 규칙성이 보이고, 계곡의 바위가 내 배움의 무게를 더하라고 독촉하는 것 같다. 정에는 혼자의 시간을 갖고자 하는 인간 특유의 성질이 담겨 있다. 그래서 정(亭)에서 인문학적인 힘이 많이 나온다.

옥스퍼드 대학교의 로빈 던바 교수는 인간은 친구를 150명 정도 가질 수 있지만 절절한 친구는 5명을 넘지 못한다고 하였다. 정(亭)의 규모가 보통 5인 정도의 공간이니 우리 선조들의 예지력이 대단하였다고 본다.

정은 또 정원이나 도로변에도 세우며, 사람들이 휴식하는 곳이라고도 한다. 옛날 도로상에 10리 간격으로 장정(長亭)이라는 것을 두고, 5리 간격으로 단정(短亭)이라는 것을 두었는데 사람들은 이곳에 와서 친지들을 전송하였다 고《중국문화와 한자》에 쓰여 있다.

정은 이정표 역할도 하였다. 우리는 장승도 이정표 역할을 하였다. 여행하는 사람이 잠시 쉬어 가는 곳도 정이다.《문집총간》에는 "활연히 툭 트이게 지은 것을 일러 정(亭)이라 한다"고 했다. 기와나 이엉, 띠풀을 갖추지 않아도 사람들에게 햇빛을 막아 그늘지게 할 수 있다면 모두 정이라고 할 수 있다고 본다.

정의 구조는 장방형, 육각형, 팔각형 등이며, 아주 규모가 작은 공간이기 때문에 단층이 많고, 지붕의 절병통이 멋과 미를 더해주는 집이다. 장방형은 팔작지붕이 있기도 하다.

정의 건립역사는《삼국사기》에 나오는데 BC32년 고구려 동명성왕과 655년(의자왕15)에 '망해정'이란 말이 있는 것으로 봐서 추측할 수 있다.

우리 선조들은 계곡의 흐르는 물 옆에도 계정(溪亭)을 짓고, 산에는 산정(山亭)을 지어 사계절의 변화에 따른 미를 보며, 자연의 법칙을 일깨웠을 것이다. 매월당 김시습은 가는 산마다 그 산에서 나는 나무와 동물의 심줄로 금(琴)을 만들어 자연의 소리를 즐겼다고 한다.

정에 오르면 강좌칠현의 결기가 느껴진다. 생각의 깊이와 폭이 분위기를 닮기 때문일 것이다. 신체의 휴식이나 놀이를 위한 기능보다 자연인으로서 자연을 닮아 사는 것을 느끼도록 만든 건축물이 정(亭)이다.

내가 변하기 위해 정에 간다. 존재하는 것은 변해야 하는 것이 자연의 법칙이다. 변하지 않는 것은 존재가 아니고 욕심이다. 정(亭)의 존재는 벽이 없는 것이다. 그래서 세상의 변함을 받아들여 스치게 하며, 스스로 변하라고 한다. 이것 때문에 사람들은 정(亭)을 좋아한다.

물과 바람과 빛이 쇼를 보여주고, 흘러가는 구름을 보며, 다름을 깨닫고 새로움을 알아야겠다는 각오를 하는 곳이 정(亭)이다. 정에서는 속도를 줄일 수 있다. 속도를 줄이면 보는 면이 넓어진다. 그러면 다르게 볼 수 있고, 새로운 것을 지을 수 있다.

움켜쥐는 욕심에 익숙한 습관을 놓아주는 자유의 습관으로 만드는 곳이 정(亭)이어야 한다. 오는 정(亭), 가는 정(亭) 속에 사람의 정(情)이 생기는 것이다. 때론 삼매의 공간이 되어 소크라테스를 생각나게 한다. "어려서는 겸손해져라, 젊어서는 온화해져라, 장년에는 공정해져라, 늙어서는 신중해져라." 정(亭)의 고침안면(高枕安眠)이다.

금수정

금수정에 앉아 계자 난간에 몸을 기대니 말하는 사람과 말 듣는 사람의 자세가 비교된다. 말하는 사람은 자신을 강조하는 사람이고, 말 듣는 사람은 자신의 겸손을 보여주는 사람이다. 말이 있어 말을 하고, 말을 듣는 곳이 있는 것이다.

꾸밈없는 말들이 오가는 정상 간에는 말의 원리가 있어야 한다. 말을 자상하게 하되 요점이 살아 있도록 명료하게 한다는 뜻이다. 복점쇄는 말을 꾸미어 복잡하게 늘어놓는 것이니 당연히 피해야 한다. 말은 생각에서 나온다. 생각은 수련을 하는 시간을 가져야 한다.

정(亭)에 오르면 사람은 사색을 하고, 사고하며, 사명감을 가져, 사랑을 할 수 있는 연민의 정을 생각해야 한다. 생각, 말, 글, 도구를 알게 해주는 것이 정(亭)의 공간이다. 이러한 요소들의 뜻이 정(亭)에 담겨 있다.

정에 오르는 계단은 고개를 숙이고, 생각하며, 올라야 하고, 말은 기둥과 마룻바닥을 스치는 바람 소리같이 부드럽게 하며, 글은 계자 난간의 곡선같이 강건하게 흔들림 없는 자태를 요구하고, 붓과 벼루는 사람이 가질 수 있는 지혜를 건축물에서 찾으라고 하는 곳이 정(亭)이다.

무엇을 '왜' 생각하는 가에서 '어떻게' 생각하는가로 바꿔보는 곳이 정(亭)이다. 이상과 현실의 거리를 생각하는 곳이 사람 사는 곳이다. 생각의 폭을 넓혀주는 것은 질문과 방법을 찾는 것이라고, 금수정 안의 시판에 쓰여 매달려 있다.

몸으로 생각하는 것은 경험이고, 지혜이며, 감정이입이다. 금수정의 돌기둥은 90센티미터로 경험과 지혜와 감정을 받치고 있고, 위에 있는 8개는 정(亭)의 하늘을 받치며, 정(亭)의 뜻을 지키며, 인내하고 있다. 생각의 창고인 금수정을 돌과 나무가 빛을 내고 있다.

금수정에서 바라보며, 생각하는 것은 '사냥에 성공하려면 사냥감처럼 생각하라'는 것이다. 상대를 알려면 상대방이 되어봐야 그 사람의 내면을 알 수 있다는 것이며, 생각의 폭을 넓게 가져야 다양성을 가질 수 있다는 것이다. 이곳에서 양사언은 이런 것을 배웠을 것이다.

금수정은 2칸 집이다. 금수정은 큰 정(亭)의 절반도 되지 않는다. 헤시오드(Hesiod)라는 그리스 시인은 "절반은 전체보다 크다"라고 하였다. 이 말을 다시 새겨보니 금수정 앞에 보이는 들판과 강물이 금수정보다 적어 보인다. 도습여론은 나쁘지만 한번 펼쳐보고 싶다. 마음으로 보는 것과 눈으로 보는 것과 정신과 느낌으로 보는 것이 생각을 만든다. 아늑한 생각의 모임이 큰 생각을 만들도록 사람에게 달려든다.

괴테는 "건축은 냉동된 음악이다"라는 말을 했다. 음악은 물처럼 흐르지만 음악은 물이 아니기 때문에 얼음이 될 수 없다. 건축이 위대하다는 것을 말하는 것이다.

금수정의 8개 초석이 위대해 보인다. 주변의 풍광도 시기 질투를 하지 않고, 조화와 협조를 이루고 있다. 생각을 행동으로 옮기라고 하는 시조가 양사언(1517-1584)이 쓴 〈태산이 높다 하되〉이다. 그의 시비가 금수정보다 높은 곳에 있다.

노력과 성실을 요구하는 내용이지만 생각과 행동을 강조하는 시조이다. 서예가답게 자연을 즐겨 자연을 품고 살았다고 하는데 그 품속에 품은 동천을 금강산 만폭동 바위에 "봉래풍악 원화동천"이라고 새겼다고 한다. 여름에서 가을까지 거주하여서 봉래, 풍악이라 하였을 것이고, 아름답기가 하늘나라 같아 원화동천이라 하였을 것이다.

평창의 홍정계곡에 가면 양사언이 쓴 '봉래', '방장', '영주'라는 삼신산과 낚시하기 좋은 '석대투간', 연꽃이 핀듯한 '석지청련', 낮잠을 즐기는 '석실한수', 뛰어놀기 좋은 '석요도약', 장기 두기 좋은 '석평위기'라는 팔석정이 있다. 집으로 된 정(亭)이 아니고,

양사언이 이름 붙인 팔석정이다. 자연 바라기의 멋쟁이가 표현한 것이다. 자연을 먹고 사는 신선나움을 양사인은 보여준다.

금수정은 물이 들어오는 곳이 없이 물을 주기만 하는 경기도 포천에 있다. 베풂의 덕이 있는 편액이 금수정이다. 편액이 처마 밑 중간에 있지 않고, 한쪽으로 편중되어 걸려 있고, 금수정의 바닥도 〈태산가〉 시비보다 150센티미터 밑으로 만들어 위치를 잡았다. 겸손의 표시이며, 자연보다 위에 서지 않겠다는 겸양의 자세를 보여주는 것 같아 고개가 숙여진다.

양사언이 10여 미터의 마애적벽에 쓴 '금수정'이란 글씨가 편액 글씨가 되어 금수정 한쪽에 걸려 있다. 영평천 변의 10여 미터 절벽 위에 살포시 앉은 금수정은 양사언의 숨결이 맺혀 있는 곳이다. 금수정에서 24절기를 되뇌이며, 24계단을 내려가면 영평천 물가에 설 수 있다.

내가 갔을 때는 여름철인 6월이라 물이 많이 불어났으나 10여 개의 바위섬이 보이는데 그중에 하얀 바위섬이 보이고, 그 바위 위에 '경도'라고 쓴 큰 글자가 보인다. 구슬 경(瓊) 자와 섬도(島) 자로 된 글자이다.

'옥 같은 바위섬'이란 의미로 1획으로 이어진 가로 86센티미터, 세로 230센티미터의 크기이다. '경도'는 북경의 고궁 서편 북해공원에 있는 황제의 궁원에 있는 돌섬이다. 영평천을 북경의 900년 역사를 지닌 호수공원으로 보며, '경도'를 새겼으니 가히 금수정 앞의 전경을 알만하지 않겠는가.

성해응(1760-1839)의 《동국명산기》에 '경도'라고 소개되어 있다고 한다. 연화암도 있다. 금수정에서 내려 보이는 바위는 단단함과 절개를 배우라고 한다. 금수정 일대는 양사언의 풍류 맛과 인문이 서린 동천이다. 부춘정이 있는 탐진강에는 옥봉 백광홍이 쓴 '용호'라는 글씨가 물에 잠긴 바위 윗부분에 쓰여 있다는 생각이 난다.

정(亭)에 앉아 자연을 보노라면 불규칙한 초목과 꽃들이 정한 자리 없이 자유롭게 놓여 있고, 크고 작은 돌들과, 좁은 길, 넓은 길을 만든 물길이 합쳐 교향악을 연주한다. 옷깃을 여미면 낭만인이 되고, 모든 것을 초월한 신선이 되어 처마 밑의 공포인 익공을 타고 승천한다.

거문고나 가야금은 정(亭)에서 들어야 제맛이 난다. 집을 짓는 재료가 나무와 흙과 돌이기에 소리와 친하여 간접적인 여운을 주기 때문에 음률이 부드럽고, 높낮이의 조화가 잘되기 때문에 정(亭)에 앉아 자연과 함께 들어야 맛을 알 수 있다.

소리를 멋게 하는 안(按)과 소리를 방해하는 애(碍)의 사이를 느끼는 것이 금의 소리이기 때문이다. 글을 읽어도 울림이 그윽이 퍼져 나간다. "바쁜 사람의 뜰 안의 정자는 주택과 서로 연결되어 있는 것이 좋고, 한가한 사람의 뜰 안의 정자는 주택과 서로 멀리 있어야 방해되지 않는다"라는 말이 있다. 집의 한쪽에 편액이 걸려 있는 정과 별채로 되어 있는 정(亭)을 이야기하는 것이다.

금수정은 정면 2칸, 측면 2칸으로 정면 4.7미터, 측면 4.5미터이며, 17제곱미터의 면적을 가지고 있다. 층고는 4미터이며, 최고높이는 7미터 정도 되는 것 같다. 초익공에 겹처마의 팔작지붕이다. 모임지붕으로 만들어 절병통을 얹었나면 어떠했을까 생각해 봤다.

금수정 안에는 시판 12개가 역사와 시를 전해주며 걸려있다. 외부에서 다시 한번 본다. 굳건하게 서 있는 아래층 돌기둥 8개가 돌섬이 포함되어 있는 영평팔경을 말해주는 것 같다. 홍정계곡의 팔석정도 팔자이다. 양사언은 팔이란 숫자를 좋아했나 보다.

용마루를 길게 하여 팔작지붕의 형태를 분명히 하면 양사언의 성품에 맞지 않기 때문에 청렴의 삶을 보여주느라 용마루를 짧게 만들고, 팔작의 형태도 가냘프게 만들었다. 40여 년의 관직 생활의 청렴과 검소한 생활을 금수정의 용마루가 말해주고 있다.

관조에 대하여 생각해 본다. 생각의 집에서 관조하고, 생각하니 내가 완성체가 되는 것 같다. 양사언의 칠언절구 시 '금수정'을 우리글로 써보고 싶다.

"붉은 단풍 푸른 나뭇가지에 들고,
천향은 계수나무 열매에 떨어지는데
눈앞에 사람도 보이지 않으며,
부질없이 돌 위에 글씨만 남기네"

물은 흐르며 생각하고, 바람은 불면서 생각한다. 양사언은 금수정에 앉아 물을 보며, 바람을 느끼며, 생각의 침묵을 가졌을 것이다. 건축물은 생각게 하고, 행동케 하며, 실천케 하여 사람의 습관을 만든다. 그리고 질문을 하는 살아 있는 사람을 만든다. 나를 알게도 한다. 나를 모르기 때문에 요즘 사람들은 바쁘다. 나를 중요시하고, 소중하게 하려면 나를 알아야 한다. 자신을 알면 여유가 생긴다.

조각가가 아름다운 예술품을 만들 때 실패의 아픔을 맛보듯 양사언도 많은 시행착오를 거쳐서 바른 자신을 만들었을 것이다. 실패와 시행착오를 승화시키는 곳이 생각의 집인 정(亭)이다.

계자 난간에 실패를 묶고, 익공에 시행착오를 매달아 멀리 날려보내고, 완성된 일체품을 남기는 곳이 정(亭)이다. 양사언의 얼과 집 짓는 사람들의 얼이 하나 되어 예술품인 정(亭)을 만드는 것이니 무엇 하나 소홀히 할 수 없었을 것이다. 거기에다 또 주변의 풍광과 사람의 숨결에 맞추어야 했으니 정 1채가 정성과 기원의 터이다.

집 짓는 사람들은 생각을 말로 표현하지 않고, 행동으로 표현하여 금수정과 같은 건축물을 자연의 품에 안겨준다. 정(亭)은 생각의 원터이다.

장(莊)

행복은 편안함의 강한 뜻

"아테네는 아름답다. 확실히 아름답다. 그러나 인간의 행복은 더 한 층 아름답다"고 에픽테토스는 말하였다. 장(莊)은 번뇌에서 벗어나고, 의존하지 않고, 자유와 함께 자연 속에서 자립하는 분위기를 만들어 주는 곳이다. 그 속에서 자립을 추구하는 삶이 행복이다.

장(莊)은 행복을 만드는 곳이다. 그런데 행복하려면 행복을 유지하기 위한 행복이 있어야 한다. 행복은 내 힘으로 내가 만들어 나만 느끼는 무게감이다. 행복은 느낌이지 형상이 있는 것은 아니라고 본다.

"자연, 그것은 기계가 아니라 건축의 가장 중요한 모델이다"는 말은 핀란드 건축가 알바 알토(1898-1976)의 명언이다. 자신이 설계하는 건축이 주변의 환경에 미치는 조화까지 염두에 두고, 건축물을 생각한 사람이다.

북유럽의 장(莊), 원 설계가 주장하는 집의 역할이 알바 알토가 말한 자연과의 조화이다. 알바 알토의 작품인 〈마이레아 장(莊)〉은 알바 알토가 그의 아내 마이레아 굴리치센과 가족을 위해 핀란드 노로마르쿠 근처에 지었다.

형식에 구애받지 않는 알토 건축의 아늑한 실내 분위기와 자신이 세운 아르테크 가구의 실용성이 호평을 받는 〈빌라 마이레아〉이다. 대게 장, 원 수택인 장(莊)들이 자유스런것은 알토가 유행시킨 것 같다.

장, 원 주택(villa)은 농지의 의미를 가지고 있는 교외 별장을 말한다. 로마 황제 하드리아누스가 로마 교외의 티볼리에 지은 하드리안 장(villa)이 장의 원형이다. 서기 118년에서 134년 사이에 지어졌고, 30동 이상의 건물과 300헥타르 규모였다. 중심 부분은 북서와 남동을 축으로 하고, 언덕에 장(莊)이 배치되었다. 지금은 대대적으로 보수가 필요한 현상이다.

메디치의 장(莊)은 시원한 바람을 좋아하는 메디치를 위해 넓은 곳을 내려다볼 수 있는 플로렌스 교외의 언덕에 부지를 선택하여 장을 지었다. 메디치는 “인생은 otium(라틴어로 여백 시간)과 negotium(사업의 시간)의 중간이어야 한다”고 하였다.

negotium은 피렌체 시내에 있는 집으로 사업 관련 손님을 맞이

하고, 외곽에 있는 otium에는 시인, 철학자, 화가 등 자신이 후원하는 사람들과 여유로운 시간을 보냈다. 이렇게 두 가지 공간에서 사는 것을 메디치는 일상생활에 연연하면 시야가 좁아져 사업의 장기계획과 목표를 잘못 세울 수 있다는 생각에서였다고 한다.

장과 원의 생산성 효과, 즉 경제적 효과를 일찍부터 알고 있는 사람들이었다. 인간은 유연성과 긴장감을 가져야 새로움을 찾을 수 있다는 것을 알게 해주는 말들이다. 조승연의《비즈니스 탄생》에서 읽었다.

동양이나 서양이나 이름은 장(莊)과 villa로 다르지만 삶의 흐름을 조절하여 '사람답게'란 생활을 가질 수 있게 하는 것이 장과 원(園)이다. 장과 원은 중세 서유럽에서 영주의 토지와 농노로 구성된 자급자족적인 경제체제 또는 봉건 사회의 경제단위를 이루고, 촌락을 형성하는 영주의 소유형태와 그 토지를 말한다.

영주 직영지, 농민 보유지, 교회 영지 등이 같이 있었다. 동양에도 있었다.《수호전》에 보면 이 가장(莊), 송 가장(莊)이 나오는데 이 씨네 장원, 송 씨네 장원이라는 뜻이다. 우리도 지배계층의 다수는 장원을 운영하였다.

고려 때는 부곡제라는 특수행정 단위가 있었다. 소, 향, 부곡, 장, 처 등의 특수행정 단위를 묶어 부곡제라 하였다. 부곡제는 군현제와 함께 고려의 지방조직을 떠받치는 중요한 축이었다. 이러한 행정조직에서 장은 집의 의미를 포함하게 되었다. 그러면서 원(園)을 같이 붙여 장원(莊園)으로 되었는데 원은 채소나 나무, 꽃 등을 심는 곳으로 일정한 범위가 있기 때문에 구(口)를 편방으로 썼다. 원(袁)의 독음도 원이다.

후에 원(園)이 사람들이 휴식하거나 놀 수 있는 장소로 되었다. 마르코 폴로는 항저우를 정원이 아름다워서 "세계에서 가장 아름답고 화려한 도시"라고 말한 적이 있다. 장원의 원래 의미는 왕족이나 부호들의 전원 살림이 갖춰진 별장의 성격이었으나 당나라 이후 대규모의 토지 소유지를 장(莊)이라 불렀다.

장은 고려시대에 존재한 일종의 특수한 장원으로 주로 왕실의 재정을 위한 토대를 이루는 땅으로 형성되었다. 왕족, 사찰에도 분급되어 영지를 형성하는 예가 있었다. 또한 장은 군현의 하부 단위인 복수 또는 단수 촌락으로 형성된 장(莊)에는 정식으로 국가의 관리가 배치되어 국민을 지배하였다. 흔히 현으로 승격하는 예가 있었는데 이는 "장이 군현제도의 일환이었음을 보여주는 것이다"라고《한민족 문화 대백과》에 서술되어 있다.

고려왕실 재정을 담당하는 요물고에 많은 수의 장이 부속되어 있었다. 이런 현상은 장이 차지하는 재정적 비중이 높았다는 것을 말하는 것이다. 그래서 장은 왕실, 궁원, 사원 등 특수기관에 재정적, 경제적 재원을 마련해 주기 위해 국가의 정책으로 특별히 제정된 행정조직의 하부단체였다고 볼 수 있다.

조선시대에는 점차 감소되어 향, 소, 부곡 등과 같이 없어지고 말았다. 이후 장(莊)은 살림집과 떨어져 조성한 별장, 숙박업소 등의 접미사가 되었다. 장은 부자들이 시골의 경치 좋은 곳에 지어

놓은 별장 건축물로 크지는 않으나 돈이 많이 들어간 집으로 조성되었다. 시골의 부자들이 수도에 지어놓은 집을 지택(邸宅)이라고 하고, 도시의 부자들이 시골에 지어놓은 집을 별장이라고 한다.

옛날에는 서울에 집 1채, 향리에 집 1채, 별장 1채 등 집 3채를 가져야 사람다운 사람이라 했다. 그래야 행복하다고 했다고 한다. 별장은 휴양을 위하여 경치 좋은 터에 집과 별도로 조성한 건축물로 주인의 개성에 따라 특색 있게 축조되기 때문에 규모와 모양과 크기가 모두 다르다. 그래서 건축의 확실한 정의가 어려운 것이 장(莊)이다.

장할 장(壯)에서 풀 초(艸, 草)가 붙어 씩씩할 장, 엄숙할 장이 되어 풀이 성하고 단정하다의 의미를 갖는다. 겸손하면서도 깨끗한 집을 상징한다. 풀은 민중을 비유한다. 국민이 응원하는 사람은 장할 장(壯)에 민중이 위에 있는 씩씩할 장(莊)이 된다. 씩씩하고, 장중하며, 엄숙할 수밖에 없는 위치에 있다.

이런 심상이 있는 사람들만이 별장을 생각할 수 있고, 소유할 수 있는 것이다. 장은 씩씩함과 용기를 가지고, 자연을 차경한다. 서양의 빌라는 자연의 모방이고, 우리의 장원은 밖의 풍경과 더불어 보이게 만들었다. 그래서 장원에는 부드러움과 강함이 같이 있다. 18세기에는 유럽에서도 로코코양식이 별장에 영향을 미쳤다. 자연의 선인 곡선을 사용하게 되었다.

서양은 로코코의 선에서 행복을 느끼고, 동양은 자연을 차경하는 데서 행복을 느낀다. 조그마한 집 1채 지어놓고, 거창하게 '장

(莊)'이란 편액을 붙였다. 조그마한 나라지만 대한민국이라 한다. 이는 자연이란 광활함을 가지고 있기 때문이다.

크게 보고 자연이 품고 있는 집이라 장(莊)이라고 하였을 것이다. 큰 꿈이 있는 집이다. 그 꿈은 국민의 행복이다. 이화장, 경교장, 심우장, 삼청장 등 지금 장(莊)이란 편액이 걸려있는 집은 국민에게 행복을 약속하던 집이다. 도시에 있는 장(莊)은 저(邸)가 갑오경장 이후에 바뀐 경우가 많이 있었다. 장은 저와 함께 행복의 상징으로 나는 본다.

행복은 개인적인 즐거움이나 안락함으로 생각하지만 고대 그리스에서는 풍족하고, 행복한 삶을 나타내는 의미로 에우다이모니아(eudaimonia)라고 하였다. 이는 자기에게 주어진 의무를 다했을 때의 상태를 말하는 것이다. eudaimonia는 좋은(eu)과 영혼에게 복을 받은 상태(daimonian)라는 의미라고 한다. 영혼에게 좋은 복을 받는다는 것은 내 느낌을 내가 표현하는 것이라 생각된다.

집 짓는 사람들은 평생 동안 자기 마음에 드는 집 1채 짓기 위해 계속 집을 짓는다. 그러나 자신의 마음을 충족시키는 행복감을 느끼는 작품 같은 집은 나오지 않는다. 집 짓는 사람들은 자기만족이 없는 사람들이기에 영혼으로부터 좋은 복을 받지 못한 사람들이다. 즉 집은 짓지만 그 분야에서는 행복을 못 느끼는 사람들이 집 짓는 사람들이다.

'마음에 드는 집 1채만 지을 수 있다면 정말 행복할 텐데'라고 간절히 말하는 사람들은 집 짓는 사람들일 것이다. 집 짓는 사람들은 자신의 열과 정을 현장에 심는 사람들이다. 집 짓는 사람들은 핑계를 모르는 냉혈한들이며 오직 일에만 자신을 맡기는 사람들이다. 이런 집 짓는 사람들이 그래도 웃을 때는 건축주의 만족한 표정을 볼 때이다. 그리고 조용히 사라지면서 행복을 그리워한다.

행은 다행 행(幸) 자이다. 이 글자는 수갑 모양이라고 한다. '죄인을 잡아서 다행'이라는 뜻이고, 복 복(福) 자는 신주 앞에 놓인 술이다. 술은 제사 지낼 때 꼭 쓴다. 조상에게 많이 도와 달라고 하고, 운이 좋게 해달라고, 하는 뜻이 복(福) 자이다. 행복이란 '나쁜 일이 조상이 도와주고 운이 좋아 잘 처리되었다'라고 볼 수 있는 것이다. 행복은 생활에서 기쁨과 만족감을 느끼는 것이며, 조상님들이 잘 도와주어 복이 많다는 말을 듣는 느낌의 만족 상태이다.

happiness의 어원은 행운이라는 happen에서 유래되었다고 한다. happen은 일어나다, 발생하다의 뜻이다. 이것이 행복이라고 차동엽 신부는 말했다. 일어나고 발생하는 것은 나 자신이 하는 것이다. 그런데 우연이란 말이 먼저 생각나는 것이 일어남과 발생이다. 행복은 우연이 생각나는 운의 느낌이다.

"우리가 엉뚱한 곳에서 행복을 찾아 헤매고 있을 뿐이다. 우리는 행복을 궁극적으로 도달해야 할 목적지라고 생각한다. 하지만 그 목적지라는 곳이 실제로 우리 모두가 시작해야 하는 곳이다. 행복은 언제나 그 자리인 우리 안에 있다. 인간이란 존재가 애초부터 그렇게 설계되어 있다"라고 모가댓은 그의 책《행복을 풀다》에서 행복을 설명했다.

집을 지을 때 건축주들은 행복의 느낌에 빠져 공사 기간을 독촉한다. 그러나 행복은 서둔다고 빨리 오지 않는다. 기다리면 더 완벽한 행복이 온다는 것을 알아야 한다. 천천히 도착하는 시작점의 목적지에 행복은 기다리고 있다.

장(莊)은 기초부터 지붕까지 서로의 사랑으로 결합되어 사는 사람에게 행복을 느끼게 해준다. 원(園)이 같이 있어 장원이란 규모에서 느끼는 행복감은 씩씩하고, 장중함의 선택자가 가지는 자기 만족의 느낌이어야 한다.

남을 배려하고 생각해야 한다는 감정을 장(莊)에서 다시 만들어야 하기 때문이다. 장은 생각을 쌓아 행복을 만드는 공간이 되어야 한다. 자연과 함께해야 인간은 존재의 법칙을 알 수 있는 것이다. 이것은 장(莊)에서만 알 수 있는 것이다. 집의 중요성이 행복의 중요성이다.

장과 장원의 넓이가 사람의 넓이는 아니지만 장과 장원에서 보는 인간세상은 넓이와 비례하는 것 같이 마음의 폭도 넓혀준다. 장은 행복을 느끼게 하는 공간이다. 행복할 때는 "왜 행복하지?"라는 질문을 하지 않는다, 불행할 때는 "왜 행복하지 않지?"라는 질문이 있다.

집은 거울에 자신을 비춰 보지 않고, 자신의 뜻을 유지한다. 인간은 거울에 자신을 비춰 보면서 자신을 잃어가고 있다. 다른 사람에게 행복한 사람으로 비치는 것보다는 실제로 행복해지는 것에 더 관심을 가져야 한다. 그러기 위해 거울의 집을 헐어내고,

'장(莊)'을 닮아 자신의 실제 모습으로 사는 것이 중요하다. 그래야 행복할 수 있다.

행운은 기회의 산물이지만, 행복은 노력의 산물이다.

심우장

장(莊)은 씩씩하고, 강건하며, 엄숙하고, 삼가할 줄 아는 사람들이 사는 집이다. 심(尋)은 찾을 심 자이고, 산스크리트어로는 '사유하는 마음'이란 뜻이 있는 글자이다.

만해 한용운은 무엇인가를 찾으면서 사유하는 마음으로 자신과 국민을 행복하게 할 것이라고, 각오하면서 불교도라 소를 생각하여 심우라 하고, 자신의 마음과 기질이 장(莊)에 맞기 때문에 심우장이라 하였을 것이다. 장(莊)은 도시인이 시골에 지은 별장을 의미하고, 저(邸)는 도시에 지은 향리들의 집을 의미하였는데 갑오경장 이후에 가사규제가 흐트러지면서 장(莊)과 저(邸)의 구분이 모호해졌다고 나는 본다.

심우장에 들어가면 오른쪽에 만해가 손수 심은 향나무가 있다. 향나무는 깨끗함, 청정을 상징한다(청정(淸淨)은 10의 마이너스 21승의 뜻도 있다. 미세한 부분까지 자신을 관리한다는 의미도 가지고 있다는 것을 의미한다). 시골의 우물가에는 향나무가 심어져 있는 곳이 많다. 이는 향나무 뿌리가 물을 깨끗이 정화시켜 주며, 잡귀를 쫓아주고 주민들께는 행복을 주는 나무로 믿었기 때문이다.

심우장 왼쪽에는 소나무가 있다. 소나무는 한번 베어지면 다시는 움이 그 자리에서는 나지 않는다. 구차하게 살려고 하지 않으며, 곧은 절개와 굳은 의지를 나타내며, 탈속의 상징이 있다. 그래서 소나무는 나무 중의 나무다.

심우장도 소나무로 지어진 집이다. 만해의 깨끗함과 청정은 향나무가 대신하고, 절개와 의지는 소나무가 대신하여 굳건히 서 있다. 심우장(尋牛莊)은 '소를 찾는 집'이란 뜻이다. 소는 사유하는 마음이 사람과 같다. 그래서 불교에서는 소를 사람의 마음에 비유한다.

'소 찾는 집'은 정면 4칸, 측면 2칸의 조그만 집으로 겸손한 2단의 기단 위에 서 있다. 왼쪽 끝 칸은 사랑방이고, 가운데 2칸은 살림방이며, 오른쪽 끝 칸은 부엌이다.

집의 단아함과 검소함이 만해를 만들었는지? 만해가 집을 단아하게 만들었는지? 집과 만해의 일심동체가 보는 이로 하여금 고개를 숙이게 만든다. 만해는 국민들의 행복을 위해 자신의 돈오점수의 정성(正聖)을 희사한 지조의 산 같은 스님이자 독립운동가였다. 자신이 지조의 산이란 것을 알았기에 자기 집에 편액을 심우장으로 달았을 것이다.

장(莊)이란 원(園)을 합쳐 장원이라 한다. 넓은 면적에 호화롭게 지은 집을 말하는데, 이런 조그마한 집을 장이라고 하다니? 하고 의아심을 가질지 모르나 국민의 행복을 생각하는 사람은 자연을 차경하여 산천을 국민의 것으로 보고 같이 호흡한다.

남도 나이고, 나도 남이다. 라는 배짱 좋은 배포를 가진 지조의 산은 온 천하를 하나로 보기에 '장(莊)'을 좋아한다. 전면 4칸은 국민, 국토, 주권, 지조를 보여주는 것이며, 팔작지붕은 불교의 팔정도를 생각게 하고 민도리에 소로가 꼿꼿한 심성의 청빈을 보여준다.

차경한 자연은 112평의 대지를 수만 평으로 만들고, 17평의 집은 천궁과 같이 보인다. 중앙의 대청은 천상의 자리이며, 온돌은 따뜻한 가슴이라 자랑하고, 기둥은 의젓하게 서 있어 광명개천의 집이니 무한 천궁보다 심우장은 더 넓은 장원이다.

툇마루에 앉아 "자유는 만유의 생명이요, 평화는 인생의 행복이라, 그러므로 자유가 없는 사람은 죽은 시체와 같고, 평화를 잃은 자는 가장 큰 고통을 겪는 사람이다"라는 〈조선독립 이유서〉에 쓰인 문장을 이곳에서 마음으로 읽어본다.

기둥은 건축물의 생명이요, 서까래는 널리 퍼지는 평화의 갈구이며, 보(beam)는 행복의 받침이라고 집 짓는 사람으로서 뜻을 바꿔본다.

'생명과 행복'을 화두로 받는다. 받은 화두를 조용한 공간으로 가져간다. 행복은 느낌이고, 생명은 내 것이 아니다. 란 결론에 합장한다. 진리는 알기가 어렵다. 진리는 황무지에 묻혀 있는 보석이기 때문이다.

선종의 행복은 소라고 하는 보석을 찾는 것이다. 심우다. 소를 찾고 "한입으로 온 바다(만해)를 다 마셨다"고 만해라는 법호를 받았다고 한다. 그리고 행복하다고 하였으면 되는데 국민들을 위해 다시 고해의 바다에 배를 띄워 고행의 길을 찾았다.

국민의 행복을 위해 일본으로부터 나라를 되돌려 받아야 되겠다는 결기를 〈님의 침묵〉의 시에서 느껴본다. "아아 님은 갔지마는 나는 님을 보내지 아니하였습니다. 제 곡조를 못 이기는 사랑의 노래는 님의 침묵을 휩싸고 돕니다."

사랑의 노래는 국민의 행복을 요구하는 애절함이다. 마치 뜰에서 있는 솟대에게 멀리 멀리까지 전하라고, 손짓하는 만해의 몸짓이 지금도 보이는 것 같다.

4칸인 집 앞에 섬돌이 있다. 만해의 우직한 성품이 베었는지 섬돌도 흔들림 없이 제 위치를 늘 지키며, 심우장을 살리고 있다. 집은 주인을 닮는다. 주인은 집에 자신의 혼을 담아 일심동체를 만든다.

우생마사(牛生馬死)란 말이 떠오른다. 만해는 재주 없는 소가 되어 세상에 우직하게 반항하며, 국민의 행복을 생각하였지만, 약삭빠른 범인들은 자신의 힘만 믿고, 열기와는 반대되는 친일의 길로 가다 자신들을 버렸다. 물길은 흘러내려 가라고 생기는 물무늬인데 거슬러 올라가려면 힘이 들어 죽고 만다. 만해는 소이며, 범인들은 말(馬)이다.

부처의 태자 때 이름이 '고타마 싯다르타'이다. 고타마의 뜻이 '가장 좋은 소', '거룩한 소'라고 한다. 소는 농경사회 때는 가치가 매우 높은 일꾼이었다. 불교에서는 건축물마다 소의 그림이 벽에 있다. 소는 인간의 본성을 뜻한다고 한다.

소는 천천히 가지만 인내력과 성실성이 함께하며, 순박하고, 우직하며, 근면하여 불교의 상징이 되었다. 2020년 8월 장마의 폭우 때 구례에서 소 10여 마리가 사성암에 올랐다고 한다. 인연에 따른 회기인지 이 소들은 전생이 스님이었을 것이다. 불교와 소의 관계는 이것을 보더라도 인연이 깊은 것 같다.

도가의 〈팔우도〉를 12세기에 곽암선사가 다시 그렸는데 2폭을 더 그려 〈십우도〉가 되었다고 한다. 더 그린 것이 〈반본환원〉과 〈입전수수〉이다. 이것이 선사상에 크게 공헌하였다는데 십우도를 심우장에서 생각해 본다. 심우, 견적, 견우, 득우, 목우, 기우귀가, 망우존인, 인우구망, 반본환원, 입전수수의 열 단계의 깨달음을 위한 마음이 정해지면 심우 과정에 들어간다.

"견적에서 기우귀가까지는 수행과정이고, 망우존인과 인우구망은 불도의 깨달음을 얻고, 그 깨달음으로 중생을 교화하려는 마음의 과정이며, 반본환원은 열반의 경지에 드는 것이고, 입전수수는 중생을 제도하는 단계를 보여주는 것이다"라고 하는 산중의 스님으로부터 오래전에 들은 설명이다.

〈십우도〉는 긴 시간의 수련과 수양의 고행과 마지막에 남는 행복감까지를 보여주는 그림이다. 글자를 모르는 아이들이 그림으로 글자를 깨우치는 것 같이 스님이 한마디 덧붙인다. "그림은 보는 것으로 깨우치는 데 글은 장난이 심하다"고 한다.

범인의 눈에는 그냥 보이는 그림일 뿐이다. 그러나 〈십우도〉는 인간 본성 회복을 선인이 소를 찾아 길들이는 것에 비유한 것으로 부처님의 가르침에 대한 의미를 찾고, 사람의 본마음을 돌아보는 교리를 알게 하는 것이다.

"우리는 평생을 배우다 죽어야 한다. 자기만족에 취하지 말고 보시와 가피를 원하는 조그마한 사람임을 잊어서는 안 된다."고 심우장의 문들은 '할'을 외친다. 만해의 품에 있는 《유마경》 번역집이 보고 싶다. 여기서 나가면 서점으로《유마경》을 구하러 가야겠다.

2단 기단에 작은 집을 지으면서 춥고, 습기가 생길 것을 알았을 텐데 일본에 대한 저항의 표시로 북향집을 짓고, 사각기둥의 올곧음을 세우고, 비스듬하지만 굽히지 않는 겹처마의 선 같은 기개가 심우장에 있으니 만해의 얼은 영원히 우리 국민의 길잡이가 될 것이다.

국민이 행복하라고 만해는 〈행복〉이란 시를 남겼다. "나는 당신을 사랑하고 당신의 행복을 사랑합니다. 나는 온 세상 사람이 당신을 사랑하고 당신의 행복을 사랑하기를 바랍니다"라는 말이 있는 시(詩)다. 만해는 무엇에서 행복을 기억했을까? 를 물어보고 싶다.

심우장의 기와지붕이 현수선을 가진다. 하늘로 올라가 하늘의 기운을 가지려는 적극성과 진취성이 나를 붙든다. 지붕의 선이 직접적이고 능동적인 성격이다. 기와는 서로 맞물려 안겨서 서로 돌봄을 돌아보게 한다.

사람은 죽어도 집은 남아 주인을 살리고 있다. "무생물의 위대성은 인간의 반사경이다. 돈을 많이 벌면 행복할 것이다"라고 다수가 말하지만 아니다. 행복해야 돈을 많이 버는 것임을 알아야 한다. 심우장의 행복은 돈을 뛰어넘은 국민과, 국가와, 주권에 대한 그리움이다.

5부

살림의 공간

살림의 공간

살림이란 표(表)와 리(裏)가 같게 하는 과학의 예술이다. 살림은 한 면만 보고 하면 안 된다. 살림은 살펴서 되살려 내는 미학이 되어야 한다. 즉 내면과 외면을 같게 어루만지는 신의 능력을 가져야 한다.

안과 밖의 태도가 균형이 맞는 조화의 아름다움과 성숙과 성장을 만드는 연금술사가 되는 것이 살림이어야 한다. 때론 겉 포장의 화려함보다 내용물에 더 정성을 들이는 삶의 범위를 정하는 것도 필요할 때가 있다.

겉모습은 싫증을 만든다. 보임의 역효과다. 속 모습은 계속 찾게 만든다. 숨김의 미학이 있기 때문이다. 삶의 공간은 심연을 찾는 것과도 같은 새로움이 무한히 공존하는 곳이다.

나나오 사키키의 〈내 둘레에 원이 있다〉라는 시에는 일 미터에서 천억 광년의 범위를 정하여 놓고, 그 범위에서 하고 싶은 일을 노래하는 내용이 나온다. 살림은 모가 없는 원 그리기이다. 그것도 수천 겹의 동심원 그리기이다.

삶의 공간은 내가 움직이면서 최선을 다하는 정성으로 존재방법을 찾아야 한다. 이것이 살림의 공간에서 필요한 것이다. 사람의 근본은 식, 주, 의이다. 식, 주, 의는 살림공간을 담당하는 3요소다.

식(食)에 대한 공간, 주(住)에 대한 공간, 의(衣)에 대한 공간을 하나로 본다면 주의 공간이다. 그래서 살림의 공간은 집이 되는 것이다. 살림집에는 삶이 숨을 쉬고 있다. 삶은 수단과 방법을 찾고, 인내하는 것이다.

살림은 한 집안을 이루어 살아가는 일이며, 한 집안을 운영하고, 관리하는 일이라고, 사전에 나와 있다. 삶은 즐거움을 추구하는 것이다. 즐거움은 집에서, 생활에서, 자연에서 느끼는 사람들의 미소다. 집의 근본은 행복과 즐거움을 깨닫는 장소이다. 이것은 살림이 밑받침이 되고 나서야 있는 것이다.

긍정적인 표현은 중요하다. 살림이란 집의 존재를 느끼게 해주는 것이다. "우리 집은 세상 속에 있는 우리의 공간이다. 흔히 말하듯 집은 우리에게 최초의 세계이고, 모든 의미에서 진정한 우주이다"라고 가스통 바슐라르는 말하였다. 살림의 의미를 모르면 할 수 없는 말이다.

살림은 삶의 과정이다. 삶은 B, C, D라고 유럽을 여행할 때 현지인들로부터 들었다. Birth에서 Death까지 가면서 Choice의 연속이라는 것이다. 옳다는 생각이 번쩍 들었던 기억이 난다. 모든 것은 선택에서 이루어지고 결정된다. 또한 선택에서 삶의 찌꺼기는 생긴다.

살림집은 인간철학이 필요하다. 자연과의 조화도 필요하지만 진, 선, 미와 지, 덕, 용과 정의를 배울 수 있어야 하고, 어떻게 살고, 어떻게 죽어야 하는 것까지 배울 수 있어야 한다. 그래서 살림집은 철학이 필요하다.

재산을 살피는 것은 부부의 살림 기술이고, 집안의 내력을 살리는 것은 3대의 살림 기술이다. "조상들은 땅, 인간, 하늘을 우주의 구성요소로 봤다. 집도 들보 이상은 상분이요, 땅 이상은 중분이요, 기단은 하분이다"라고 들었다.

기단인 조부모는 자손 대대로 이어질 수 있는 집안의 영양분을 공급하는 지기(地氣)를 가져야 한다. 조상들은 가문의 기초를 초석에 심는다. 가문의 발전을 바라는 마음이 가장 강하다. 기둥 부분의 중분은 문과 창을 가지고, 기의 통로와 가정의 사랑을 만들며, 상분은 하늘 세계로 기를 발산하는 후손들이 복된 생활을 누리길 바라는 것이다.

지붕을 통하여 하늘과 인간의 일치를 기원하는 살림집이 되기를 바라는 뜻에서 기단과 기둥과 지붕을 정하여 집을 지었다. 집에는 3대의 정이 흐르고 있는 것이다. 살림집은 천, 지, 인의 조화와 질서의 상들이 슬기롭게 윤회하는 삶을 가져야 하는 것이다.

살림집에는 살림살이가 있다. 살린다는 마법의 기구들이다. 살림살이 기구와 안주인의 노력에 따라 살림이 폈다라고 한다. 살림은 있는 그대로 주어진 상황에 따라 허상 없이 진실한 마음으로 펼치는 잔칫상이다. 살림은 삶의 꽃이다.

사찰에서는 꽃살림이 최고의 살림이라고 한다. 꽃선물이 최고의 선물이다. 꽃이 살림살이를 뜻한다. 꽃은 기다림의 기쁨이다. 모양과 향기를 가지기 때문에 살림살이의 뜻과 같이 쓴다. 인간의 주변들이 모여야 인생살이가 된다.

살림집은 희망과 꿈과 미래의 명예가 있어야 한다. 그래서 주술을 동원하고, 신에게 바라며, 천, 지, 인의 합일의 공간을 만들려고 한다. 살림집은 관계학의 스승들이 있다. 가족 모두가 스승이며, 제자이다. 그래서 식구가 된다. 학습의 터이고, 학교의 현장이다. 또한 집에는 물과 불이 따뜻함과 부드러움과 정을 배우게도 한다.

마루는 모든 구성원을 맞이하고, 처마는 인사하고, 지붕은 따뜻하게 안아주고, 섬돌은 사랑으로 받쳐주며, 직선의 딱딱함과 곡선의 우아함이 마음을 성형시키는 곳이 살림집이며, 삶의 학습장이다.

자신의 태도와 자태도 짓고, 사단과 칠정도 지어내고, 모양과 감정도 짓는다. 그래서 살림집은 다른 집과 다르게 인간의 정도와 기본을 배우는 작은 사회가 된다. 사회라는 말은 1895년 고종 때의 왕조실록에 나온다. 영어의 소사이어티(society)를 일본인들이 '사회'로 번역한 것을 우리가 쓰기 시작하였다. 개화기 때 많은 외래어가 들어왔다.

사회는 단체(會)가 모인(社) 것이다. "사람들이 모여서 단체를 만들고, 그 단체들이 또 모여서 거대한 무리가 된다." 이것이 바로 한 말의 일제 강점기에 지식인들이 생각하였든 사회였다고, 김성은은 그의 책《사회란 무엇인가?》에서 말하였다. 사회의 어원은 '소키에타스(societas)'다. 시민 결사체라는 뜻이었다.

이러한 사회는 가정과 단체로 분류할 수 있다. 한 가족이 함께 살아가며 생활하는 사회의 가장 작은 혈연 공동체가 살림집의 표현이다. 살림집은 한 집안을 이루어 살아가는 일이며, 사람들의 생활이 이루어지는 공간이다. 서민들은 살림집을 민가라 하고, 양반 관료들의 집을 반가, 사대부가라 하며, 왕족이 사는 살림집을 궁가라 한다.

삶은 움직임이다. 움직임이 살림집을 짓게 한다. 큰 우주공간으로 움직이면 큰 살림이고, 작은 쪽으로 움직이면 작은 살림이다. 그러나 살림에는 크고, 작은 것이 없다. 집의 공간에서 내 살림을 하는 것이다.

가족 간의 소통과 도움과 뜻함이 서로 통하는 삶이 살림집에 있다. 우리의 살림집은 구조가 통하게 되어 있다. 막힘이 없다. 대청에서 툇마루까지 다 통한다. 이것이 살림이고, 가족을 살리는 공간형성이다. 그래서 한옥이 좋다. 한옥은 서로를 살리고, 응원하는 살림집이다. 한옥은 사람이 같이 있어야 좋아하는 품성을 가지고 있는 집이다.

살림은 문화를 만든다. 문화는 인간의 교양을 만든다. 생명의 문화와 자연의 변화, 인간의 변신이 인간을 문화인으로 만들고, 살림집을 짓게 한다. 문화는 라틴어의 cultura에서 파생한 culture를 경작하다, 재배하다로 번역한 말이다.

경작이나 재배는 사람이 하는 것이다. 그래서 문화는 사람이 만들고, 사람이 재배하고, 경작한 시간의 산물이다. 이 문화의 근원지는 살림집이다. 그래서 살림집은 자연을 표현하는 문화의 공간이고, 문화를 표현하는 자연의 공간이다. 자연은 살림집의 스승이다. 소통을 시킨다. 생명을 살린다. 인간이 집을 짓지만 집을 살리는 것은 자연이고, 인간들이 만든 문화의 탄생지는 자연이다.

자연에 있는 생명체들은 집을 스스로 짓는데 인간은 집 짓는 사람들이 따로 있어 그들에게 맡긴다. 이는 집 짓는 즐거움을 느끼는 사람과 그냥 사는 데 열중하는 사람으로 분리시키는 것인지도 모른다. 우리는 집 짓는 즐거움을 아는 사람이 되어야 한다.

그래야 직업 뒤에 가(家)를 붙이는 전문가가 될 수 있다. 집을 알아야 삶의 근본을 아는 것이다. 벌들이 집 짓는 것을 보면 재료는 적정량을 사용하여 정밀하게 시공하고, 튼튼한 육각 구조를 가지게 한다. 벌들은 꽃가루를 꿀로 만드는 창작과 창조의 능력이 탁월하다. 이것은 집 짓는 슬기에서 배운 결과이다.

정신과 육체가 함께하는 집 짓기의 즐거움을 사람들은 빼앗기지 않아야 내가 지은 내 살림집의 효율이 극대화되는 것을 알 수 있을 것이다. 땀을 흘려야 체험의 가치를 알고, 창조를 알며, 창의를 생각하고, 삶의 폭을 넓히고, 자립의 능력을 키울 수 있다.

살림에는 즐거움을 지키는 땀이 필요하다. 살림은 마음이 시키는 습관이다. 역경에 "끈기는 유용한 것이다"라는 말이 있다. 끈기는 습관을 숙성시킨다. 삶은 경험이다. 경험에서 경험으로 끝난다. 집은 경험의 시작이며, 끝의 요람이다. 집의 얼굴은 지붕이고, 집의 몸은 기둥이다. 집의 발은 기초다. 신발의 움직임이 경험의 시작이다. 살림집은 경험의 박물관이다.

살림이라는 것이 사르트르의 실존적 휴머니즘인지, 톨스토이의 인도적 휴머니즘인지 모르지만 나는 집 짓는 사람으로서 헉슬리의 과학적 휴머니즘을 좋아한다. 과학의 대상은 자연이기에 살림과 삶에 대한 넓은 폭을 볼 수 있기 때문이다.

현대인은 호모사피엔스인 동시에 호모파베르여야 한다. 그래야 살림의 이어짐이 계속될 수 있다. 삶은 힘든 과정을 연결시키는 힘줄이다. 그래서 살림은 보람과 가치를 느끼는 것이다.

인간의 삶은 도구를 사용하는 것이다. 호모파베르의 지성은 도구를 사용함으로써 키워지는 인간의 능력을 말하는 것이다. 도구를 사용함으로써 프레그머티즘을 만들었다. 살림도 마찬가지다. 도구를 사용함으로써 원리를 만들고 요령을 만든 것이 살림의 과학이다.

대나무가 마디를 가지는 것은 잠시 생각하는 시간을 갖는 것이다. 잠시 새로움을 생각하고, 또 높이를 높인다. 인간도 무작정 사는 것이 아니다. 생각의 힘을 가지고 있기에 새롭게 사는 방법을 찾으며, 삶을 이어간다. 살림도 그렇게 키우면서 살린다. 나무가 가지를 만드는 것도 자신들의 살림을 번창시키는 것이다.

천부경 율려(음양의 변화를 다른 말로 동정(動靜)이라 하는데 율동과 여정을 말한다) 풀이에 보면 "석달사철 열두달로 한해살림 일궈내고, 오와 칠을 합쳐봐도 열두달로 순환되네. 한해한해 살림살이 모아모아 영혼완성"이란 말이 나온다. 율려는 시작이 없는 시작이고, 끝이 없는 끝이다.

살림도 시작 없이 시작하여 무한으로 가는 삶의 여정이다. 불교 용어의 세간(世間)은 유정의 중생이 서로 의지하며 살아가는 세상이며, 세간살이는 살림살이이다. 살림은 살리다의 준말이다. 삶의 반대말은 죽음이다.

삶과 죽음이 이어지면 삶이고, 끊어지면 죽음이다. 살림과 살림살이는 인간이 가진 본성의 존재 방식이며, 집을 가져야 하는 숙명의 이끎이다.

재(齋)

성격을 형성하는 터

당(堂)과 비슷하지만 제사를 드리거나 한적하고 조용한 곳에서 소박하게 학문을 연마하기 위해 지은 건축물을 재(齋)라고 한다. 또한 자신을 살피면서 삶을 생각하는 집이기에 살림집으로도 사용한다.

"우리들 마음 깊은 곳에는 어떠한 것도 침입할 수 없는 방이 있습니다. 그 방은 신이 살고 있는 내 마음속의 장소입니다. 신은 근심으로부터 나를 해방시키십니다. 그는 자신에 대한 기대와 타인의 판단이나 침해로부터 우리를 자유롭게 합니다. 어떤 외부의 요구와 갈등에 의해서도 결코 침해받지 않는 평온의 방이 존재한다는 건 정말 다행입니다." 안젤름 그륀의 《머물지 말고 흘러라》에 나오는 글이다.

타인의 존중과 나의 중요함을 말하는 것이다. 사람이란 집에는 206개의 뼈대로 공간을 만들어 마음이란 방과 평온의 방과 그 외 여러 개의 방을 가지고 있다. 제일 큰 궁궐보다 더 많은 방을 가지고 있는 것이 사람이란 집이다. 생각이란 창고에서 무수한 공간을 그리고 있기 때문이다. 남에게 나타내지 않고, 숨어서 자신의 이상을 그리고 있는 것이 재(齋)와 같다.

재(齋)는 숨어서 수신하고, 은밀하게 처세하는 곳이란 의미가 강하기 때문에 노출이 되는 곳은 좋지 않다. 정신을 수습하여 사람들로 하여금 엄숙하고, 경건함을 갖도록 하는 곳이 되어야 한다. 라고 들은 적이 있다.

재(齋)는 당(堂)보다 폐쇄된 조용하고, 은밀한 구조의 집이다. 재는 목욕재계란 말에서도 알 수 있듯이 정신을 가다듬고, 수신하는 공간이다. 그래서 재(齋)는 사방이 막히고, 눈에 잘 뜨이지 않은 곳에 있다.

또 숙식 등 평상시 주거용으로 쓰거나 주요 인물이 조용하게 지낼 수 있는 독립된 건축물로서 전(殿)이나 당(堂)에 비해 작은 편이다. 주로 학업이나 사색을 위한 공간 또는 그와 관련된 서고와 같은 기능을 가진 것이 많다. 더불어 출가하지 않은 대군, 공주, 옹주들의 집이거나 세자궁 소속의 인물들이 기거하는 곳이라고, 재(齋)를 이야기하는 사람도 있다.

같은 건축물을 두고 여러 생각은 있을 수 있다. 그만큼 건축물은 사람들에게 공간을 많이 보여준다는 것이다. 공간의 다양성이 성격을 다르게 만든다. 문을 들어 올려 걸쇠에 길면 넓음의 호연지기를 주고, 문을 내려 닫으면 작은 공간의 아늑함과 집중성을 준다. 보고 싶은 대로 봐도 안 되고, 봐야 하는 대로 봐도 안 되며, 보이는 대로 볼 수 있는 안목이 있어야 건축물을 제대로 볼 줄 아는 것이다.

"글을 읽음은 집을 지키는 근본이요, 이치를 쫓음은 집을 보존하는 근본이다. 부지런하고 검소함은 집을 다스리는 근본이요, 화순함은 집을 정제하는 근본이다." 사람의 몸을 집에 비유하여 말하는 것으로"《명심보감》에 나오는 말이다. 집은 다 지어놓고, 편액은 마지막에 건다. 편액에 쓰인 재(齋) 앞에 붙는 두, 세 글자는 주인의 성격에 따른 것이다. 또한 편액을 걸면서 집을 우리 몸과 같이 보는《명심보감》에 나오는 위의 말을 기원한다.

집은 글과 도리와 생활 방식과 느낌에 따른 정서를 사용자에게 심어준다는 뜻이다. 집은 마음의 방이며, 자연의 요사채인 닫집이다. 재는 사람의 성격을 알게 해준다. 성격은 개인을 특정 짓는 지속적이며, 일관된 행동양식을 말한다. 건축물은 주인의 성격을 만든다.

재(齋)는 주인의 성격에 따라 지어지고, 사용하는 사람의 성격에 따라 각 공간이 조성된다. 그 성격은 재(齋)라는 집이 존재하는 한 지켜질 것이다. 재는 울타리 속에서 자기의 본성을 가지고 지키기 때문이다. "성격은 심리 환경에 대하여 특정한 행동형태를 나타내고, 그것을 유지하고, 발전시킨 개인의 독특한 심리적 체계 또는 각 개인이 가진 남과 다른 자기만의 행동양식으로 선천적 요인과 후천적 영향에 의하여 형성된다"고 국어사전에 나와 있다.

집을 짓는 것과 사람의 성장은 같다. 짓는 것은 정성으로 이룩하는 것이다. 자연과 인위적이란 차이는 있으나 형성은 같다. 자연은 순리를 가르치지만 인간교육은 때로는 역리가 앞선다는 것을 가르치기도 하기 때문이다.

재의 어원은 범어 우파바사타(upavasatha)이다. '스님들의 공양'을 뜻한다. 의례를 치르는 집은 살림집이 아니다. 그러나 재(齋)는 사용하는 사람마다 행사의 형식이 다르기 때문에 성격이 달라진다.

재(齋)는 '가시오'의 뜻이 있고, 제사(祭祀)는 '오시오'의 뜻이 있다고 사찰 내에서는 말한다. 49재(齋)는 망자를 보내는 의례이고, 제사는 '모신다'고 하니 이해가 가는 말이다.

이런 의례의 공간이 변하여 생활공간이 되어 재(齋)라고 칭한다. 그래서 재에는 엄격함과 각도가 분명한 생활의 틀이 있다. 예라는 범도가 있다. 재(齋)의 집에는 기초예절을 전수하는 곳이 있다. 식사예절과 무용지용까지 배울 수 있는 선비의 집이라고 자긍한다. 집을 드나들 때 경(敬)을 표하는 마음을 가져야 한다. 그러기 위해서 경과 륜이 확고하여야 한다. 특히 부부간의 사이가 좋아야 아이들이 곧고 바르게 성장하며, 긍정적인 웃음을 가진다.

꼿꼿한 지조와 두려움이 없는 기개, 옳은 일에는 죽음을 받치는 정신력, 항상 깨어 있는 청정한 마음을 가진 사람을 선비라고 하였는데 이들이 사는 집에는 재(齋)가 붙은 집이 많다. 재(齋)에는 문, 사, 철과 시, 서, 화의 이야기가 있어 선비의 자질과 성격을 볼 수 있다.

집 그림을 그리라고 하고 심리검사를 한다. 지붕은 정신생활, 벽은 자아강도, 문은 대인관계, 창문은 인간의 눈높이를 나타내는 등 집 그림으로 심리검사를 한다는 것은 집이 가지고 있는 정서적 공감 능력이 높기 때문이다. 한스 아이젠크는 내향적과 외향적 차원으로 성격을 분류하였는데 100인 100색일 정도로 종류가 많았다고 한다. 이것은 집 때문이다. 집은 사람이 짓는다. 주인의 성격에 따라 짓는다. 사람은 성격이 다 다르기 때문에 집은 다 다르다.

한옥은 같아 보이지만 세밀히 보면 다 다르다. 장식품도 하나하나 다르고, 배치하는 것도 다르고, 청소하는 순서와 방법에 따라 집은 숨을 다르게 쉰다.

집은 성격에 따라 다르고, 인격에 따라 다르고, 품격에 따라 다르다. 특히 재(齋)에는 다름의 미학이 강하다.

"재(齋)는 형과 정과 기를 가진다. 형(形)이 움직여 정(情)을 흐르게 하고 정이 흘러 기(氣)를 통하게 하는 것이다. 형은 골격이고, 정은 상태의 대응이며, 기는 분위기를 만든다." 임석재의 《한국 전통 건축과 동양사상》에서 본 글이다.

우리는 떨림 때문에 들을 수도 있고, 볼 수도 있다. 재(齋)에 들어가면 보는 것과 듣는 것에 대한 설렘이 생긴다. 소리와 떨림이 사랑을 보여주고 재(齋)의 건축물이 양언일구삼동난(良言一句三冬暖) 악어상인유월한(惡語傷人六月寒), 즉 정적이고 냉정함이 있는 재는 따뜻한 말에 대한 가르침을 준다. "따뜻한 말 한마디는 한철 겨울을 따뜻하게 날 수 있게 하고, 나쁜 말 한마디는 한여름에도 추울 만큼 사람을 다치게 한다." 위정자들의 말은 양언(良言)이 많아야 하는데 지금은 나쁜 말 대결로 바쁘다.

재(齋)는 사람의 성격을 만드는 연금술사이다.

산천재

"창문을 열어라. 아침 해가 너무 청명하구나" 하시며, 돌아가신 남명 조식 선생이 있던 집이 산천재이다.

숭천숭산 사상이 눈에 보인다. 산과 하늘이 겹쳐 있다. 조금 벌어진 공간에 산천재 3칸이 앉아 있다. '산속에 담긴 집'이라는 뜻이며,《주역》의 대축괘에 따르면 '덕을 쌓는 곳'이라는 뜻도 있다.

마당의 남명매는 450살이라고 소개하며, 큰 형님인 670살의 원정매와 640살의 작은 형님인 정당매가 이웃에 있다고 알려준다. 산청의 선비들이 좋아하는 3매이다. 매화나무는 선비의 곧은 기개를 나타내는 꽃나무이다. 송나라 때 시인인 임포는 결혼도 안 하고 "매화를 아내로 삼고, 학을 아들로 사슴을 심부름꾼으로 삼았다"고 한 데서 선비들이 매화를 좋아하게 되었다고 한다.

매화를 유명하게 만든 사람이 화정 임포이다. 남명매는 주인과 같이 생활하여 주인을 닮았다. 주인의 성격을 매품으로 보여주는 꽃피움에 향기가 주변인들을 불러들인다.

서문표는 조급한 성격이었으므로 허리에 가죽을 차고 다니며, 자신을 부드럽게 했고, 동안우는 느긋한 성격이었으므로 허리에 활을 차서 자신을 긴장시켰다.

조식 선생은 자신을 잊지 말고, 지켜내고자 성생자를 몸에 걸고 다니며, 방울 소리가 울릴 때마다 자신을 생각하고, 내명자경(內明者敬), 외단자의(外斷者義)라고 말하였는데 이 말은《주역》에 나온다. 이는 조식 선생의 좌우명이다. 이를 새겨놓은 경의검을 차고서 생활하였다고 하니 자신과의 싸움이 치열했던 선비이다.

경(敬)은 마음을 다스리는 학문이며, 의(義)는 학문에서 깨달은 것을 행동으로 옮기는 것이다. 기묘사화의 정쟁을 보고, 학자의 길을 선택한 조식의 의(義)와 경(敬)이 산천재 처마 끝에 정기로 맺어 있다. 이는 김해의 사해정 3칸에서 나. 너. 우리를 배우고, 합천의 뇌룡정의 5칸에서 인. 의. 예. 지. 신을 배우고, 이곳 산천재 3칸에서 천. 지. 인을 깨우친 노력의 결실이다.

옛말에 "집 3채를 지어보면 도인이 된다"는 말이 있다. 집을 짓는다는 것은 생각의 연속이며, 신뢰의 지킴이며, 삶의 방식을 연결시키는 것이다. 집 1채를 지었으면 인생을 한 번 산 것이다. 조식 선생은 생을 세 번 살았다. 앞에 집 3채를 지었다고 하였다.

조식 선생은 인생을 세 번 살았기에 경인이 되고, 의인이 되었을 것이다. 그래서 집은 가르치고, 배우게 하며, 삶의 터선이 어렵다는 것을 알게 해준다.

목수라고 하는 사람들은 생활의 터를 단장하는 마술사들이다. 예수와 묵자는 목수였기에 현실을 잘 알았다. 위정자들은 집 3채를 지어보고 정치를 말해야 한다.

산은 살아 있어 누구나 찾아오기에 인과 덕의 수양처라 하고, 물은 어디론가 흘러가기에 지식의 퍼트림이라 한다. 지리산은 조식에게 덕을 주고, 지혜를 주고, 학문을 준 위대한 산이었다.

지리산에 있는 사찰에서 불경도 읽었는지 《남명집(南冥集)》에 보면 "천리를 통달하는 데 있어서는 유교와 불교가 마찬가지이다"라고 하여 교리와 학문에는 다름이 없다는 것을 말했다.

퇴계의 이상적인 유가와 조식의 현실적인 유가는 차이가 있다. 이는 도가의 사상이 있고, 없고의 차이 같다. 막스 밀러(1823-1900)는 "하나의 종교만 아는 사람은 아무 종교도 모른다"라고 하였다. 이는 관계를 말하는 것이다.

다른 것을 알지 못하면 내가 아는 것은 허상이다. 직업도 수없이 많다는 것을 알기에 각자가 선택하는 것이다. 다른 것을 알아야 말보다 행동을 중시하게 되고, 나만의 자긍심을 가지고, 바르게 보며, 바른말과 바른 행동을 전할 수 있는 것이다.

단성현 감사직소(단성소, 을묘사직소) 같은 상소는 어느 누가 흉내조차 낼 수 없는 상소였다. 경의검과 성성자와 집 3채를 지어본 경험이 조식 선생을 강하고, 의롭게 수양시켰을 것이다.

어릴 때 지켜본 기묘사화의 정정이 정치에 대한 회피를 가지게 하였다. 때문에 학문의 길을 갈 것이며, 바른 생활의 본보기가 되기로 결심했을 것이다. 뇌룡정에 있는 주련 2개에는 "죽은 것같이 가만히 있다가 때가 되면 나타나고, 깊은 연못처럼 묵묵히 있다가 때가 되면 우레같이 소리친다"는 내용이 걸려있다. 조식 선생의 실천하는 학문과 정치통합의 학문을 오늘날의 우리 위정자들이 공부하였으면 좋겠다.

"봄산 어딘들 향기로운 풀 없겠냐 마는, 천왕이 사는 하늘 가까운 천왕봉이 마음에 들어 살기로 했네, 빈손으로 왔으니 무얼 먹겠냐 마는, 십 리에 흐르는 은하와 같은 물먹고도 남겠네"라고 산천재 주련에 쓰여 있다.

벽에는 농사짓는 국민들이 이 나라의 주인이라며, 그림을 그려놓았다. 쟁기질하는 농부와 소는 농자(農子)와 일이다. 신선이 바둑두는 그림은 목표와 과정을 이야기하며, 소에게 귀를 씻은 물을 먹이지 않으려고, 소를 끌고 가는 그림은 선비의 정신수양을 알게 한다. 벽 한 면과 기둥 하나하나에도 조식 선생의 정신이 어려 있다. 우리의 학생들이 봤으면 정말 좋겠다.

덕천강 물길 옆에 3칸짜리 집을 짓고, 산천재(山天齋)라 이름 짓고, 1칸에는 하늘을 들이고, 1칸에는 땅을 들이고, 1칸에는 조식 선생이 들어가니 큰 정전보다 큰 하늘 집이 되었다. 전(殿)이 아니고, 재(齋)란 집을 가져도 '천하에 내가 있고, 내가 중심이다'라고 하며 큰 소리로 웃는 모습이 상상된다.

집의 편액은 '산천재'이다. 《주역》에 나오는 대축괘의 괘사에 "강건하고 독실하게 수양하여 밖으로 빛을 빛나게 해서 날마다 그 덕을 새롭게 한다." 이것이 건(하늘)이 아래에 있고, 간(산)이 위에 있다는 산천대축이다. 64괘 중 26번째 괘명이다. 주역은 철학의 완성서로 선비들이 공부하는 학문의 꽃이었다고 한다.

산천재는 열심히 공부하고, 수양하는 공간이란 뜻이다. 산천재 왼쪽 방문 위에 걸려있는 시판에는 '〈제덕산계정주(題德山溪亭柱)〉란 시가 있다. 덕천강에 세심정을 짓고 나서 지은 시라고 한다. "청하건대 천석종을 보시게, 크게 두드리지 않으면 소리가 없다네, 어떻게 해야만 두류산(지리산)처럼, 하늘이 울어도 울지 않을까?"

집중력 있게 일하는 사람은 인내심이 강하고, 외부에 대한 대응이 적다. 철저한 자기 절제로 불의와 타협하지 않는다. 사회 현실과 정치적 모순에 대한 엄한 충고와 자세를 무게감 있게 보여주는 시라서 나를 움직이지 못하게 한다. 참새들이 많은 요즘 세상에 조식 선생이 있었다면 어떤 기개로 제압할지 생각해 본다. 국민을 핑계 대면서 자기 욕심을 챙기는 졸장부들이 판치는 세상에 조식 선생이 그리워진다.

이황은 살아서 모든 관직 다 누리고, 죽을 때 처사를 원했지만 조식 선생은 살아서 처사였지만 죽어서 대사간에 추증되고, 영의정으로 증직되었다. 살아서 칼과 종이요, 죽어서 거름이라고, 덕촌강이 전해준다.

산천재 한쪽에 2칸짜리 집이 1채 있는데 1칸은 성성자이고, 1칸은 경의검이다. 툇마루가 깊어 정적이 회몰이를 만든다. 성격을 다듬어서 발을 올리라고 조용히 말한다. 산천재는 3칸이다. 천, 지, 인을 생각하는 유학과 불, 법, 승을 생각하는 불교의 믿음이 같이 있는 집 같다.

정면 3칸 측면 2칸의 팔작집이다. 짧은 용마루로 긴 건축물을 지을 수 있는 공법이다. 불교의 팔정도, 기독교의 팔품성, 참전계경의 팔강령이 팔을 주장하는 강수이다. 히브리인들은 팔(8)을 새로움과 새 출발의 의미를 부여한다.

농자(나는 농부라 하지 않고 농자(農子)라 한다.)들의 애환 때문인지 3칸의 아담함이 아름답게 보인다. 다른 집과는 달리 양쪽에 툇마루를 두어 균형자로서의 뜻을 분명하게 보여주면서 중간의 균형점에 무게를 집중시킨다. 중요의 냉정함이 보이고, 앞의 마루에는 기다림이 있다.

섬돌 2개는 짝을 말하는 듯, 하나는 성성자가 딛고 오르는 길이고, 하나는 경의검이 오르는 길같이 굳건히 놓여 있다. 힘이 있어 보이는 3칸 집에 용장, 지장, 덕장이 앉아 열두 가지의 세상(기둥 12개)과 대화하고 있다. 재의 직접적인 이성강론이 벌어지고 있는 것 같다.

산천재는 단순하면서도 담백한 건축물로 우리의 민족성이 생각나는 건축물이다. 조식 선생이 설계하고, 지었으니 조식 선생의 주장인 경의사상이 가득하다. 기둥, 보등 각부제에도 조식 선생의 얼이 배어 있다.

산천재는 원만하면서도 무던하고, 낙천적이면서도 이성적이며, 실용성과 보수성이 보인다. 산지로 둘러싸였으나 완만한 지붕 선에 내려앉은 지리산 천왕봉의 끝 선이 결기를 맺어준다.

지금은 기념관과 도로를 사이에 두고, 주변에 마을이 있지만 옛날의 산천재는 깊숙한 산골에 은둔한 배산임수의 덕지였을 것이다.

2칸 건축물과 1칸의 책고는 옆으로 앉히고, 산천재 앞뒤의 풍성한 공간이 사계절을 통하여 서민의 공간으로 만들어 준다. 서민적 농자의 사고와 조식 선생의 강한 인생관인 경과의를 배우려는지 햇빛이 밝다. 보는 책은 읽는 책보다 이해가 빠르게 마음에 와닿는다.

방은 조식 선생의 성격과 같이 칸을 잘 지켰다. 폐쇄적인 공간이 아니고, 공부하는 제자들과 어울릴 수 있는 공간으로 청결하게 유지하였음을 보여준다. 기둥의 선이 경과 의를 보여준다. 마룻바닥에 맞추어 봐도 각의 맞음에 오차가 없다. 주인이 무서워지기까지 한다.

한지를 바른 문은 빛의 유희가 결대로 흘러 조식 선생의 품에 온기를 주어 바른 자세를 지켜주었을 것이다. 빛이 은은히 흐르니 경과 의가 잘 지켜지는 분위기를 형성한다. 한지의 하얀색에 조식 선생은 꿈을 하얀색으로 그렸는지 우리에게 알 수 없는 하얀 마음만 보여준다.

자연은 작은 집을 큰 집으로 만들고, 큰 집은 작게 보여주니 자연이 건축가다. 건축물은 작을수록 강하고, 단단한 자연인을 만든다. 이것이 산천재의 가르침이다. 산천재에서 격물치지를 배운다.

수기치인(修己治人) 실천궁행(實踐躬行)으로 "몸소 갈고 닦은 것을 실제로 행동에 옮긴다"는 실천유학의 남명 조식 사상의 경과 의를 가지고 대문을 나왔다.

사(舍)

절제의 미덕이 숨 쉬는 공간

"이 세계가 아무리 넓더라도 결국은 끝나는 데까지 이를 수 있다. 그러나 사람 마음의 본질과 감정이란 그칠 줄 모른다. 그러므로 욕망은 적절하게 줄여서 만족할 줄 알도록 언제나 주의하는 수밖에 없다."《안씨가훈》에서 읽었다. 절제와 관련한 생활 습관을 가져야 한다는 것이다.

욕심은 물질이 우선이다. 집중에 옥(屋)은 큰 집이라 하고, 사(舍)는 작은 집이라 하는데, 사람의 욕심은 식, 주, 의중 집에서 가장 큰 비중을 차지한다. 집은 적당함보다 약간 작은 집을 좋아하는 것이 현대생활에서 유익하다는 것을 느낀다.

사(舍)는 나 여(余)와 입 구(口)로 이루어져 있다. 지붕과 기둥 그리고 문 또는 기초를 뜻하는 구(口)로 만든 글자이다. 여관, 여분의 집, 버릴 집 등의 의미를 가지고 있으며, 지방에 임시로 머물 객사, 역사 또는 작은 집을 뜻한다. 사(舍) 자에 휴식하다, 여관이라는 뜻이 남아 있는 것도 본래 간이 쉼터를 그린 것이다. 그래서 규모가 작은 집을 뜻한다.

다른 뜻으로 30리마다 역사(驛舍)가 있었다고 하여 거리 단위로 쓰기도 하였다. 또한 사랑, 기숙사, 사리, 사택, 교사, 정사, 학사, 객사, 관사 등에 쓰이다.

작은 집인 사(舍)는 인(人)과 길(吉)로 많이 풀이를 했다. 작은 집을 가지고 있는 사람은 길(吉)하다는 이야기다. 작은 집에 살아야 만수무강에 좋다는 것이다. 또 작은 집이라는 사(舍)는 인(人)과 설(舌)이라고도 한다. 아무리 작은 집이라도 집이 있으면 말이 많이 생긴다는 뜻을 말하는 것이다.

그래서 돈 없는 사람들은 작은 집도 가지고 있으면 구설수에 시달리기에 집을 버린다고 버릴 사(捨)를 썼다 고도 한다. 또 사는 관리들이 원거리 출장 때 휴대하던 일종의 신표를 가리키는 나 여(余)를 나타내는 것으로 본래 뜻은 머물다, 머무는 곳이라는 것을 뜻하였다고 한다.

그래서 베풀다, 버리다, 쉬다 같은 뜻으로 쓰이게도 되었다고 하며, 규모가 작은 집으로 서의 사(舍)는 기둥(干)과 구덩이(口)를 합한 글자라 하여 움집으로 보기도 했다고 한다. 큰 집보다는 실용적인 집, 실용적인 집보다는 만족이 있는 집, 만족이 있는 집보다는 즐거움과 가족의 정이 넘치는 집이 좋은 집이다.

사(舍)는 또한 관리들이 머무는 곳이기도 하였다. 조선시대의 지방 관사의 하나로 지방에 오는 관원들을 머무르게 하고, 대접하는 객사가 그 예이다. 객사는 객관과 함께 전패를 안치하고, 초하루와 보름에는 향망궐배 하는 한편 사신의 숙소로도 활용하였다.

의상대사는 집이라는 뜻을 가진 가(家), 택(宅), 사(舍)의 세 가지에 다른 의미를 부여하고 있다. "일승의 행자가 돌아가는 집의 의미로 가(家)를 사용하고, 택(宅)은 대비(大悲)로 중생을 시원하게 덮는다는 뜻이고, 사(舍)는 깨달은 성자가 머무는 곳이다"라고 하였는데 이때 사(舍)는 정사(精舍)의 의미를 가진 집이다.

정사(精舍)는 산스크리트어인 비하라(vihara)의 번역어이다. 정사는 석가모니 거소에서 유래되었는데 비를 피할 정도의 움막과 뜰이 있는 허름한 형태의 집이었다고 한다.

중국의 정사는 후한의 태자에게 논어를 가르쳤던 포함(包咸)이 동해에 정사를 세웠다는 고사에서 유래하고, 우리나라는 고려 말부터 생겨났으며, 이후 주자학의 융성과 더불어 곳곳에 세워졌다.

명망 있는 선비가 자신의 고향이나 경치가 좋은 장소를 택해 은거하면서 강학사를 개설하면, 그를 따르는 지학들이 모여 같이 수학하는 정사가 많이 생겼다. 서원은 사당을 두어 향사를 하는 등 공적인 성격이 강하였으나, 정사는 학문과 정신을 수양하는 사적인 곳으로 크지 않게 지었다.

평면은 일자형으로 대청과 온돌로 구성되었다. 가구는 목재를 가공하지 않고, 장식이 없는 소박한 구조를 보인다. 민도리계이고, 익공 형식을 사용한 경우도 있다. 기단은 막돌 허튼 층 쌓기의 단층 석축 기단이 많다.

초석은 막돌 초석을 사용한 것이 많다. 대청은 우물마루와 연등천장으로 하여 미를 살리고, 지붕은 팔작지붕이 많다. 학구와 수신을 강조하기에 담장을 둘러 외부와의 별도 공간을 만들었다.

주희의 무의정사도 처음에는 석가모니의 죽림정사나 기원정사 같이 비만 가리는 최고로 절제된 집이었다고 한다. 지금의 정사는 제자와 후대들에 의해 현재와 타협된 것이다.

사람들의 욕심과 허상이 나를 위대하고, 훌륭하다고 뽐내고, 싶어 하기에 모든 건축물은 커진다. 잘못된 것이다. 적정한 넓이의 공간만 있으면 되는 것이다. 집은 총론으로 보는 것이 아니고, 개론으로 봐야 하는 세밀한 형상이기 때문이다.

정사는 마음을 수양하는 공간이다. 적정 넓이가 좋은 수양처이지, 넓은 공간은 정신을 흩어지게 한다. 편안한 정신이 깃들게 하기 위해 성인과 수도자들의 수양처는 한 사람만 앉아 기도하고, 수련하며, 수양하는 면적이었다. 수년 전 설악산 비선대에서 만난 한 스님이 금강굴을 손으로 가르치며 '금강정사'라고 하던 말이 기억난다.

좋은 집을 욕심 내면 그 끝은 없다고 했다. 인간들은 '좋음'이란 말을 좋아하기에 욕망의 동물이 된다. 오간팔작, 고대광실, 어간대청, 금전옥루, 화동주렴 등 좋은 집은 끝이 없다. 큰 집은 운영이 힘들다. 관리가 힘들다. 집과 사람 관계는 사람을 위한 집이어야 하고, 집을 위한 사람이 되어서는 안 된다.

집을 지을 때는 자기 재산의 10분의 1로 집을 짓고, 전세도 10분의 1의 범위 내에서 얻고, 월세도 수입의 10분의 1이 적정하다고 하였다. 지금은 사람이 집을 위해야 하니 어이가 없는 것이다. 그래서 집은 살 사람이 직접 지어야 한다. 그러면 집 문제는 많이 해결될 것이다.

집 짓는 사람 따로 사는 사람 따로 구분된 것은 인간뿐이다. 이제부터 모두 내 집은 내가 지어야 한다. 그래야 세상과 삶의 진실을 안다. 전문가를 호칭할 때 가라고 한다. 이때 가는 집 가(家) 자이다.

나(余)를 기초(口)위에 앉히는 것이 사(舍)이다. 내 마음도 집이고, 내 정신도 집이다. 내가 사는 집은 내 몸에 반비례한다고 생각하고, 내 정신이나 마음의 집은 비례해야 한다고 생각해야 한다. 그러면서 마음과 정신의 집은 단단하게 누구도 파괴 못 할 집을 지어야 한다. 몸과 영은 범위가 다르고, 주변인의 관계가 다르기 때문이다.

그래서 사(舍)는 내가 살게 될 내(余) 집이다. 누구와 같이하지 않는 내 집이기에 클 필요가 없는 것이다. 내 몸의 집은 초가가 좋고, 내 마음의 집은 금전옥루가 되어야 한다. 자연의 결실은 크고 작음이 없다. 자기 역할에 충실할 때 자신이 빛나는 것이다. 외피의 호화로움은 남이 보는 것이지, 내가 보는 것이 아니다.

성인들은 마음의 집이 컸었다. '사(舍)'는 사람을 길하고, 사람답게 살라고 하는 집이다. 내가 보존하고 관리하기 좋은 적당한 면적의 집이면 내 마음의 집이다. 몸은 거울 보면서 치장하는 외피이지 마음과 같은 진실을 남에게 보여주는 것이 아니기 때문이다.

우리는 성인의 기준에 따라 육신의 집을 짓고, 정신과 마음의 집을 지어야 한다. 성인들은 외면을 중요시하지 않는다. 예수나 석가모니나 소크라테스에 관한 집 이야기는 들어본 적이 없다. 그러나 공자는 2만여 제곱미터에 방 3칸짜리 집을 짓고 살았다고 한다.

사(舍)는 정신과 마음의 집이라는 것이 맞다. 물질은 적어도 살 수 있지만, 마음과 정신은 좁고, 적으면 다툼이 있기에 사람이 살 수가 없기 때문이다. 그래서 마음과 정신은 수련한다고 하고, 물질은 모은다고 한다. 사람은 공부하고 무엇인가를 찾는 정신을 가지고 있기 때문에 끝없이 생각하고, 사고한다. 육체는 끝이 있지만 얼은 후세에 이어진다.

남명 조식 기념관에 가면 〈신명사도〉라고 하는 '마음의 집' 그림이 있다. 사람의 마음(神明)이 머무르는 집(舍)을 그린 그림이 〈신명사도〉이다. 마음의 안과 밖을 잘 다스려 지극한 선의 경지에 도달하는 이치를 그림으로 나타낸 것이다.

마음의 작용을 왕이 신하를 거느리고, 국사를 돌보는 것에 비유하여 그린 그림이다. 〈신명사도〉는 사람의 마음을 지키기 위한 결연한 의지를 성곽으로 나타내고, 마음을 다스리는 요체를 경(敬)으로 설명하고, 의(義)로써 실천해야 한다는 설명을 들었다.

그림을 보면 사람의 얼굴이다. 경은 깨어 있어야 하기에 눈, 귀,

입을 깨어 있게 하여 나를 알고, 지켜서 바른 생활을 하라고, 하는 것 같이 보인다. 우리는 사람으로서 자기의 '신명사도' 하나는 가져야 한다는 것을 느꼈다. 사(舍)의 중요성이 있는 그림이다. 사(舍)는 수련처다.

사(舍)는 절제의 얼굴이다. 절제는 정도에 넘지 않도록 알맞게 조절하여 제한하는 것이다. 또 스벤 브링크만은 그의 책《절제의 기술》에서 "절제는 인색함과 한없는 관대함 사이에서, 비겁함과 무모함 사이에서 균형을 잡는 것이다"라고 하였다. 절제를 뜻하는 그리스어 '소프로시네(sophrosyne)'는 중용으로도 쓰인다.

윤리의 기본이 된다는 사추덕(四樞德)이 있다. 지덕, 의덕, 용덕, 절덕이다. 이 중에 절덕, 즉 절제는 쾌락과 유혹의 균형을 유지해 주는 윤리적 덕목이다. 마음의 욕망을 자제시키는 것이 절제이다. "해야 할 일은 용기 있게 곧바로 하고, 해서는 안 될 일은 용기 있게 결단하여 곧바로 물리쳐야 한다. 절제는 용기를 동반하는 것이다"라고 정조대왕은 강조했다.

사(舍)는 절제의 공간이다. 과하지 않고, 부족하지 않은 절제의 미가 흐르는 곳이 정사이고, 객사이다. 사의 뜻은 공간이 좁아야 이롭다는 삶의 길을 제시하여 준다. "큰 집이 천 칸이라도 밤에 눕는 곳은 여덟 자뿐이요. 좋은 밭이 만 평이 있더라도 하루에 두 대 먹는다"고《명심보감》에 나온다.

큰 건축물을 지어 경제난을 겪은 나라도 많다. 국가는 마천루를 짓다가 망하고, 재벌은 큰 사옥을 짓다 망하며, 졸부는 큰 집을 짓다 망한다. 넓음과 큰 것은 걱정과 게으름을 만들고, 꾸물거리고 미루는 것을 알게 한다. 집은 미래를 예측한다.

사(舍)는 사람다운 사람으로 만드는 절제의 기술을 가지게 한다. 절제의 집에는 겸손과 사랑과 정이 넘쳐난다. 그래서 정사에는 스승과 제자의 사적인 정감이 나오고, 객사에는 숨김없는 속마음이 통한다. 절제가 가르쳐 주는 공간의 겸손함이 행동으로 될 때 가진 사람과 부족한 사람들과의 이해가 소통될 것이다.

집도 절제의 미가 있어야 지나침이 없는 인간 본래의 우아함과 정갈함과 소박한 미를 보여준다. 너무 과하게 장식하지 말고, 집은 집답게 절제의 중요성을 가지게 해야 한다. 우리 조상들은 집을 그렇게 생각하였다. 사(舍)는 절제의 성공을 가르치는 절제할 줄 아는 사람들의 터이다.

플라톤이 그의 저서《국가》에서 신분계층이 준수해야 할 미덕을 결정하면서 이야기한 것으로 사주덕이 있다. "용기의 덕은 군인이 갖추어야 하고, 절제의 덕은 모든 계층에 해당하는 공통 사항이지만 생산직이 준수해야 하고, 지혜의 덕은 철학자들이 준수해야 할 사항이며, 용기, 절제, 지혜가 완성되었을 때 이루어지는 덕이 정의의 덕"이라 했다. 이 중에 절제의 덕이 사(舍)에 해당된다.

작은 집이 큰 집보다 집다운 집을 만들고, 나다운 나를 만든다. 절제는 자기 자신을 이긴다는 말이다. 자기 자신을 이긴다는 것은 가장 어려운 것이다. 사(舍)는 자기 자신을 이기게 해주는 참다운 공간임을 알아야 한다.

"너무 큰 집은 집이라기보다 채무자의 감옥이다"라고 제이 셔퍼는 말하였다. 큰 것보다는 실용, 실용보다는 만족, 만족보다는 즐거움, 즐거움보다는 가족의 정이 넘치는 아담한 집이 좋은 집이다. 이것이 사(舍)이다. 집보다는 사람이 커야 한다.

빈연정사

풍수지리의 비보림으로 조성된 닻을 상징하는 만송정은 북서풍을 막아주고, 홍수도 줄여주는 기능을 가진 소나무 숲이다. 이 숲을 가꾼 류운용 선생은 만송정이란 정자를 이 소나무 숲에 지었는데 지금은 없어졌지만, 소나무만으로도 정자의 역할을 하기 때문에 지금도 만송정이라 한다고 한다.

소나무는 나무 중에 으뜸이라 솔나무에서 소나무가 되었으며, 또 진시황제가 비를 피할 수 있게 해준 나무라 공작의 벼슬을 주어 나무(木)와 공작(公)이 합하여 소나무 송(松)이라 했다고 한다.

소나무는 잎이 2개다. 둘이 꼭 묶여 있어 같은 운명을 가지고 있다. 부부의 연은 소나무가 만든다. 류운용 선생도 소나무를 심으면서 소나무의 성정을 잘 알았을 것이다. 만송정은 만 가지 형태와 자태가 있는 곳이다.

인간들의 인생살이에 관한 이야기가 모두 모여 있는 곳이다. 다름의 철학이 자연이다. 자연은 다름을 강조하면서 인간을 학습시키는 스승이다. 소나무는 뼈를 가지고 있다. 관솔이라고 한다. 숲 속에 무궁화 문장의 모자를 쓴 만송정 비석이 서 있다.

류운용 선생은 마을이 화합되어 잘 지내길 바라면서 근면과 절제의 철학 정신을 모두 가슴에 새기자고 하며, 소나무를 심었을 것이다. 통합과 화합의 바람에 보답하듯, 낙동강 변에 예쁜 곡선을 그리며, 소나무들이 도열하여 오가는 이들이 마음껏 쉬고, 가라고 휴식의 공간을 만들어 준다.

소나무는 장수, 정절, 지조, 번성의 의미를 가지고 있다. 이러한 의미를 가지고 소나무가 가리키고 있는 곳은 빈연정사이다. 정사는 정신을 수양하고, 학문을 토론하며, 독행무우(獨行無憂)의 기상과 문심(問心)을 키워 보람 있는 생을 살기 위한 공간이다.

빈연정사는 정사의 본향이다. 작은 공간이면서 큰 덕과 빛을 보이며, 소박하면서도 하늘 아래 제일 멋진 결을 가지고 있으며, 절제의 정신과 미가 같이하는 선비의 삶이 있기 때문이다.

책 읽는 소리가 들리는 것 같은 착각에 빠진다. 일반적인 책 읽는 소리가 아닌, 인도에서 말하는 팟뜨(path)라고 하는 독서 소리가 빈연정사에 있다. 팟뜨는 배움의 독서이다. 마음과 머리와 정신에 가득 담기는 경을 읽는 것이다.

인간은 실제보다 이상에 더 관심을 갖는다. 말레이어에 라타(lattah)라는 말이 있다. 두려움 때문에 다른 사람을 모방한다는 뜻이다. 이상과 모방은 내 것이 아니다. 내 것은 내 몸으로 습득한 것이 내 것이다. 집으로 보면 지붕은 자연조건을 받아들이고, 기둥 부분은 혼합하여 주고, 기초는 지탱해 주어야 집이 되는 것과 같은 것이다.

두 발로 걸으면서 전후좌우 상하를 볼 수 있는 것이 인간이다. 집도 눈의 높이에 맞춰 짓고, 삼매 속에서 자신을 수양하며, 실제를 찾고, 두려움에 대항하는 수단을 찾는 공간이 정사이다. 혼자 있으면 지성이 생기고, 세상에 대하여 눈이 뜨인다.

우리 조상들은 바쁜 중에도 정사를 지어 혼자 있는 시간을 즐겼다. 주자를 좋아하여 주자가 되고 싶은 이상 때문이다. 《논어》와 《도덕경》의 혼합이 있었으면 어떤 인물이 이상형이 되었을까? 호기심이 생긴다. '있음이 이로운 것은 없음이 쓸모 있기 때문이다'라는 결론이 나올 것 같다.

빈연정사의 주요 목적은 책을 읽는 공간이다. 정면 3칸, 측면 2칸의 보편적인 크기로 서민과 같이 있고자 하는 진실한 마음을 보여주며, 화려하고, 높음과 멋을 강조하는 겹처마가 아닌 단순한 홑처마를 하고 있다. 선이 아름다운 팔작지붕에는 《참전계경》에 나오는 8강령인 정성, 믿음, 사랑, 구원, 재앙, 행복, 갚음, 응답의 여덟 가지가 앉아 있다. 8강령으로 366가지 일을 다스리는 《참전계경》이다.

정면에서 볼 때 좌측 1칸은 온돌방으로 만들어 겨울의 욱실이 되고, 우측 2칸은 대청으로 하여 여름의 양청으로 만들었다. 조화의 미가 참 좋다. 따뜻함과 시원함의 교차 공간이 자연의 자리이다.

자연은 순환시키는 조화의 힘을 가지고 사람을 만든다. 그 속에서 사람들은 보호란 명제를 실습한다. 이것이 집을 자연에 맞추어 짓게 하는 것이다.

집은 자연의 논리에 따라 지으면 아무 문제가 없는 삶의 그릇이 된다. 대청과 연결되는 방에는 벽이 없고, 이분합의 문을 달아 걸쇠에 걸면 큰 공간이 만들어지게 되어 있다. 대청의 전면은 개방되어 있고, 우측과 배면은 판벽에 널문을 달았다. 소나무로만 지은 집이다.

소나무는 죽어서도 향기를 전해준다. 향은 무늬를 그린다. 원래 무늬를 그 향으로 메운다. 그 집의 뜻을 향으로 이어가게 한다. 소나무 판재로 만든 널문도 우측과 배면이 다르다. 다름을 인정하면서 같은 뜻을 가지자는 화이부동의 정신을 빈연정사는 가지고 있다.

머름의 유무를 가지고, 높은 울거미 널문과 낮은 띠장 널문을 달아서 다름을 표현했다. 문은 건축물의 표정이다. 활짝 웃는 큰 미소의 형태를 판문은 가지고 있다. 열어놓으면 표정이 보이지 않는다. 문은 활짝 열면 큰 기쁨이고, 좁게 열면 수줍어하는 느낌을 준다.

기단은 허튼 층 쌓기를 한 높지 않은 수수한 모습이다. 초석 또한 막돌로 놓았다. 그리고 대청의 중간에는 기둥이 없다. 그래서 기둥이 11개다. 10개는 사각기둥이고, 대청의 전면 중간기둥은 원형기둥이다. 천원지방의 하늘과 땅을 나타내고 있는 형태다. 원형 기둥은 궁궐을 상징하고 있는 것 같다.

빈연정사는 북향이다. 북쪽에 있는 궁궐의 만만세를 기원하며, 중간에 원형기둥을 세우고, 조배식을 하였을 것이라 생각하니 충(忠)을 생각하게 된다. 집은 모든 면에 의미를 부여하여 생각의 실현을 주고 있다.

기둥과 기둥을 연결하는 보는 자연 그대로의 형태를 가지고, 우리도 다르다고 하며, 동참을 호소한다. 좌측의 천장도 부분적으로 우물천장을 만들어 부조화 속의 조화를 보여주며, 비대칭의 미를 가지라 한다. 마치 문 한 짝을 올려놓은 것 같다. 이는 하늘과 통하는 학문을 깨우치고, 학문은 틀을 만들지 말고, 자유로운 생각으로 해야 한다는 것을 강조하는 것이라 본다.

공포는 창방이 없는 익공 형식으로 몰익공의 특이점이 없는 일반 가정집 그대로이다. 또 정사의 수직부재는 집의 번창이고, 수평부재는 균등의 미를 가져 외부의 기쁨을 불러들이는 역할을 한다. 빈연정사의 정사란 말이 내 가슴에 박히는 이유가 정사의 근본 뜻을 가지고 있기 때문이다. 겸손하며, 작은 공간에서 모두를 위한 생각을 다듬기 때문이다.

빈연정사는 절제의 미가 실재해 있으며, 실용화된 곳이다. 집을 건축하면서 좋은 자재 마다하고, 보편적인 재료로 짓고, 호화롭거나 장식을 많이 치장하지도 않았다. 사(舍)의 의미를 물씬 풍기면서도 겸손과 겸양과 검약을 잊지 않고, 생각을 넓고 깊게 보도록 하는 집이다.

단순하고 단출한 사(舍)의 본래의 결과 무늬를 가지고 있는 정사가 빈연정사이다. 하나에서 열까지가 검소함에서 안빈낙도하는 선비의 집이다. 류운용 선생의 문일지십 어린 시절의 총명함이 빈연과 만송정 솔숲에 비추는 모습이 빈연정사이다.

빈연정사의 대문인 완송문은 좁고, 조그마하나 크게 보인다. 문의 아름다움이 세상을 아름답게 한다. 아름다움에 배롱나무가 1개의 깃이 되어 보탬을 더한다. 학문을 가르치고, 정신을 수양하는 정사에 선비의 절개를 보여주는 것이 배롱나무와 소나무다.

완송문을 열면 천기와 수기와 지기가 한꺼번에 몰려오는 집이다. 낮게 둘러친 담이 고요와 정적을 침묵으로 만들어 분위기를 한껏 올려준다. 작고 좁은 공간에서 성장이란 변화와 경험을 많이 하는 것이 삶이다.

아무리 넓고 큰 공간이 있어도 우리는 좁다고 한다. 좋은 생각과 자기연수와 자기학습의 공간은 좁고 단순해야 한다. 그래야 정신과 마음이 보인다. 성인이나 선승들과 수도승들이 자신을 찾은 공간은 좁고 작은 터였다.

빈연정사의 기둥은 11개다. 11을 보니 도덕경 11장을 읽고 싶다. "삼십 개의 바큇살이 하나의 곡에 모이는데, 그 텅 빈 공간이 있어 수레의 기능이 있게 된다. 찰흙을 빚어 그릇을 만드는데, 그 텅 빈 공간이 있어서 그릇의 기능이 있게 된다. 문과 창을 내어 방을 만드는데, 그 텅 빈 공간이 있어서 방의 기능이 있게 된다. 그러므로 유는 이로움을 내주고, 무는 기능을 하게 된다"는 내용이다. 유(有)는 우리에게 편리함을 주지만 무(無)는 바로 편리함이 발휘되도록 작용한다는 것이다. 최진석 교수의 책《노자의 목소리로 듣는 도덕경》을 읽었다.

있음이 이로운 것은 없음이 쓸모 있기 때문이다. 빈연정사에서 도가의 생각을 해본다. 빈연정사는 11개의 기둥으로 지은 집이다. 충과 효가 있고, 글과 붓이 있는 집이다. 책 읽는 소리가 만송정까지 들린다.

실(室)

박애의 정신은 어머니 마음

사람이 태어나는 공간인 산실(産室)에도 실(室)이 붙는다. 치암고택에는 화장실이 졸성실이고, 목욕탕이 탁청실이다. 나는 실(室)을 구획되지 않은 건축물 내부의 단위 공간으로 본다.

실(室)하면 한재 이목(1471-1498)이 지은 《다부》의 부록인 《허실생백부》가 떠오른다. 허실생백(虛室生白)은 장자에 나오는 글로 "저 빈 곳을 보아라. 빈집이 밝아지니 길상이 고요한 곳에 머문다"는 내용이 나온다.

인간의 마음과 하늘의 도심(道心)을 전제로 하여 사람의 심체도 텅 빈 공간같이 비워서 잡념이 없고, 고요해지면 하늘의 본심을 깨닫게 되고, 밝은 빛과 같은 진리를 얻을 수 있음을 말하고 있다.

정영선이 편역한《다부》의 부록에서 읽은 글이다.

마음을 비우고, 나를 본다는 것은 밝은 심신의 덕을 수련하여, 나를 완성시키는 자리를 차지한다는 것이다. 허실의 자리가 넓은 공간을 호연으로 만들어 박애정신을 발휘할 수 있도록 실(室)의 가치를 가지게 한다. 학교는 모든 공간이 실로 구성되어 있다. 박애정신이 교육의 목표이기 때문이다. 그래서 실(室)은 박애(博愛)의 공간이다.

맹자의 호연한 마음 상태가 차 향을 멀리 풍기게 하고, 마음을 비운 허실상태는 차를 마시며, 사랑 중에 가장 어려운 박애의 공부를 논하는 것이다. 박애는 신과 자연이 인간에게 쓰는 단어이지, 인간이 쓰기에는 너무 어려운 말이다.

실(室)은 새가 둥지로 날아들 듯 사람이 집(宀)에 이르러(至) 쉬는 곳이 집 실(室)의 의미이다. 또한 집안사람들이 생활하는 공간과 재산을 두는 곳이며, 방과의 관계로 보면 중심 인물이 기거하는 공간이라고도 한다.

독립된 건축물을 나타내기도 하지만 주로 건축물 내부의 단위 공간을 나타내며, 묘침제에 쓰는 용어에 동당이실재(同堂異室制) 라는 말은 같은 건축물에 칸을 나누어 신위를 봉안하는 것이다. 사람이 기거하면서 일을 하는 공간을 말하기도 한다.

실(室)은 집 실로 집, 방, 거처, 아내 등을 말하며, 중국사전에는 실(학교, 기관 등의 내부 업무 단위), 집. 실(기관 등의 내부공간)로 기록되어 있다. 집을 말할 때는 집안과 집 밖으로 표현하는데 이때의 집이 집 실(室)일 것이다. 그래서 실내와 실외라는 말이 가장 자연스럽게 들리는 것이다.

선조들의 집에 관한 표현은 자연스러우면서도 뜻에 딱 맞는다. 실내, 외는 우리가 흔히 쓰는 표리라는 말이 있는데 내, 외와 표리 중 집에는 내, 외를 쓴다.

우리는 실내와 실외, 집 안과 집 밖을 달리 생각한다. 부부싸움을 할 때도 소리가 외부로 나가지 않게 실내에서 수단껏 한다. 누군가가 찾아오면 아무 일도 없었다는 듯 대한다. 실내, 외를 다르게 보기 때문에 한국인은 표리에 민감하다. 그래서 내, 외로 쓰고 있는 것 같다.

"집의 구조 자체도 내, 외의 표리성이 완연하다. 구미의 집들은 집의 내부와 외부를 차단하는 담이 큰 구실을 못하고 있다. 차단 구실보다 영역 표시에 불과하며, 나지막하게 나무토막을 박아놓은 것이 고작이다"라고 이규태 선생은《한국인의 버릇》에서 말하였는데 실내, 외의 사연이 집 실(室)의 표현으로 잘 어울린다는 인상을 받는다.

우리의 담은 완벽한 담의 형태를 가진 집이 많다. 이것은 내, 외를 차단하는 것이다. 생활도 실내, 외의 양식이 다르다. 안으로 들어오면 우리는 빨리 갈아입고, 갈아 신는다. 표리를 바꾸어 표 인간, 리 인간이 된다. 그러나 서양은 침실에 들어가기 전까지 표 인간이다.

우리는 리(裏) 공간인 속에 사는 폐쇄된 사람끼리 종적인 인간

유대가 강한 반면에 서양사람들은 표(表) 공간에 사는 공개된 사람끼리의 횡적인 인간 유대가 강하다고, 이규태 선생은 덧붙인다.

표(表)는 겉, 겉면, 거죽, 바깥을 뜻하며 외부를 나타내는 옷(衣)과 모(毛)가 합쳐진 글자이며, 리(裏)는 속, 내부, 가운데, 안쪽, 뱃속, 가슴속을 뜻하며, 옷(衣)과 마을 리(里)로 이루어진 글자다. 표리부동과 표리일체라는 말을 만들고 있다.

도덕경 9장의 금옥만당은 금옥영실(盈室)로도 쓰며, 《명심보감》 〈권학〉 편의 명이조암실(明以照暗室), 이이조인심(理以照人心)이란 말에도 실(室)이 쓰인다. 빛으로 암실을 밝히고, 이치로써 인심을 얻는다. 이와 같이 실은 여러 번에서 볼 수 있는 좋은 공간이다.

실은 구획되지 않은 건축물 내부의 단위 공간이다. 실 안에 조그만 공간, 즉 벽을 만들고, 창과 문을 만들면 방이 된다. 그러나 건축물을 많이 찾아다니면서 보니 고건축이든, 현대건축이든 실이라고 이름 붙은 공간이 방보다는 넓었다.

실은 바실리카 양식으로 자리가 배치된 곳이 많았다. 중앙보다는 측면에 상석이 배치되어 사람들이 상석을 바라보며, 길게 앉거나 서서 높은 사람을 대하는 공간형식이다.

눕다라는 뜻의 라틴어 cubo에서 나온 cubiculum은 휴게실이며, 간이 칸막이인 큐비클(cubicle)도 여기에서 따온 단어이다. 요즘 사무실은 간이 칸막이로 공간을 분리하고, 있는데 이 또한 하나의 실(室)이다. 미우나 고우나 한 실(室) 안에서 생활하다 보면 시기와 질투도 있겠지만 표면상으로의 실은 박애의 공간이 된다.

박애는 두산백과에서는 "인간의 인격, 휴머니티를 존중하고 각자 평등이라는 사상에 입각하여 인종, 종교, 습관, 국적을 초월한 인간애를 박애(博愛)라고 한다"라고 쓰여 있다. 그리스 비극작가 아이스킬로스는 신들을 사랑하는 것보다는 인간을 사랑하는 것을 philanthropia(인간애)라고 불렀다. 이것이 박애를 뜻하는 philanthropy의 어원이다.

로마시대에 이 말은 humanitas로 번역되어 인간애뿐만 아니라 교양을 나타내는 말이 되었고, 그 후에 휴머니즘이란 이념을 뜻하는 것이 되었다고 하였다. 우리 국어사전에는 박애를 모든 사람을 평등하게 사랑하는 것으로 되어 있다.

우리가 쓰는 박애라는 말은 불어의 fraternite를 일본인들이 번역한 것이다. fraternite는 넓은 사랑과 자비를 이르는 것이 아니라 동지 간의 협력, 연합을 뜻하는 말이라고 한다. 연대, 우애가 맞을 것 같다.

박애의 뜻인 인간애를 가지는 것은 쉬운 것이 아니다. 그리고 모든 사람을 평등하게 사랑하는 것은 있을 수가 없는 말이다. 그렇지만 실(室)이란 공간에서 동거동락 하다 보면 인간애의 발로는 만들 수 있을 것이다.

정의, 공정, 평등, 박애는 신이 쓰는 말이다. 인간들은 함부로 쓰면 안 되는 말이다. 거실, 어실, 온실, 빙실, 익실, 욱실, 석실, 장실 등은 인간들의 박애정신 수련을 위한 연습실이다.

건축물을 지을 때 공간 만드는 것을 제일 중요하게 생각한다. 1

채 1채로 구성하느냐? 또는 1채를 실로 보고 각 실로 만드느냐?를 생각한다. 채로 나누는 것은 단일의 기능을 1채의 건축물에 나타내는 것이고, 1채를 실로 만드는 것은 큰 건축물의 내부를 여러 실로 나누어 기능을 하게 하는 것이다.

우리의 건축물은 채로 나누어 기능을 하기 때문에 건물 수가 많다. 현대의 건축물은 철저히 실로 나누어 기능을 할 수 있도록 하고 있다. 방은 문이 있지만 거실은 별도의 문이 없는 곳이 많다. 이와 같이 실은 창문과 벽으로 만들어진 넓은 공간을 말하는 것으로 본다. 즉 집 속의 큰 방이라고 볼 수도 있는 것이다.

실은 아내의 뜻도 있다고 하였다. 여자가 결혼을 하면 남편의 성을 붙여 김실아, 박실아 등으로 불리우는데 이는 집의 안주인을 나타내는 것이며, 살아 있으면 실(室)이 되고, 죽으면 배(配)가 된다.

또 본처는 정실, 첩은 측실이라고 할 때도 실(室)을 붙였다. 남자는 방(房) 자를 붙여 이 서방, 김 서방 등으로 불렀다. 방보다는 실이 크다. 그래서 아내가 살림을 총괄했을 것이다.

이런 말은 부부 사이의 화목한 즐거움을 말하는 실지가락(室之家樂)에서 만들어진 것일 것이다. 공자가 제자인 자로 에게 "당(堂)에 올라섰으나 실(室)에는 들어서지 못했다"고 하였다. 당은 집의 내, 외를 통칭한다. 누구나 들어갈 수 있었다. 그러나 여기서 말하는 실(室)은 내실이다. 내실은 안주인의 공간이다.

이 공간은 아무나 들어갈 수 있는 공간이 아니다. 그래서 승당입실이란 실에 들어간다는 이야기가 아니고, 어느 정도 수준에 도달했으나 가장 핵심적인 곳에는 이르지 못했을 때 쓰는 말이라고 하였다. 실은 내실과 외실이 있다. 외부인이 들어설 수 없는 곳이 내실이다. 내실은 안방과 대청을 묶어서 실이라고 하였다고 한다. 승당입실은 인간에게 노력을 계속하라고 하는 말일 뿐이다. 정조대왕의 침실 이름이 '탕탕평평실'이라고 한다. 이 또한 슬로건뿐이었다. 힘만 들었을 뿐 탕평은 없어지지 않았다.

실(室)은 넓을수록 좋다고 하였다. 단일 건축물의 공간을 활용하기 위한 구조이다. 이 중에 종교 건축물이 더 크고, 웅장하게 지어지고 있다. 이것은 실내 공간을 넓히기 위함이다. 외벽을 만들고, 출입문을 세워 실을 통 칸으로 하여, 집단의 의사소통이 이루어지게 하는 곳으로 만든 곳이 실(室)이다.

실에는 박애의 큰 사랑을 위한 수행을 하기 때문에 실에서는 말을 조심하여야 하는 공간이며, 행동도 조심하여야 한다. 실은 전후좌우의 소통이 생명인 공간이기 때문이다. 실(室)의 공간이 적정의 넓이로 구획될 때 인간애의 탄생 장소가 된다. 이것이 건축이 담당하는 사람과의 관계성이다.

"정(精), 기(氣), 신(神)이 내면의 삼보이고, 귀, 눈, 입이 외면의 삼보인데 내면의 삼보는 물건에 끌려 흐리지 않게 하고, 외면의 삼보는 마음을 유혹하여 흔들리지 않게 한다." 허균이 쓴 《한정록》에서 봤다. 이 글에서 내면을 실내로 바꾸고, 외면을 실외로 바꾸면 완벽한 실(室)의 정의가 되고, 실에서의 수행이 꽃이 핀 것 같이 생각된다.

리(裏)와 내(內)와 실(室)이 합치되면 속의 웃음꽃이 얼굴을 뚫고, 온 천하를 웃음 밭으로 만들 것이다. 지금도 심장의 두 심실(室)은 뛰고 있다.

향적실

실(室)은 일정한 목적에 쓰이는 공간의 뜻을 나타내며, 사람이 거처하거나 일을 하는 장소를 말한다. 향적(香積)은 사찰 음식을 높여 부르는 말이며, 이 음식을 만드는 곳이 향적실(香積室)이다. 사찰 음식을 만드는 부엌을 공양간, 향적주라고도 한다.

향적은《유마경》의 향적 불품에 나오는 말로 진리를 깨닫는 법열을 음식에 비유한 것이며, 사찰 음식을 대표하는 말 이자 사찰 음식을 높여 부르는 애칭이 되었다고 한다.

이것은 유마힐과 문수보살이 법전을 벌이다 점심때가 되어 유마힐이 신통력으로 42항아사(10의 52승)의 불국토를 지나서 중향세계라는 향적 부처님 계신 곳에 한 화보살을 보내어 공양하고, 남은 밥을 한 바루 받아와서 수만 명의 대중들이 모두 배불리 공양하게 하였다고, 하는 데서 나온 것이다.

향적 부처님의 향기는 밥에서 나는 향기로 바이살리성뿐만 아니라 삼천대천 세계까지 뻗어 나갔다고 한다.

추사 김정희는 〈세모승(細毛僧)〉이란 시에서 "문수의 제호가 바로 이게 아니던가 향적의 반공도 보다 나을것이 없네"라며 냉채의 맛 있음을 향적에 비유하였고, 용주사의 천보루 주련에는 "연화계의 폐엽경은 불이문의 천둥소리요, 향적반인 포찬은 무량겁전 땅의 밑거름이네"라는 구절이 있다.

먹는 것이 풍족해야 박애의 큰 사랑이 나온다. 박애는 자비를 뛰어넘는다. 박애는 밥을 해주는 어머니만 해야 하는 말이다. 박애는 밥해주는 마음이다. 모든 것을 용서하고, 사랑하면서 밥을 주는 마음이 있어야 박애라는 말을 할 수 있는 것이다.

실은 1칸이 넘는 넓은 공간이다. 그 공간에서 자비와 향기가 어려 사랑이 되고, 사랑이 응축되어 빙긋이 웃는 마음이 생긴다. 박애의 초석이 되는 곳이 향적실이다. 밥은 따뜻하면 알파 상태가 되어 녹말이 부풀어 오르고, 부피도 커지고, 서로 부드럽게 달라붙는다. 서로 떨어지기 싫어 같이 있고자 한다. 사람들은 그것을 먹는다. 달라붙은 쌀알들이 만든 밥을 먹을 때 어머니의 박애를 생각해야 한다.

해월 최시형(1827-1898)이 쓴 〈천지부모편〉에 보면 "곡식은 천지의 것이다"라는 것을 강조하고, 수시로 쓴 글에서는 먹는 것을 가지고 철학을 세웠다. 신농씨도 온갖 풀을 다 먹어보고, 오곡을 찾아냈다고 한다.

최시형이 한 말 중에 "하늘은 사람에 기대고, 사람은 먹는데 기댄다. 세상 모든 일을 아는 것은 밥 한 그릇 먹는 것에 있습니다"라는 말은 먹는 것이 제일 중요하다는 것을 이야기하는 것이며, 먹는 것에서 철학이 생기고, 삶의 인생관이 생긴다는 것을 강조하는 것이다. 정도전도 '걸식론'을 이야기하였다.

사찰에서는 향적실을 아주 정갈하고, 청정한 공간으로 여겨서 아무나 출입을 할 수 없다. 정성으로 음식을 만들어야 수도승들의 정진에 도움이 되기 때문이다. 음식이란 마음과 정성이 담긴 식품이기 때문에 수행하는 마음으로 최선을 다하여야 한다.

불단 아래 놓인 조왕 신상 앞에 차 한 잔 올리고, 아궁이에 불을 붙이면서 향적실은 움직이기 시작한다. 요즘은 가스 불로 많은 밥을 어렵지 않게 하지만 과거에는 장작불로 밥을 했다.

향적실은 깨달음을 얻는 자리다. 박애정신이 마음에 새겨지기 때문이다. 향적실은 다른 공간보다 바닥이 낮았다. 온돌방에 맞추어 아궁이를 만들어야 하기 때문이다. 밥을 저어야 할 때는 부뚜막에 올라가 허리를 숙여야 한다. 아래위의 살창에서 들어오는 찬바람이 손을 울려도 어디에 할 말이 없다. 밥을 상에 차려 운반해야 하기에 불평도 많았겠지만 깨달음을 위해 인내하고, 박애라는 사랑을 위해 웃음을 새기는 곳이 향적실이다.

책임자인 전좌는 깨달음을 찾기 위해 구도의 마음을 굳게 한 사람들만 맡는 것이라 하였다. 밥 짓는 공두. 공양주가 있고, 반찬 만드는 채공이 있고, 국 끓이는 갱두, 설거지하는 행자, 차를 준비하는 다각이 한 공간에서 같이 행동한다.

부뚜막에 놓여진 솥 4개는 각각의 역할이 있다. 솥 4개는 크기가 모두 다르다. 큰일 때 쓰는 큰 두멍솥, 물 끓이는 가마솥, 밥 짓는 중솥, 국 끓이는 옹솥이 부뚜막에 걸려 있다. 식품 창고인 고원을 관리하는 감원과의 눈치 싸움도 있었을 것이다.

공양이 준비되면 침묵과 함께 수도승들은 발우 공양이 시작된다. 발우는 러시아 전통인형 마트료시카같이 4개를 크기순으로 넣으면 하나로 된다.

공양을 하기 전 오관게라는 공양 게송이 시작된다. "이 음식이 어디서 왔는가? 내 덕행으로 받기가 부끄럽네, 마음의 온갖 욕심 버리고, 육신을 지탱하는 약으로 알아 깨달음을 이루고자 이 공양을 받습니다"라는 게송이다.

사찰 음식은 수행식이다. 3덕, 즉 청정한 음식, 유연한 음식, 여법한 음식과 6미 즉, 단맛, 신맛, 쓴맛, 짠맛, 매운맛, 담백한 맛을 덧붙여 부처님께 바란다. 깨달음과 마음과 정신을 바로 세우게 해 달라고, 하면서 기도한다.

사찰의 공양간에는 '남무 조왕 대 신위'라고 쓴 신위나, 부뚜막 위에 조왕단을 만들어 모셔두고, 아침저녁으로 공양을 드린다. 조왕신은 불과 부엌의 신이다. 부엌은 시대에 따라 변해왔다. 과거의 사찰에는 부엌이 없었다고 한다. 탁발해서 먹었기 때문이다.

지금은 아주 큰 주방이 있어 신도들의 밥까지 한다. 주방이든 부엌이든 공양간 또는 향적실이라고 한다.

선암사 달마전에는 찻잎을 볶는 솥이 있고, 솥 오른쪽에는 차를 끓이는 다로라 하는 화덕이 있다. 그 위에 다모클레스의 칼같이 주전자가 매달려 있다. 서산 옥천암에는 조왕 탱화가 있고, 동학사에는 조왕 신상이 있다.

향적실에는 가구와 조리기구가 있고, 조그마한 불단 같은 단을 만든다. 조왕 신에게 예의를 표하기 위한 것이다. 부엌의 공간은 시대에 따라 다르나 과거에는 부엌이었고, 지금은 주방이라고 하는 것이 맞는 것 같다. 불을 때는 것은 부엌이고, 불을 이용하는 것은 주방이다.

식, 주, 의는 사람에게 꼭 필요한 것이다. 우리는 의, 식, 주라고 하고, 중국은 식, 의, 주라고 하는 것이 일반적이다. 서구에서는 식, 주, 의로 한다고 한다. 의, 식, 주중에 가장 중요한 것은 식일 것이다. 그다음이 의이며, 다음이 주라고 하는 것이 일반적인 견해일 것이다.

우리는 체면 때문에 의가 먼저 온다고 생각한다. "입은 거지는 얻어먹어도 벗은 거지는 못 얻어먹는다"는 말도 있듯 겉치레에 치중하는 문화적 특성 때문이다. 일본도의, 식, 주로 말하는데 일본의 번역이 우리에게 전해져 우리가 의, 식, 주로 사용한다는 말이 있다. 우리는 원래 "금강산도 식후경"이라는 속담을 가지고 있다.

식과 자비, 박애는 연결선이다. 먹는 것이 풍부하면 사람의 마음이 풍족해져서 누구에게나 똑같이 대하며, 말도 같게 한다. 의식주보다는 "밥 한 그릇을 아는 것은 모든 것을 아는 것이다"라는 해월 최시형의 말에 점수를 주고 싶다.

먹는 것에는 미식가와 식도락가가 따라다닌다. 미식가는 맛있는 음식을 가려 먹는 특별한 기호를 가진 사람이며, 식도락가는 여러 가지 음식을 두루 맛보는 것을 즐거움으로 삼는 사람이라고 한다.

미식가를 칭하는 가스트로노미(gastronomy)는 위(胃)를 뜻하는 gastro와 지식, 법칙을 뜻하는 nomos가 합쳐진 말이다. 직역하면 자연법칙을 가리키는 단어이고, 의역하면 맛있게 음식을 요리하거나 맛있는 음식을 구별하는 방법이나 사람을 의미한다. 향적 부처는 미식가였을 것이다.

식(食)은 사람(人)이 가장 좋아(良)하는 것이다. 사람은 먹는 것을 좋아한다. 그래서 좋은 것을 먹어야 한다는 것이다. 먹는 것 때문에 욕심이 생기고, 전쟁도 생긴다. 미각이 인간의 욕심을 만들었고, 나쁜 행동과 나쁜 말도 만들었다. 먹는다는 것은 좋으면서도 지켜야 하는 것이 많다. 시각, 후각, 미각의 순서로 먹는 맛을 판정하는 것 같다.

음식의 맛은 향기에서 나온다. 그리고 영양을 생각한다. 음식의 영양가는 사람들이 살아온 삶의 영양가에 비례한다. 많은 것이 좋은 것이 아니고, 자연에 의한 자연 그대로 먹을 수 있는 적당량이어야 한다. 브리야 사바랭의 《미식예찬》이나 나가오 겐지의 《가스트로노미》를 읽어보면 미식과 음식에 대한 일화와 미각에 대한 요리사의 열정이 철학이라는 것을 느낄 수 있다.

《유마경》의 비유로 향적이란 말은 사찰 음식을 대표하는 말이자 사찰 음식을 높여 부르는 애칭이라고 앞에서 말했다. 네 가지 세간식(世間食), 즉 단식, 갱락식, 염식, 식식과 다섯 가지 출세간식(出世間食)인 선식, 원식, 염식, 해탈식, 희식이 있다. 도쿠가와 이에야스의 출세 밥상도 있는데 이는 튀김, 스시, 와사비 잎으로 차린 것이라고 한다.

먹을 것은 많다. 욕심내지 말아야 한다. 향적이 사는 세상은 음식으로 박애를 열어가는 향적계이다. 이곳에는 사방에서 맛있는 음식을 만든다고 한다. 지명도 향적이 많다, 산 이름도 많다. 우리 사는 세상을 향적계로 만들어 달라고, 향적실에서 향적 부처님께 기도한다.

향(香)은 벼 화(禾)와 날 일(日)을 합쳐놓은 글자다. 햇빛, 달빛, 바람, 비, 기간, 사람의 정성이 조합되어 만드는 향이 벼다. 향은 곡식을 입에 머금었을 때 나는 맛이라는 뜻에서 향기라고 한다고 어디선가 보았다. 적(積)은 벼 화(禾)와 꾸짖을 책(責)이 합쳐진 글자다.

밥을 먹으려면 꾸지람을 듣고, 꾸지람을 하면서 88번의 노력을 해야 한다. 쌀 미(米) 자는 아래위로 8이 있어 88번의 노력을 해야 쌀이 된다는 것이다.

벼 한 톨에 땀 7근을 흘려야 밥을 먹을 자격이 있다는 것이며, 자기 자신에게 책임을 다하여야 한다는 것을 알려주는 것이 향적이란 말이다. 전 세계인이 사랑하는 커피보다 더 값진 사랑을 받을 향적이 향적실에서 사바세계로 향을 풍겨낸다.

향이 잘 퍼지게 하기 위한 실의 구조는 집 짓는 사람들의 책임이다. 부뚜막에 솥 4개를 걸어 놓고, 요리해도 온도, 습도가 딱 맞게 건축을 한다. 실은 변형을 시킬 수 있는 공간이다. 그래서 변화를 시킬 수 있다. 향적실에서 변화에 대한 회고의 정감을 가져본다.

실은 사람들이 집으로 돌아와 쉬는 공간이기도 하다. 쉬면서 밥도 먹고, 이야기도 하는 곳, 그곳이 실(室)이다. 실(室)은 온고 하면서 지신 하는 변화를 만드는 공간이다. 실 중에 최고는 향적실이다. 먹는다는 것은 살아 있다는 것을 말하는 것이다

영화 〈명량〉에서 이순신 장군이 토란을 먹으며, "먹을 수 있어서 좋구나"라고 하였다. 먹는 것에서 우리는 향을 찾고, 자신을 찾아야 한다. 그것이 향적실의 기쁨이다.

기쁨은 빛이다. 빛은 향의 응축이다. 사람의 향기, 밥의 향기는 빛이 극대화시킨다. 실의 공간인 향적실로 빛이 들어와서 향을 순환시키면서 밥맛을 올려준다. 빛은 모든 것을 자연화시킨다. 그래서 밥 먹는 공간은 밝다.

향적실에는 불 향, 곡식 향, 솜씨 향, 마음 향, 자연 향이 합쳐져 새로운 빛을 내고 있다.

방(房)

예술과 창조의 고향

"오늘날은 다른 사람들이 누군가의 가정에 대해 가장 먼저 궁금해하는 것은 공간의 크고 작음이다. 가정에서도 행복은 면적과 관련되어 있으며, 감정은 뒤편으로 물러나게 되었다. 혼인관계 역시 공간의 관계에 얽매이게 되었다. 이제 사람들에게 가정을 가꾸는 것은 화목한 부부관계를 가꾸는 것이라기보다는 집을 넓히는 일이 되어 버렸다"라는 말이 쉬레이가 엮은 《집, 예술이 머물다》에 나온다. 행복은 면적과 관련되어 있으며, 라는 구절에서 방을 생각한다.

면적이 넓은 것은 자신들을 옭아매는 것이다. 면적이 넓다는 것은 자랑거리가 아니고, 자신의 아둔함을 내세우는 것이다. 방은 적당한 넓이가 필요한 것이다. 건축 면적에 대하여 노엘은 1인당 15.73제곱미터로 제시하였다. 우리나라도 14제곱미터를 최소로 규정하고 있다.

오대산에 있는 법정 스님의 정방은 7.29제곱미터, 소로우의 월든 집은 13.8제곱미터이다. 《방장기》를 쓴 초메이는 6제곱미터, 르코르뷔지에가 그의 아내에게 선물한 오두막은 12.96제곱미터였다. 이들 집의 방은 더 적은 면적이었을 것이다.

적고 좁은 공간의 방이어야 내방이 되고, 나와 함께하는 즐김의 공간이 된다. 노자는 "문과 창으로 만든 방은 안이 비어 있기 때문에 방으로 쓸모가 있다"고 하였다. 쓸모가 있는 빈 공간을 적당한 면적으로 만드는 사람이 집 짓는 사람이고, 분야는 영조(건축)이다.

방(房)은 한자사전에서 찾으면 방, 곁방, 규방, 관사, 사당 등으로 분류하며, 중국어사전에는 집, 주택, 가옥, 방, 옛날 처첩을 가리킬 때 쓰였다고 되어 있다.

방은 거처하고, 일하는 곳으로서 건축물 내부에 바닥, 벽, 문, 창, 천장으로 구획한 공간이다. 양옥의 방은 방마다 기능을 가지고 있으나, 한옥의 방은 다기능을 가지고 있다. 그러나 지금은 한옥도 기능별로 구분되고 있다.

방의 기능에 따라 주거 건축물과 공공 건축물로 구분되기 때문에 기능의 분류와 연속시키는 것은 중요하다. 안방, 건넌방, 아랫방, 행랑방, 사랑방 등의 기능이 용도와 위치에 따라 나눠진다. 필요에 따라서는 골방, 토방, 과방, 헛방, 봉놋방 등으로 나누기도 한다. 우리의 방은 크지 않다. 온돌시설 때문에 한 변이 1.8-3.0미터 크기의 방이 보통이다.

방(房)은 지게 호(戶)에 모 방(方)을 합한 글자이다. 호(戶)는 지게, 출입구, 집, 구멍을 말하는 것으로 주로 방이나 집의 출입구를 가리킨다. 호는 문짝이 1개 있는 것을 말한다. 문짝이 2개 있는 것을 문이라 한다. 문과 호를 다 열고, 받아들이는 것을 문호개방이라고 한다. 또 백호장, 천호장, 만호장 등 위계질서에 따른 가구 수의 수장을 말하기도 한다.

법률용어 사전에는 호를 특정업종에 종사하는 자, 역인, 염간, 공장 따위의 호적에 등록하여 두고, 함부로 그 업종을 변경하지 못하게 하였다고 되어 있다. 모 방(方)은 다른 말로 본뜰 방, 괴물 방이라고도 한다. 모, 사방, 방위, 방법, 수단, 처방, 규제, 둘레, 곳, 장소, 나라, 국가 등 명사의 뜻이 많은 글자이다.

호와 방을 조합해 보면 문 한 짝이 있는 곳을 방이라 한다고 볼 수 있다. 또한 문 두 짝이 있어도 방이 된다. 이때는 한쪽에 고정장치가 되어 있는 것이 많다.

조그마한 집에 방이란 편액을 붙인다면 그곳은 자신만의 공간이 된다. 사람은 혼자 있으면 창작하고 싶고, 창의의 공간으로 생각한다. 방은 바닥, 벽, 문, 창, 천장으로 구성되기에 사방과 상하에 있는 무늬와 결을 볼 수 있다. 이것이 인간의 욕구인 만듦을 앞세운다. 그래서 방은 예술을 창조하고, 창의하는 공방이 된다.

사람들은 예술이라고 하면 예술가들의 전용물이며, 그들만의 문화이며 정신세계라고 생각한다. 그러나 예술은 평범한 표현의 힘이다. 인간은 누구나 예술가다. 인문과 자연의 중개 역할이 예술이기 때문에 누구나 중개자가 될 수 있는 예술 심리를 다 가지고 있다. 다만 아름다움을 보는 시각과 생각의 힘이 사람마다 다르기 때문에 예술을 다르게 생각하는 것이다.

혼자 조용히 자기 방 안에 있으면서 예술을 생각하면 특별함과 다름이 자기 것이 되면서 나의 특별함과 다름을 알게 된다. 이것이 예술의 입문이라고 본다. 방의 능력이 나를 만능으로 만든다. 이 또한 공간의 능력이다.

"예술은 경험으로 이해하고 해석한다"고 존듀이는 《경험의 예술》에서 말했는데 경험을 이해한다는 것은 고독의 높낮이를 맞추는 것이라고 본다. 방에서 나 혼자 있을 때 실제 경험과 창조할 경험에 의한 새로움이 생겨난다. 방은 예술을 품어내는 공간이기 때문이다. 그래서 방은 표현과 행동의 감정을 나타낸다.

하야가와는 그의 논문 〈사고와 행동의 언어〉에서 "예술은 우리 자신이 받고 있는 고뇌를 감싸는 데 도움이 될 뿐만 아니라 장차 고뇌하지 않도록 하는 항독제가 된다"고 하였다. 감정을 수축 이완시키는 공간에서 인간의 순수한 자유성이 형성된다고 보는 것일 것이다.

방중에서 공방은 집의 본연이다. 방은 어떤 방이든 공방이라고 본다. 인간은 누구나 장인 기질이 있다. 장인이 예인이기 때문이다. 공방은 장인들이 활동하는 공간이다. 물론 조선시대에는 지방

관서의 공정(工政)을 담당한 관서의 명칭도 있었다. 공예, 건축, 토목, 산림 등을 담당하는 부서가 공방이었다. 장인들의 능력이 필요한 부서였다.

장인(匠人)들이 경험과 경력으로 예술력을 발휘하여 나를 찾는 공간이 공방이고, 방이며 예(藝)와 술(術)의 혼과 숨을 퍼트리는 곳이 공방이다.

또한 방 중에 서방(西房)과 서방(書房)이 있다. 서방(西房)은 사위가 있는 방이다. 주인은 동쪽을 지키고, 손님은 서쪽에 모시는 것이 동서고금의 의례였다. 사위의 신방은 서쪽에 마련되었다. 과거에 사위는 백년손님이었기 때문이다. 서거정이 편찬한《태평한화골계전》에 보면 "서방(西房)은 세속에 이르기를 사위를 서방이라 하는데 대개 서쪽 방에 거처하기 때문이다"라고 되어 있다.

서방(書房)은 남편을 부르는 말이며, 혼인한 시동생 또는 관직이 없는 사람을 그 성 뒤에 붙여서 부르는 말이다. 그리고 고려시대의 무신정권에서 숙위 및 문한 담당기관으로 서방(書房)을 만들었는데 이는 고사에 밝고, 식견이 높은 문사를 고문으로 등용하여 정치에 활용하고자 하는 것이었다. 이때는 국정 최고기관에도 방을 붙였다. 중방, 도방, 정방이다. 건축과 정치의 관계는 신비한 관계인 것 같다.

건축가는 실제공간을 만들지만 그곳에 사는 사람은 살아가는 공간을 만들어 간다고 하였다. 방은 나만의 공간이지만 큰 꿈과 미래가 있는 곳이다. 상상하고 이상을 그리면서 자신의 꿈을 펼치는 자기만의 공간이기 때문에 자신에게는 최고의 장소가 되어야 한다. 우리가 아닌 나, 너가 아닌 나로서의 삶이 내방에는 있는 것이다.

내 심장의 우심방과 좌심방이 나를 존재시키는 것과 같이 방은 중요한 기능을 하는 곳이다. 방은 멀어지는 인간의 임계거리를 가까이 만드는 기능이 가장 큰 기능이다. 특히 안방은 어머니의 정이 식구들의 가까움을 만든다. 친밀감을 가지게 하고, 따뜻한 어머니의 마음을 닮게 한다.

방에는 불을 땐다. 불을 때면서 어머니들은 가족의 아픔과 고통을 모두 불에 태워버린다. 이런 어머니의 마음이 주ㄱ만 방에 응축되어 정신적인 큰 집이 된다. 어머니의 마음속이 최초의 내 방이라는 것을 알아야 한다. 따뜻함이 방의 필수 조건이다. 루이 14세는 침대에서 개 7마리를 데리고 잤다는데 어머니의 품을 따라갈 수 있었을까?

사람은 가슴속에 여러 개의 방을 가지고 산다. 집을 짓다 보면 부재 수가 많다. 집은 사람이 짓기에 사람의 마음도 집의 부재 수만큼 많을 것이다. 사람이 사람을 모르는 것은 마음의 방(房) 때문이다. 자기의 방에 자신의 오만가지 감정을 저장하기 때문에 사람을 잘 안다는 것은 대단히 어려운 문제이다.

"마음(心)과 기운(氣)과 몸(身)은 신이 머무는 현묘한 세방(三房)이니 방이란 변화를 지어내는 근원을 말한다"고 《삼일신고》에 쓰여 있다. 방은 나를 변화시키고, 나를 만들며, 나를 나답게 하는 공간이다. 방 1칸의 기둥 4개와 보 4개와 지붕이 완벽하면 다음에 이어 짓는 방은 기둥 2개와 보 3개로 자재가 줄어든다. 초심의 중요성을 말하는 것이다. 방(房)에서 건축물은 시작된다.

"위대해지고 싶은가? 그렇다면 작게 시작하라. 크고 높은 건물을 짓고 싶은가? 그렇다면 먼저 겸손이라는 기초를 생각하라. 높은 건물일수록 기초가 깊어야 한다. 겸손은 미의 왕관이다." 성 아우구스티누스의 말이다. 방은 적다. 모든 것은 적은 것에서 시작된다. 방은 생명의 발원지다. 방은 인생을 예술 이상의 예술로 만든다.

일속산방

초의 장의순이 바로잡고, 소치 허련이 그린 〈일속산방도(一粟山房圖)〉라는 그림이 있다. 집을 둘러싼 나무 울타리가 있고, 울타리 안에 3채의 집이 있고, 왼쪽 위의 골짜기에 1채의 작은 집이 있다. 이 집이 일속산방이다.

백적동으로 처자와 들어와 살다 예순둘이던 1849년에 가족과 떨어져 지낼 자신만의 공간을 가지려고, 지은 것이 일속산방인데 초가 1칸의 작은 집이다. 치원 황상의 집이 일속산방이다. 황상은 다산 정약용의 제자이다.

집은 없어지고, 옛터만 천태산 자락 당곡의 안쪽에 있다고, 구전으로 전해지고 있다. 지금은 당전 저수지로 인해 유허 바로 앞까지 수몰되어 접근이 어렵다.

일속(一粟)이란 조 한 알을 말하고, 산방(山房)이란 산에 있는 방을 말하는 것으로 조그마한 집을 말하는 것이다. 대지가 아무리 넓어도 우주에 비하면 아주 작기 때문에 초가 1칸을 조 한 알에 비교하였지만 황상은 광대무변한 정신세계를 가진 세계인이었다.

초가 1칸이지만 집의 4면에 4개의 편액을 붙였다. 동에는 '석영옥'이라 하였는데, 이는 동쪽의 큰 바위가 방에 그늘을 만들어 주었기 때문이고, 서쪽에는 '노학암'이라고 붙였는데, 늙어서도 공부를 열심히 하는 늙은 학생이 사는 집이라는 뜻이다.

남쪽에는 '일속산방'이라 하였는데, 이는 자신을 최대로 낮춘 겸손의 자세를 보여주는 것이다. 북쪽에는 '만고송실'이라 하였는데, 북쪽 창밖에는 만고송이 우뚝 서서 황상을 보살폈기 때문이다.

편액 4개가 과거, 현재, 미래와 팔방의 큰 세계를 나타내는 것 같이 느껴진다. 황상은 좁쌀 한 알의 몸으로 좁쌀 한 알의 땅에 살면서 부귀와 영광을 허상같이 보면서 5실 5허를 알았기에 초가 1칸에서 자신을 풍부하게 만들었다. 소동파도 적벽부에서 이 세상에 잠깐 살다가 가는 인생을 아득한 바다 위의 낱알 한 톨에 견준 적이 있다.

"불가에서는 겨자씨 안에 수미산이 있다고, 하였듯이 비록 작은 방이지만 일속산방에 들어서면 양편에 도서와 문집들이 늘어서 있고, 벽 한쪽에는 세계지도가 붙어있었다고 한다. 좁쌀 한 알 안에 광대무변의 자족 세계가 있음을 기렸다." 정민 교수가 쓴 《삶을 바꾼 만남》에서 읽은 글들이다. 그림에 있는 초가 1칸의 스토리다.

치원 황상은 다산 정약용의 제자라고 앞에서 말하였다. 다산이 황상에게 "공부하는 자들은 큰 병을 세 가지씩 가지고 있는데, 너는 한 가지도 가지고 있지 않구나, 첫째는 기억력이 뛰어난 것으로 이는 공부를 소홀히 하는 폐단을 낳고, 둘째는 글재주가 좋은 것으로 이는 허황한 데로 흐르는 폐단을 낳으며, 셋째는 이해력이 빠른 것으로 이는 거친 데로 흐르는 폐단을 낳는단다.

둔하지만 공부에 파고드는 자는 시견이 넓어질 것이고, 막혔지만 잘 닦는 자는 빛이 날 것이다. 파고드는 방법은 무엇이냐? 근면함이다. 뚫는 방법은 무엇이냐? 근면이다. 닦는 방법은 무엇이냐? 근면함이다. 근면함은 어떻게 지속하느냐? 마음가짐을 확고히 하는 데 있다."

이 가르침이 황상의 가슴에 박혀서 황상은 평생 삼근계를 이행하며 살았다. 그래서 스승에 대한 감사와 보은을 행동으로 한 참답고, 바른 생활을 한 사람이었다.

바르게 사는 것은 어떻게 사는 것이냐? 라는 질문에 소크라테스는 "진실하게, 아름답게, 보람 있게 사는 것"이라고 하였다. 바르다는 것은 말, 행동, 생각, 생활을 바르게 하여야 한다는 것이다. 라는 말을 어디선가 들었다.

황상과 가까운 친분을 가진 초의 장의순, 추사 김정희, 소치 허련은 바른 사람들이고, 참한 사람들이다. 그리고 편액 4개가 돌보는 초가 1칸도 참한 공간이다. 네 사람과 4개의 편액은 바름과 참을 이야기하는 것이다. 그림 속의 집 4채 중 초의, 추사, 소치는 3칸짜리를 사용하고, 황상은 1칸짜리를 사용한 것 같다.

남명 조식의 제자인 수우당 최영경은 기축옥사 때 자신의 떳떳함을 목숨과 바꾸면서 바를 정(正) 자를 쓰고 죽었다. 바름은 모든 것의 중심이어야 한다. 초가 1칸도 중심이 잡혀 있어야 존재할 수 있는 건축물이다. 마음 중에 가장 중요한 것이 중심(中心)이다.

초가는 연죽과 고샃의 균형이 잘 잡혀 있어야 초가의 형태를 지켜준다. 초가의 지붕은 속층과 겉층이 있다. 속고샃으로 단속하고, 겉고샃으로 엮어 바람,을 이겨내면서 집을 지키는 것이다. 고샃도 동서남북과 대각선으로 엮어 맨다. 고샃의 화합과 단결이 초가의 미를 만들어 내는 주인공이다. 고샃은 초가지붕이 바람에 날리지 않도록 묶는 새끼줄이다.

그림 속의 초가 4채는 고샃의 미가 있어 예술과 다경(茶經)을 즐기는 초의, 추사, 소치, 치원이 1채씩 차지하고, 돌아가면서 오가는 그들의 신선 집 같이 보인다.

존천리멸인욕(存天理滅人欲)이다. 하나가 되어 하늘의 이치를 지키고, 인간의 욕망에 따르지 않아야 집은 정을 담을 수 있다. 초가의 중간지역은 처마 밑이 된다. 밖과 안의 중간이며, 중용의 학습공간이다. 처마 밑에 서면 무지지지(알려고 하지 않아도 저절로 아는 지혜)가 세상을 밝히게 하는 집이 초가이다.

기스락에 스치는 바람 소리는 근심을 싣고 간다. 고드름이 달리면 누이는 비녀를 만들었다. 기와집보다는 초가에서 시상과 세상사를 더 많이 얻는다. 용마루가 볼록한 것은 정이 있기 때문이다. 초가는 천, 지, 인의 합이 있는 집이다.

화담 서경덕도 생원시에 합격하였으나 과거 공부를 버리고, 화담에 초가를 지어 오로지 사물을 궁구하고, 마음에는 기쁨을 가득히 담아두고, 세상의 득실과 시비와 영예는 마음 밖에 두었다.

황상의 1칸 초가에는 좁은 툇마루가 있어 밤하늘의 별을 보며, 풍부한 마음을 다졌을 것이다. 초가지붕은 볼록하게 만들어져 가진 것 없어도 넉넉함이 보이는 집이 된다. 농사기구는 밖에 두고, 몸만 안에 두어 책을 보며, 혼자의 즐거움을 엮었을 것이다.

이런 분위기에서 시, 서, 화와 음악의 풍류를 즐겼을 것이다. 집과 어울리는 정원은 예술에서 나오는 생각의 행동 도량이다. 그림 속의 자연 원림이 황상의 성격에 딱 맞는 맞춤 원림이다. 자연은 자연스럽게 다가와서 자연스럽게 정착한다. 인간의 배신에는 대응하지 않는다. 일속산방으로 오르는 길이 보이지 않는 것은 원림이 숨겨주어 미의 예찬을 모르게 하기 위함이다.

자유의 소리인 사인사적(四人四笛)은 일속산방을 위해 노동의 악기가 되고, 축제의 악기가 되며, 종교의식의 악기가 된다. 꽹과리는 천둥소리이며, 징 소리는 바람이고, 장구 소리는 비가 되고, 북소리는 구름이 된다.

이 사물과 사음이 사람에게는 꼭 있어야 하는 기운이다. 집을 지을 때 비는 쉼을 주고, 천둥소리는 주의와 경고를 알게 하며, 바람은 건축물의 색을 지켜주고, 구름은 주인의 기분을 만들어 주기에 사물이라 한다. 이 사물의 토대가 땅이다. 땅의 소리는 태평소가 만든다.

일속산방에서 사물과 다섯 가지 소리를 들으며, 땅의 소리를 가장 귀담아듣는다. 그 속에서 예(藝)와 술(術)을 찾아본다. 사람들은 고독하지만 여유를 가지려고 한다. 예술은 본능이기 때문이다. 그래서 우리는 예술에 살고, 예술을 즐긴다.

작고 좁은 집 일속산방은 많은 것을 원하지 않는다. 네 가지 편액과 네 가지 사물과 다섯 가지 소리만 원했다. 그러다가 흔적 없이 사라졌지만 우리에게 세계지도만큼은 품어라 하고, 수천 권의 책을 읽으라고 하면서 자신의 혼을 남겼다. 황상의 겸허한 자태를 그리워하며, 초의, 추사, 소치를 생각한다.

작음은 큰 예술과 학문의 산실이 된다는 것을 일속산방도를 보면서 배운다. 황상과 남린과의 송사가 없었다면 일속산방이 오늘날까지 이어왔을까 하며, 그림의 원 터를 바라본다. 일속산방이 복원되기를 바란다. 그래야 황상이 살아난다.

산은 내 편과 네 편이 없고, 전부 도와주고, 공존하는 일체의 세상이다. 그 속에서 방을 만들어 산방이라 하니 방은 작으나, 집은 자연이 경계가 되어 무한히 크다. 방은 그 속에서 숨 쉬는 무한한 꿈의 원래 터이다.

가(家)

가정은 사랑의 보석

가(家)는 물리적으로는 건축물이 모여 있는 통칭이지만 인문학적으로는 가족과 가정을 포함하는 생활터라고 한다. 가(家)는 집을 통칭하는 것으로 집의 용도와 관계없이 쓰여지는 것이다. 요즘은 민가, 반가 등의 용어가 쓰이면서 살림을 하는 집을 뜻하는 의미가 크다.

그리고 가(家)는 자기 집을 말할 때 사용하는 말이다. 본가라 한다. 편지할 때 '본가입납'이란 말을 쓴다. 집은 사람이 존재하는 몸과 심리에 영향을 끼치는 공간이기 때문에 마음이나 성격에 많은 영향을 준다.

사람들이 가지고 있는 몸과 심리, 성격의 관계성이 쾌적하고, 안정되면 생활이 좋아질 것이다. 인체의 세포 수는 평균 60조가 된다고 한다. 이 60조가 하나가 되어 편히 쉴 수 있는 공간이 집이어야 한다. 그래서 집 짓는 것이 제일 어렵고, 힘이 드는 공간조성이 되는 것이다.

맹자는 "집에는 혼이 있다"고 하였으며, 헤라클레이토스는 "거처는 인간의 신이다"라고 하였다. 집은 그만큼 중요하고, 소중한 것이며, 모두가 그리워하는 것이다. "적선지가에는 여경이 있고, 적불선지가에는 여앙이 있다"라고 《역경》에 쓰여 있다. 적선지가는 좋은 기운이 만들어지는 것을 말한다.

우리는 집에서 나와 집으로 돌아간다. 가(家)는 house(宀)와 family(豕)의 개념을 포함한 것이라고 한다. 가(家)는 집이나 가족이라는 뜻을 가진 글자다. 또 집 가(家)는 자기 집, 가족(가문), 집안, 문벌의 뜻도 있다.

돼지를 잡아놓고, 제사를 지내는 데서 집의 뜻을 나타내는데 방에 돼지 한 마리가 있는 것이 가(家) 자이다. 옛날에는 돼지나 가축들이 재산 중의 최고였다. 이는 옛날 사람들이 주로 집에서 돼지를 길렀기 때문이다. 뱀의 천적이 돼지라서 1층에 돼지를 키우고, 사람은 2층에 살았다고도 한다.

그러나 집을 가(家)로 표현한 것은 돼지의 풍요와 다산의 의미를 가정의 화목과 가족의 정이 풍성한 것으로 만들고 싶어 집 면(宀) 자와 돼지 시(豕)를 사용하여 집으로 표현한 것으로 본다. 그래서 가(家)는 돼지나 가축을 키울 수 있는 규모를 가진 공간에 가족이 사는 집을 의미한다고 한다.

가(家)는 특별히 상징하는 건축물적 표시가 없고, 집을 통칭하는 말이다. 큰 집은 큰 집대로의 공간이 있고, 작은 집은 작은 집대로의 공간에서 가족들이 가정이란 울타리 안에서 역할과 기능을 다 할 수 있게 터와 맞춘 것이 집이다.

가(家)의 처음 집은 초가이다. 초가는 작다고 알고 있으나 초가도 큰 집이 많다. 가(家)는 초가에서 시작했기에 역사성이 있다. 조상과 후손의 이음은 집에서 계속되기 때문이다. 집에서 이어지는 가족의 역사가 가문이 된다.

가(家)에는 역사의 흔적이 시각적인 오래됨 이외는 보이지 않는다. 그래도 집은 이것저것 표시되지 않은 많은 뜻을 사람들에게 심어주고 있다. 바둑의 단위도 집으로 말한다. 국민과 영토와 주권이 있으면 국가라고 하는데 국가도 나라의 집이다. 집은 삶이다. 그래서 국가의 살림도 개인 집 살림과 같이해야 한다.

집 가(家)에 뜰 정(庭)이 가정이다. 가문도 집에서 형성된다. 또한 유가, 불가, 도가 등도 집에서 이룩되어 가(家) 자가 붙는다. 집은 이처럼 많은 사상과 생각을 가졌음에도 우리는 소중함을 잊고 산다. 가(家)에서 소중한 가치와 역할을 종종 되돌아봐야 한다.

가정은 식구가 있다. 집이 있다. 뜰이 있다. 가정은 가족들이 정성을 다해 가꾸고, 돌봐야 하는 것이다. 관심을 가지고, 마당을 청소하고, 뜰을 내 몸같이 돌봐야 한다. 집과 뜰이 합쳐 가정이 되기 때문이다. 가정은 주거를 기반으로 식, 주, 의를 같이하는 공동체의 공간이며, 가정을 구성하는 개체는 가족이다.

가정은 사회를 만드는 최소의 단위이며, 사회화의 시작을 만드는 장소이다. 가(家)는 가정의 중요성을 가르쳐주는 집이다. 식구들을 위하고 방문객들을 대접하는 공간이 가(家)이다. 우리는 서로 서로 가정을 중요시한다. 가정은 소중한 가치를 가진 터이다.

정과 성이 교차하는 마음의 쉼터이며, 믿음이 있는 안식처가 가정이다. 나무하나 풀 한 포기에도 생명이 있다는 것을 느끼는 공간이 가정이다. 가정은 인간이 만들어 낸 조직체이다. 인간관계를 형성하여 배우게 하는 곳도 가정이다. 집은 건축된 구조물이다. 그와 함께 서로의 숨소리까지 교환되는 가정의 보호처이기도 하다.

가정이란 곳은 처음으로 인간관계를 경험하는 곳이다. "가정은 부모의 눈이라는 거울을 통해서 처음으로 우리가 자신을 보고 자신에 대해 배우는 곳이다. 가정에서 정서적 친밀감과 사교성도 배운다. 감정의 표현도 배운다. 부모들은 어떤 감정들이 좋고, 가족 안에서 허락되는지 그리고 어떤 감정들이 금지되는지 본을 보여준다"고 존 브레드 쇼는 그의 책《가족》에서 말하였는데 이는 부모의 관심과 집의 공간이 기능에 맞아야 한다는 것을 강조하는 것이다.

집의 공간이 기능에 맞게 꾸며지면 학업과 성품은 무한 발전한다. 실과 방과 집에 편액이 붙어 있는지와 없는지는 내 이름이 있는 것과 없는 것의 차이와 같다. 집은 사람을 만들고, 사람은 자기의 공간에 길들여진다. 이름은 중요하다. 꼭 있어야 한다. 소크라테스는 "검토되지 않은 인생은 살 만한 가치가 없다"고 말했다.

공간의 의미를 말하는 것이다. 자신의 생활공간이 합당해야 삶의 가치를 상승시킬 수 있고, 능력을 높일 수 있다는 것을 강조하는 것이다.

기둥과 벽은 공간을 만들고, 지붕은 그 공간을 품어준다. 그러면서 그 결을 감싸고, 조용한 숨결로 다독여 주면서 서로의 관계성을 강조한다. 마루의 차가움은 이성을 말하고, 온돌의 따뜻함은 감정을 말한다. 이성과 감정이 정당하게 발현되는 곳이 집이다.

결속을 이야기하고, 서로의 유대감과 애정을 갖게 하기도 한다. 그러면서 문지방과 섬돌은 아래를 보게 하고, 상인방은 고개를 숙이게 하여 예절의 시작인 인사를 알게 한다.

가(家)의 존재 가치는 사람 생활의 기준점인 인, 의, 예, 지, 신을 바로 보게 하는 것이다. 집의 가치관이다. 집의 구성원들이 자기 역할에 충실하면 훌륭한 집이 되고, 우월한 국가가 된다.

국가에는 각종 법이 있듯이 가정에는 가훈이 있다. 가훈의 유래는 남북조 시대의 안지추(531-591)의 《안씨가훈》부터다. 송나라 때 주자와 문인들의 손에 의해 이루어진 《소학》에서 가훈을 썼다. 가훈은 시대에 맞는 것이어야 한다. 집에는 좋은 글들이 많이 붙어 있다. 가훈도 있고, 가족들의 안녕과 평화를 기원하는 각종 글들이 붙어 있다.

그중에서 가장 중요한 글씨가 상형화된 집이란 글씨다. 기와, 초가 등의 물질을 빼고 새소리, 바람 소리, 물소리가 함께하는 곡선이 집을 감싸고 돌 때 우리는 행복이라 읽고, 기쁨이라 말한다.

지붕을 보면 수만 자의 글씨보다 멋진 자연이란 글씨가 보인다. 그 글자를 측천무후는 자연이란 글자를 ‘지’(埊)로 만들어 표현하였다. 이누이 치에는 ‘숲’이라는 뜻으로 ‘木水土’ 이러한 형태의 한자를 만들어 표현하였다 자연 속의 장난감이 집이다. 잘 가지고 오랫동안 놀 수 있는 집이어야 한다. 가훈은 자연과 함께하는 폭넓은 인생관을 만들 수 있는 것이어야 한다. 가훈(家訓)은 집에서 가르치는 가르침이다.

가르침은 가르침으로 연결되는데 법은 법으로 연결된다. 법은 최소한이어야 한다. 국가권력에 의하여 강제되는 사회규범을 국훈으로 하면 어떨까 하고, 초가의 툇마루에 걸려있는 ‘공생명’이란 가훈을 보며, 생각해 본다. 공평한 마음이 있어야 밝은 지혜가 생긴다.

집에 돼지가 있는 것은 편안함을 상징하는 것이다. 돼지는 고개를 들어 하늘을 볼 수 없지만 먹는 것도 위의 70퍼센트만 먹는다. 그래서 만족을 알고, 순하며 편한 동물이라고 한다. 집에 들어서면 푸근하고 마음이 놓인다. 돌아와서 살찐 돼지를 보며, 풍요로워지자고 돼지와 함께 사람들은 살았다.

옛날에는 집안과 가게에는 돼지 그림이 많이 걸려 있었다. 돼지 새끼 여러 마리가 어미의 젖을 먹고 있는 그림이었다. 노동력이 필요할 때 자식들은 노동력이었다. 그래서 자기 아들을 남에게 낮추어 부르는 말이 가돈(家豚)이라고 하였다.

집은 기초 부분이 조상이고, 기둥으로 형성된 공간이 부모이며,

지붕은 후손들이다. 조상이 든든히 받쳐주고, 부모가 열심히 생활하여 아이들을 키우면서 웃음과 행복을 만드는 곳이 집이기 때문이다.

가(家)에는 직업적 의미도 있다. 건축가, 작가, 평론가 등 가(家) 자가 붙은 직업을 가진 사람들은 세상의 소리를 많이 들어야 하는 직업이다. 집은 많은 부재의 조화와 화합의 산물이기 때문이다. 또한 정성과 열정과 사랑이 가미된 '짓는다'는 말 때문이다.

독립된 사무실에 있으면 한소리만 들린다며, 집에서만 듣지 말고, 세상을 돌아다니며, 많은 이야기를 들으며, 열심히 일하라고 하는 신의 계시에 따라 집 가(家) 자가 붙은 직업이 생겼다. 집은 결을 알아야 한다. 나뭇결, 흙 결, 돌 결, 사람의 숨결을 알아야 신과 같이 집을 대할 수 있는 것이다.

집은 여러 가지로 불린다. 그중에 가(家)는 일반 집들의 총칭이다. 구조나 기능상으로 특별한 것이 없이 분류된 집이다. 인류 최초의 지붕 재료는 끌이었을 것이다. '초가'라는 말은 들으면 들을수록 친근감이 가는 집이다.

집을 길게 발음하면 지이이이입이다. 알 지(知)와 들 입(入), 뜻 지(志)와 들 입(入), 지혜 지(智)와 들 입(入), 기록할 지(誌)와 들 입(入)이 집이 된다. 집은 지식과 지혜와 뜻과 기록이 들어가는 곳이다. 그런데 뭔 그렇게 많은 돈이 필요하며, 말이 필요한가?

정부의 적당한 정책과 국민의 적당한 대책만 있으면 된다. 규제가 많으면 집이 아니다. 좋은 집은 구하는 것이 아니라 자연과 같이 생각하며, 자유스럽게 지어지는 것이어야 한다. 가(家)는 사는 곳이지, 뽐내는 곳이 아니다.

택(宅)

삶의 인연을 맺어주는 이웃

'지어서 몸을 맡긴다'는 뜻을 가진 것이 집의 의미이다. 택(宅)은 남의 집이란 의미로 확장할 수 있다. "댁내는 무고하시지요?" 라며 남의 집이나 가정을 높여 이르는 말이기도 하다. 가(家)와 같이 집을 통칭하여 부르는 말이지만 집의 성격과 관계없이 단위 주호를 일컬으며, 현재는 살림집의 의미가 강하다.

양택, 음택 등 터를 선택하여 사는 집으로 산 자와 죽은 자의 땅을 지칭하기도 한다.

고택을 가서 보면 특이한 구조나 상징성은 없고, 보편적인 집의 기능을 하고 있다. 택은 집을 가리키며, 종가를 지칭하는 종택이나 택호 등으로 쓰인다. 택호는 원래 본처가 첩을 부르던 호칭이었는데 여성이 결혼하면서 친정의 마을 이름을 붙여 부르게 된 호칭이다.

결혼한 여자를 택호로 부르는 것은 씨족사회의 흔적이다. 탁(乇)이 맡길 탁으로 음의 역할을 하여 사람이 의지하고, 자신의 뜻을 맡기며, 사는 곳을 나타낸다.

고택이란 편액을 보면 큰 집의 위엄도 보이지만 남녀유별의 공간이 더 마음을 불편하게 한다. 유교 윤리의식이 구별의 공간을 너무 많이 만들었다. 안채와 사랑채의 분리 방법이 조그마한 담 또는 문을 이용하여 울안을 분리하여 사용한 것도 있다.

분리란 구별의 구획이다. 구획을 하면서 뒷마당을 넓게 하여 주인의 아량이 넓다고 하는 것도 있다. 마치 궁을 배치할 때 전조후시로 하듯 고택의 구별공간은 노장사상과 통섭하였으면 지금 우리는 어떻게 변해 있을지 고택에서 구별공간을 보며 생각해 본다.

우리의 주택은 주거를 위하여 여러 공간을 만들어 지은 건축물이며, 한옥이라 말한다. 또 머무를 주(住)와 집 택(宅)의 합성어로 사람들이 들어와서 사는 집을 말한다. 집의 개념은 가족 구성원, 거주지, 건축물, 생활 정도, 동족, 친족 등을 포함하는 것이다. 살림살이를 할 수 있도록 지은 건축물을 우리는 집이라 한다.

조선시대 주택의 배치와 평면은 대가족제도에 따라 규모가 커지고, 별동 건축물이 세워지고, 남녀구별에 따른 공간들이 세워지는 형태였다. 태종 때 "오부(伍府)에 부부가 따로 잘 것을 명하노라"에 따라 사랑채에도 침 방이 생겼다고 한다.

가사규제의 영향이 주택에 많이 관여되었다. 안채에는 안방, 대청, 건넌방, 부엌이 있고, 사랑채에는 사랑방, 대청, 침 방이 있었다. 주택에는 이와 같이 기능별 공간이 자리하고 있었다.

대가족제도는 우리뿐만 아니고, 유럽에서도 있었다. 노인들이 고독을 떨쳐 버리기 위한 방편이었다. 괴테도 자신으로부터 멀어져 가는 가족을 끌어들이고자 모든 곳간의 열쇠를 자신의 베개 속에 숨겨 두었으며, 중국의 사합원도 오대동당이 되고 싶어 세운 건축물이다. 우리나라도 삼세동당을 할 수 있도록 건축물을 축조하였다. 대가족제도는 택의 규모를 크게 만들었다.

택(宅)의 집 면(宀)은 지붕을 뜻하고, 탁(乇)은 풀잎 탁이라고도 하는바, 서로 엮여 있는 풀을 뜻한다. 이는 초가를 상징하였는데 후대에 음을 빌려와 주택을 이루는 문자가 되었다.

“내가 태어나니 이 집이 있었다. 그래서 나는 이 집이 좋아 지금껏 살고 있다”고 어느 누군가 이야기하였다. 초가 든 기와 든 집에 대한 감사이며, 조상에 대한 감사를 말하는 것이다.

집은 사고파는 물건이 아니라 사람들이 함께 살아가는 공간이라는 의식이 투철해져야 한다. 또한 택지라고 하는 집 지을 땅에도 남을 의식하는 택(宅) 자를 붙이는 것은 땅에 대한 존경의 표시임을 알아야 한다. 오늘날은 물질이 너무 팽배되어 있어 아쉬움을 느낀다.

집에 대하여 명심해야 할 것은 “과거는 후회스럽게 지나갔다. 현재는 힘들지만 지나간다. 미래는 불안하지만 또 온다”라는 교차이론이다. 이것의 연속이 인생일까? 아니다. 이것 때문에 우리는 환상과 착각을 없애려고 노력하며, 자신을 찾기 위해 노력하고 있다.

내가 존재하려면 많은 수의 조상이 필요하다. 30대까지만 올라가도 조상 수가 10억 명에 달한다고 한다. 이 중에 1명만 없어도 나는 없는 것이다. 나를 잊으면 안 된다. 나의 집이 그래서 귀중하고, 소중한 것이다.

우리는 살아가면서 큰 집을 향해 달려간다. 목표가 큰 집이다. 남에게 우월하게 보이려는 목적 때문이다. 큰 집에 살면 몸도 마음도 힘이 든다. 청소 등 관리에 관심이 쓰인다. 집이 사는 것인지 내가 사는 것인지 모를 때가 있다. 적당함이 좋은 것이다. 물론 돈이 많으면 돈으로 해결하면 된다.

그러나 돈은 나를 위해 쓰는 것이지 집을 위해 쓰는 것은 아니다. 돈은 돈을 부르고, 뜻은 뜻을 부른다고 했다. 돈보다는 뜻이 중요하다. 목적과 목표는 집이 되어서는 안 된다. 집은 사용설명서가 없다. 본능이 해결해 주는 것이다. 본능은 1인당 7평이면 인지하고, 움직이고, 집이라 느낄 수 있기에 충분하다.

주택은 살 주(住)에 집 택(宅) 자라고 하였다. 살 수 있는 집이다. 살 수 있다는 것은 적당함이면 된다는 것이다. 우리가 머물고 있는 곳이 집 우(宇)와 집 주(宙)이다. 아주 큰 집이다. 우주는 우리가 머무는 공간이다. 이 넓은 우주 속에서 우리가 말하는 큰 집이라고 해봐야 보잘것없는 것이다. 하나의 단집에 불과할 뿐이다.

살 주(住)는 무주(無住)에서 찾아야 한다. 너무 크게 보면 인간의 욕심은 파멸한다. 우주의 시공간을 잊고, 유주 무주에서 찾아야, 적당함이란 인간다운 선택을 할 수 있는 것이다. 무와 유의 사이가 무소유이다. 무소유는 적당함이다. 아예 없어야 한다는 것은 아니다.

택(宅)은 어머니가 찾았던 그 무엇이 있는 집이다. 그 무엇은 택호다. 친정의 그리움은 반보기로 달래지만 친정의 자존심을 지키기 위해 우리의 어머니들은 강한척해야 했고, 설거지를 끝낸 그릇에서 떨어지는 물방울 소리에 울음소리를 맞추었다. 강인함은 삶이 터인 집이 만들었다.

나는 반드시 해내고 말겠다는 강한 의지를 가지고, 가정을 만들고, 자식들에게 은근슬쩍 교육을 시켰다. 요구하지 않고, 본보기를 보여 가면서 은근히 슬쩍히 끌고 가는 교육법이었다. 택호의 힘이었다. 그래서 택(宅)은 자랑이 있고, 사랑이 있는 집이다.

"집은 생활하기 위한 기계이다"라고 르코르뷔지에는 말했지만 집은 내 몸과 같은 구조를 가지고 있다. 갈비뼈는 서까래이고, 다리와 팔은 기둥이다. 척추뼈는 용마루이다. 택(宅)은 내 몸과 같은 집이다. 집은 내가 나를 소중히 해야 하는 정토이다.

동관댁

대칭의 비례를 가진 서양 건축은 한눈에 다 들어온다. 중앙에 서서 반만 보면 되기 때문이다. 아무리 큰 건축물도 한눈에 다 볼 수 있다. 중국의 건축물도 서양 건축과 비슷하다. 그러나 우리 건축물은 한눈에 볼 수 없다. 비대칭의 미학이 있기 때문이다.

한옥에 익숙한 우리가 서양 건축물을 잘 보고, 잘 알 수 있는 이유는 두 눈의 감각이 발달되어 있기 때문이다. 한옥은 안채와 사랑채가 분리되는 등 분리의 구획이 엄격하기 때문이고, 숨김의 공간이 필요하기 때문에 대칭의 구조가 아니다. 그래서 보는 것이 어렵다.

또한 한옥은 건축물을 짓고, 자연과 어울림을 생각해야 한다. 그래서 자연의 흐름과 자연의 무늬에 함께하는 동승작용을 해야 한다. 차경이다. 그래야만 자연에 따라 흐르고, 자연과 함께 상승하는 장풍득수를 따를 수 있다.

집은 작지만 높은 곳에 지어서 자연의 대장 역할을 하는 동관댁이란 고택이 있다. 동관댁은 모든 풍수가들이 장풍득수가 좋다고 한다. 장풍득수는 중요하다. 이 말은 바람이든 물이든 흘러가는 것은 가게하고, 머물 것은 머물게 두라는 것이다.

자연의 순리와 인간들의 정성이 합쳐지면 장풍득수도 보답하기 때문이다. 인간의 정성과 보답과 결이 도리에 맞으면 장풍득수도 베풂을 주는 것이다. 동관댁의 장풍득수는 멀리 보이는 넓은 들의 물과 바람이 돌아서 모이고, 내리뻗은 산줄기의 흐름을 머물게 하는 지형의 휘몰이가 사람을 모이게 하기 때문에 명당이라고 한다.

《주역》의 힘 때문에 명당이란 말이 회자되는데 지금은 《주역》도 정밀 분야의 과학화가 되고 있다. 칼 융, 아인슈타인, 보어, 라이프니츠, 유가와 히데키, 괴테 등이 《주역》을 공부하였고, 신진 과학자들이 주역을 열심히 공부하고 있다고 한다.

동관댁의 건축적 미학은 떨어져 있음이다. 건축물이 모여 있는 듯하지만 떨어져 있다. 떨어져 있음에서 전체적인 어울림의 미학을 만든다. 사랑채 기단은 큼직한 돌을 적당히 다듬어서 쌓았다. 기단에서 우리는 융통성과 자유분방함을 배울 수 있다.

자연석도 아니고, 깨끗하게 다듬은 돌도 아닌 돌로 높이 쌓아 무게감을 느끼게 한다. 사랑채에 오르는 계단은 다섯 단으로 되어 있는데, 좌우 두 곳으로 배치하였다. 주인과 손님을 나타내는 것 같고, 소작인과 주인의 관계같이 보이면서도 대등관계, 편한 관계를 형성하는 것 같이 보여 좋다. 동관댁의 대표적 건축물이 사랑채이다.

사랑채의 좌측이 곳간 채이다. 그 너머 안채가 있다. 안채는 정(丁) 자로 앉아 있는데 안방 2칸, 2칸의 대청, 건넌방 2칸, 부엌 2칸으로 축조된 보통의 평범한 집이다. 안방에서 동쪽으로 꺾여 골방, 뒷방, 광이 있다. 뒤란에는 울 밖으로 나가는 쪽문이 아담하게 서 있다.

앞마당을 중심으로 곳간채가 ㄴ자로 배치되어 있고, 그 서쪽에 4칸의 앞 퇴를 가진 일자형의 사랑채가 있다. 두려움이 무엇인지 묻는 당당한 자세로 굳건히 서 있다. 주인의 정감 어린 형상이 보이는 듯하다.

사랑채가 약간 앞으로 나와 있어 대문에서 들어오는 사람이 바로 안채를 볼 수 없게 공간을 구획한 은근미가 전통의 가부장적 공간을 찬양하고 있다.

행랑채에 있는 솟을대문이 서쪽으로 향하여 있으면서 양옆으로 3칸씩의 행랑방이 서 있다. 사당은 1고주 4량 집으로 흔하지 않은 구조이며 2칸으로 되어 있어 흔한 형태는 아니다. 안채와 사랑채가 1고주 5량 집이고, 곳간채와 대문채는 3량 집이다. 안채는 전면을 박공으로 하고 양옆의 지붕은 팔작으로 하였다.

사랑채도 팔작지붕이며, 사당은 맞배지붕으로 하였다. 수수하고 소박하게 갖추어진 보통 집인 동관댁의 사랑채에 있는 툇마루에 앉아 한밭들과 유연이들의 넓은 들판을 보니 집주인의 베풂의 넓이를 알 것 같다. 그리고 집주인의 성품이 보인다. 이런 성품을 품고, 흘러가는 왕숙천이 뒤돌아보며, 잠시 멈춘다. 태묘산의 정기와 동행하기 위한 용틀림 같다.

동관댁은 높은 곳에 자리 잡아 빛이 풍부하고, 결과 무늬의 맺음은 누가 보아도 좋아하게 되어 있다. 산에 바짝 붙어 바람이 드세지 않고, 앞으로 왕숙천이 흘러 장풍득수가 좋은 택지 같다. 동남향의 주거 건축물이 서북향의 솟을대문과 대문채의 보호를 받으며, 자리를 굳건히 지키고 있다.

경사지를 깎아 지은 사당은 담도 없고, 대문도 없어 개방적이다. 그래서 조상들이 집안의 안녕과 부귀를 마음껏 불러오는 것 같다. 옆에 서 있는 느티나무 한 그루가 동관댁 안의 유일한 나무이다.

부엌, 안방, 대청이 있는 주공간에 골방과 광이 부속공간으로 있고, 안채 앞에 ㄴ 자 곳간채가 있어 넉넉한 살림을 보여준다. 안채와 곳간채가 만든 ㅁ 자 공간이 중국의 주택인 사합원을 생각게 한다. 중국의 오대동당과 우리의 삼세동당의 비교표 같다.

동관댁은 연안 이씨가문의 문과 급제자가 250명이 있다고 자랑하지 않는다. 편액 하나 붙어 있지 않은 집이 그것을 말하고 있다. 편액이 없다는 것은 이름을 숨기고 있다는 것이다. 헤라클레이토스는 "명예는 신들도 인간도 노예로 만든다"고 말했는데 이를 동관댁 주인은 미리 알고 있었던 것 같다.

유명해지면 짐이 되는 것이 이름이지만 동관댁은 너무 솔직하다. 그냥 이해하고 베풀고, 남과 같이 살 것이라는 마음이 보이기 때문이다. "나는 편액이 없으니 여기 오시는 분들이 하나씩 점지해 주시기 바랍니다"라고 말하며, 바람결이 고요히 불어 올라온다. 손님에게 배려하는 착한 마음이 있는 동관댁이다.

무와 유 사이에는 소유욕구와 존재욕구가 있다. 재산이나 지위를 뛰어넘는 생명의 영양분인 동적인 마음가짐이 무와 유 사이에 있다. 편액이 없다는 것은 정신적인 만족과 심리적인 통합을 가지려는 마음의 수련을 하고 있는 것으로 보인다.

무와 유 사이에서 무소유와 유소유를 같이 생각하는 동관댁의 가정이 왜 명문이며, 명가이고, 명택인지 이해가 간다. 산에 있는 정이 내 가슴에 안긴다. 일산일수유정(一山一水有情)의 정이 있는 장소가 만날 때 그곳이 안정과 번영을 주고, 무소유와 유소유를 알 수 있게 하여 주는 명택이 된다.

편액이 없으니 보통 민초들의 집 같아 마음이 편하다. 민초들의 힘듦을 알아주는 선각자 같아 동관댁의 고택이 스승같이 느껴진다. 강한 자와 결탁하여 약한 자를 없이 여기지 않았기에 곧은 스승이라는 생각이 든다.

동관댁 주인의 선한 마음이 유명한 가정을 이어받고, 이어주는 곳간의 인심같이 돋보이는 부분이 사랑채에 오르는 2곳의 돌계단이다. 좌측 5계단은 인, 의, 예, 지, 신이며, 우측 5계단은 충, 효, 신, 용, 인을 뜻하면서 인간의 됨됨이를 만든다는 자신감을 가진다.

매일 고개를 숙이고, 오르내리니 지와 덕이 함께했을 것이며, 모두를 하나로 보는 불이사상이 몸에 새겨졌을 것이다. 내 마음의 주인이 되니 남의 마음이 보였을 것이다. 기둥과 보와 서까래와 마루, 벽, 문, 창, 열과 빛이 모두 손잡고, 하나의 집을 만들 듯이 가정을 말 없는 하나의 가훈으로 훌륭히 만든 동관댁 주인의 미덕을 배우고 돌아간다.

우리의 위정자들이 동관댁에서 무겁고, 책임지는 말소리와 진실된 말소리를 듣고, 배웠으면 한다.

옥(屋)

태도는 모든 일의 스승

옥을 찾으면서 나의 태도에 대하여 돌아본다. 내 태도에 따라 내 꿈이 커지고, 내 뜻이 커지기 때문이다. 옥(屋)이란 편액이 붙은 집은 집의 태도가 바르고, 큰 집이기 때문이다. 옥에서 사람의 태도를 생각해 본다.

옥(屋)은 사전에 보면 집, 주거, 덮개, 수레의 덮개, 지붕, 장막, 300묘(정전의 구획단위) 등으로 열거되어 있다. 또 고대 수레의 덮개, 휘장, 장막, 살림하며 사는 집, 또는 한옥이나 양옥과 상점의 접미어로 구분하는 사전도 있다. 집이란 문과 벽, 지붕으로 구성된 공간을 말하는데 지붕을 옥이라 하기도 한다.

사람이 이러러 머물 수 있는 곳(尸+至)을 옥(屋)이라 한다. 쪼그려

앉은 사람을 뜻하는 시(尸)와 지(至)가 합쳐서 '사람이 머무는 곳'이란 뜻이 되기도 한다. 지(至)는 건축물의 장식이란 설도 있다. 옥은 큰 집을 의미하기에 장식도 많았을 것이다.

옥(屋)이 뜻하는 말은 많다. 지(至)는 '지르다', '막고 가리다'의 뜻이며 펼치고, 지르다에서 옭다(끈이나 줄로 단단히 감다)의 어감으로 초가의 지붕을 얽어맨 고삿 새끼가 연상되어 지붕의 뜻을 나타내며, 구조물로서의 집의 개념을 가지게 한다.

또 옥(屋)은 시체(尸)가 이른다(至)는 것도 있고, 사람(尸=人)이 머무는 곳(至)으로 집이 되기도 한다, 지붕(尸)이 있는 곳에 이르다(至) 하여 집으로 말하기도 한다.

지(至)는 이를 지인데 《설문해자》에서는 새가 땅에 내려앉는 모습이며, 갑골문에서는 하늘에서 날아온 화살이 땅에 꽂힌 것을 말하기도 한다. 하늘에서 표적으로 삼을 정도로 잘 지은 집이 옥(屋)이다.

그래서 혹자는 집은 과녁판 같아서 가족들이 하루 일과를 마치면, 화살이 과녁판에 박히듯 과녁판 같은 큰 집으로 돌아가서 피로를 풀면서 집에 안긴다고 한다.

시(尸)는 사람이 누워서 쉬고 있는 모양이며, 인체나 가옥에 관계가 있음을 나타내고, 지(至)는 마음 놓고 속까지 닿아 있다는 뜻으로 안방까지 이러러 머문다는 의미로 집을 말하기도 한다.

옥은 house의 의미가 강한 집이다. 기능을 구분하지 않는 유형의 건축물을 가리키는 것이지만 가(家) 및 택(宅)에 비하면 물리적 성격이 강하다. 아언각비에 "거(居, 사는 곳)를 다만 집(屋을 우리말로 집)이라 한다"고 쓰여 있다.

옥(屋)은 큰 집을 의미하는 말이라고 한다. 삼국지 위지 동이전 고구려조에 보면 궁실이라는 건축물이 나오고, 대옥, 소옥, 서옥이라 하여 옥(屋)이라는 건축물과 부경이라는 건축물이 있었음을 알 수 있다. 대옥, 소옥, 서옥 등은 궁실의 크기였을 가능성이 있다고 본다.

서옥은 대옥 옆에 사위가 살림을 위해 지은 집이니 적지는 않았을 것이다. 삼국시대부터 우리는 옥실, 초옥토실에서 생활했을 것으로 추측하며, 큰 집을 좋아했을 것으로 본다. 삼국사기에 옥사(屋舍)라는 말도 있다. 후한서 진한에 관한 기록에도 옥실, 초옥토실이라는 기록이 있다.

이때부터 우리는 큰 집과 작은 집을 비교하며 살았을 것으로 본다. 집은 집이어야 한다. 크다고 집이고, 작다고 집이 아닌 것은 아니다. 집은 적정크기면 된다. 동양이나 서양에서나 집으로 통할 수 있는 말이 옥(屋)이니, 옥(屋)은 작은 집이 아닌 것은 분명하다. 한옥, 양옥이라 하기 때문이다.

집에 대한 말 중에 큰 집은 좋지 않고, 작은 집은 좋다는 이야기가 동, 서양에 공존한다. 소크라테스는 "내 집이 비록 작으나마 진실한 친구로 채울 수 있다면 만족한다"고 하였다.

"시냇가 오막살이 한가히 살매, 달 밝고 바람 맑아 흥겹구나, 손이라곤 오는 이 없고, 산새들만 지저귀는데, 대숲 아래 상 옮겨 놓고, 누워 글을 읽네"라는 야은 길재의 글이 작은 집을 찬양한다. 우리의 현명한 선조들은 집의 규모에 민감했다.

한성 판윤 전림이 성종의 다섯째 아들 회산군이 가사규제를 위반했다 하여 원상회복 시킨 일, 납작 태화궁을 만든 김홍근과 임상헌 이야기, 김유가 집을 비운 사이에 아들이 중수하면서 반 칸을 더 지었는데 돌아와서 철거한 것, 고려 때 노극청이 백금 9근에 산 집을 아내가 12근을 받았다고, 3근을 돌려준 이야기 등이 있다. 지금 시대에 이런 이야기가 회자된다면 세인들이 뭐라 할지 궁금해진다.

우리 선조들은 이사를 하지 않는 정주성, 근검성, 차익을 남기지 않는 비 재물성 이 세 가지가 주거의식의 삼대 요소였다. 지금은 맞지 않는 이야기이지만 약간의 덤인 인정의 한계만 있었으면 하고 바라는 마음이 간절한데 시대성의 습성이 인간을 만들기 때문에 뭐라 할 수 없음이 안타깝다. 《황제택경》에 나오는 5실 5허를 우리는 유념해야 한다.

김정국(1485-1541)이 쓴 《사제척언》에 보면 "세상 사람 중에 집을 크고 화려하게 짓고, 거처가 사치스러워 분수에 넘치는 자는 머잖아 화를 당하지 않음이 없다. 작은 집에 거친 옷으로 검소하게 사는 사람이라야 마침내 지위와 이름을 누린다"라는 대목이 있다.

집을 알면 모든 것을 알 수 있다는 것을 강조한 말이다. 집을 알아야 나를 알 수 있다는 것은 욕심과 의지를 알 수 있다는 것이다. 우리는 집을 모르고 살고 있다. 집의 진정한 의미를 알면 부동산은 부동산이 된다.

집을 알면 나를 알고, 나를 알면 나의 태도를 알아 나를 나답게 만들 수 있다. 태도는 몸의 동작이나 몸을 가누는 모양새이며, 어떤 일이나 상황을 대하는 마음가짐이다.

나를 나답게 만들려면 집을 지어봐야 한다. 집은 사지 말고, 지어보도록 노력해야 한다. 집을 지어보면 삶을 더 잘 알 수 있다. 사람도 알 수 있고, 재료를 찾다 보면 자연도 알 수 있다. 경제도 알 수 있다. 그래서 집을 지어본 사람은 도를 알 수 있다.

집은 양면효과가 있다. 호불호가 대표적이다. 제일 어리석은 사람이 집 자랑하는 사람이다. 집은 자랑거리가 아니고, 가족의 편리성과 안정을 위한 공간이면 된다.

집에 가까워질수록 내가 정성스러워지고, 집에서 멀어질수록 관조의 성실이 있어야 한다고 하였다. 옥(屋)은 큰 집이라고 하지만 두실와옥(斗室蝸屋)이 되면 곡식 한 말이 들어갈 작은 방과 달팽이 껍질처럼 좁고, 작은 집을 가리키는 말이 된다.

집을 보면 집주인의 태도를 알 수 있다. 태도는 어원적으로 두 가지의 의미론적 요소가 있다. 둘 다 라틴어인 aptus에서 기원하는데 하나는 소질(aptitude)로서 적합성이나 능력을 뜻하고, 다른 하나는 미술에서 사용되는 것으로서 조각상의 자세 혹은 자태를 말한다. 정신적, 신체적 양태나 자세를 의미하는 말이 태도이기 때문에 몸과 마음을 같이 포함하는 큰 집인 옥(屋)이 태도를 바로 알게 한다.

태도는 인지적 성분, 감정적 성분, 행동적 성분이 균형을 이룰 때가 좋은 태도라고 어느 책에서 읽은 기억이 있다. 이러한 심리적 이유 때문에 근대에 와서 옥(屋)이 영업집으로 발달한 것 같다. 간판에 옥(屋)이 많은 것은 돈을 많이 벌어 큰 집을 가지고 싶은 야망을 실현하고 싶어서 일 것이다.

옥(屋)은 매력이 있어야 드나들 수 있는 집이다. 매력은 다른 사람의 호감을 살 수 있는 멋진 태도나 사람을 기분 좋게 하는 재주를 가진 것을 말한다. 옥은 사람을 그렇게 만든다. 사람들은 차이가 없다. 그러나 매력을 만드는 작은 능력이 큰 차이를 만든다. 이 차이가 태도이다.

태도는 큰 집인 옥(屋)의 전유물이다. 옥은 삶의 처음과 끝이 있는 집이기 때문이다. "사람은 남을 대하는 그 태도에서 행복이 결정된다"고 플라톤은 말했는데 옥은 행복을 만드는 바른 태도의 산실이 되어야 한다.

선조들은 애급옥오(愛及屋烏)란 말까지 만들었다. 옥에서 배운 태도가 진정한 사랑으로 승화할 때 삶의 모든 정성은 지붕 위의 까마귀까지 미친다는 뜻으로 옥(屋)과 태도와 사랑이 일치되면 지붕 위에 앉은 까마귀마저도 사랑스럽다는 것이다. "태도가 사람을 만든다"는 속담이 있다. "태도는 내적 특성을 보여주는 도구다"라는 말이 있다. 태도를 말하는 attitude는 100점이 나오는 단어이다. a를 1점, z를 26점으로 계산하면 그렇다. 강연에서 들은 말이다.

옥(屋)은 한옥과 양옥을 분류한 주인공이다. 서양의 집이 크기 때문에 동양에서도 큰 집으로 분류되는 옥(屋)을 내세웠을 것이다. 서로 간의 자존심이 작용했을 것이다. 그래서 우리도 한옥으로 하였을 것이다. 이전에는 옥(屋) 자가 조상의 명패를 모시든 방이었기에 대표성이 있어 우리 집들의 대표가 되어 한옥이 되었다고 볼 수도 있다.

서양은 건축을 할 때 같은 산에서 나오는 돌로 한 건축물을 축조하였다. 석리가 같아야 친화력이 생기기 때문이라고 한다. 우리 한옥도 흙은 같은 장소의 흙을 사용하였다. 이토를 방지하여 틈이 생기지 않게 하기 위함이다. 목재도 같은 산의 것을 사용하였다고, 어느 도목으로부터 들었다.

서양이나 동양이나 집은 같은 생리를 가지고 있기 때문에 집에 대한 사용 재료는 같은 생각으로 이용하는 것이다. 큰 집이 옥으로 불려지기 때문에 재료에 대한 관심은 더 많았을 것이다.

한옥은 우리 민족이 정착해 온 지역에 있는 집이다. 옥의 의미는 집이지만 주택만을 의미하는 것은 아니고, 건축물 일반을 총칭하는 기본적인 용어로 보인다. 그래서 옥에 관한 자료가 많지 않다고 본다. 옥의 특징이나 특수성을 찾아볼 수 없는 것이 건축물을 총칭하기 때문이기도 한 것 같다.

한옥은 흙, 돌, 나무, 종이 등 자연재료를 사용한다. 자연과 같이 살기 때문에 집과 사람이 같이 숨을 쉬는 것이다. 양옥은 한, 중, 일 등에서 개화기에 서양의 각종 문화와 함께 건축양식이 들어오면서 돌, 콘크리트로 자연을 파괴하면서 지어졌다.

공사관, 종교 건축물이 대표적이며, 공관 건축물은 르네상스 양식이 많았고, 종교 건축물은 고딕 양식이 많았다. 고대 시대 때는 중국의 영향력에 의해 살았고, 근세는 일본의 영향이 우리를 해하였고, 현세는 구미열강의 힘에 타협하며, 살고 있다. 그래서 우리의 분명한 정체성이 흔들리고 있다.

내 것을 알고, 정립하여 우리 것을 가져야 한다. 옥(屋) 속에《천부경》,《한역》,《삼일신고》,《참전계경》의 소리가 울려야 진정한 대한민국이 될 것이다. 내 태도를 완성시키는 수련장은 우리 한옥이 되어야 한다. 내가 지금 가고 싶은 곳과 오고 싶은 곳이 한옥이어야 한다. 한옥은 정다움이 있고, 유연한 심성과 태도가 형성되며, 조화의 능력을 키울 수 있는 곳이다.

아파트는 똑같은 구조로 쌓아 올린 탑이다. 모두 같으면 안 된다. 한옥은 같아 보여도 다 다르다. 그래서 우리는 창의적이었다. 과학은 같은 구조 속에서 다름을 창조하지만 기술은 다름 속에서 다름을 기능분화 시킨다. 양옥과 한옥은 과학과 기술의 차이이다.

한옥은 모든 사조와 미학을 현재로 보고 있다. 과거도 현재였고, 미래도 현재이며, 현재도 현재의 현실로 보는 것이 한옥의 사조이며, 문화다. 한옥은 어느 시대에나 맞는 건축물이기 때문이다.

집은 바람과 빛과 물이 조화되고, 경관이 좋은 곳에 지어야 한다. 자연이 집이 되고, 집이 자연이 되는 관계가 형성되는 집이 좋은 집이다. 비싼 집이 좋은 집이 되는 것은 아니다. 창은 자연을 받아들이고, 문은 사람의 심성을 받아들이는 것이며, 마당은 사람들의 소리를 만드는 공간이다.

교외에 내 손으로 내 집을 지어서 살면, 아파트의 같은 구조 속에서 살던 것과 많이 달라질 것이다. 땅이 친구가 되고, 하늘이 벗이 되어 별의 대화를 들으면 내가 변화되고 있다는 것을 느낄 것이다.

《대학》의 〈성의〉 편에 "부유함이 집을 윤택하게 하듯이 덕은 자신을 윤택하게 하니, 마음이 넓어지고, 몸이 빛난다. 그러므로 군자는 반드시 자신의 뜻을 성실히 해야 한다"는 말이 있고, 로마시인 유베날리스는 "건전한 육체에 건전한 정신까지 깃들면 바람직할 것이다. 죽음을 두려워하지 않는 용감한 영혼을 구하노라"라고 하였다. 이 두 이야기가 옥(屋)의 고향이다.

주검에 다다를 때 사람은 가장 큰 사람이 된다. 사람이 다다른다는 것은 여러 방면에서 경험을 하고, 목적지에 온 것이다. 그래서 옥은 보통 집이 아니라고 하는 것이다. 가족들의 기승전결을 다 가지고 있는 집이기에 목적지에 다다른다는 말을 사용한다. 그래서 옥(屋)은 큰 집이 된 것이다. 집은 규모를 가지고 대, 소를 구분하지 않는다. 큰 뜻, 다양한 태도를 포함하고 있으면 큰 집이 된다.

전주 기녀 조운이 쓴 《공와일간옥(共臥一間屋)》을 읽으며, 다시 한 번 큰 집인 옥(屋)을 생각하고 싶다. "부귀도 공명도 우선 다 내던지고, 산 있고, 물 있으니 즐겁게 놀만 하네, 그대와 함께 1칸 초막에 누웠거니, 가을바람 밝은 달과 늙도록 살고지고." 1칸 초막이 수만 칸의 자연에 있으니 자연을 초막으로 보는 조운의 옥(屋) 그림이 대단하다.

집은 태도를 만들고, 옥(屋)은 태도를 다듬는다. 프랭크 시나트라는 외쳤다. "모든 세대여 고개를 들어라. 각도가 곧 태도이다." 태도의 파트너는 옥(屋)이다. 그중에서도 한옥이다.

물애서옥

양동마을의 무첨당은 지형을 따라 지은 당옥(堂屋)이다. 정면 5칸, 측면 2칸이며, 누마루가 2칸 폭에 1칸의 길이로 지형의 높낮이를 잘 이용하여 지은 집이다.

돌을 쌓아 기단을 만들어 방의 형태로 지어도 되는 것을 생각하고도 밑에 하주를 세워 누도 만들었다. 계자 난간에 연꽃을 돌림대에 받치고 있는 조각 장식이 참 예쁜 집이다.

대청마루와 누마루의 연결이 왕래가 쉽도록 되어, 사무실 역할을 하는 사랑채의 기능이 돋보인다. 가운데 3칸의 대청을 두고, 양쪽에 2칸의 방을 붙였고, 물애서옥(勿厓書屋) 앞에 누마루를 달아 사랑채인 무첨당이 자세를 바로 하게 하고 있다. "모든 것을 더럽히지 말라"는 무첨당이다.

이 무첨당에는 자해금서(영남의 선비가 즐기는 풍류와 학문이라는 뜻), 오체서실(오 형제가 우애 있게 살기를 바라는 마음), 창산세거(설창산에 대대로 살아오는 집), 세일헌, 청옥루, 물애서옥(물봉골에 있는 책을 보는 집)의 편액 6개가 걸려있는 무첨당이다.

본 당호인 무첨당은 서, 실, 거, 헌, 루, 옥을 포함하고, 있으니 이름 있는 집일 수밖에 없다.

이 중에 물애서옥(勿厓書屋)은 중국사신 조광이 쓴 것으로 '물봉골에 있는 책을 보는 집'이란 뜻을 가지고 있는 편액이다. 집이 집 안에 있다고 볼 수 있는 것이다. 당 속에 옥(屋)이 있기 때문이다.

옥(屋)은 통상적으로 집을 말한다. 집은 벽과 문이 있고, 창이 있으며, 지붕이 있고, 우리 한옥은 온돌시설이 있어야 한다. 이러한 조건을 갖추고 있는 하나의 공간이 무첨당의 물애서옥이다.

옥이라는 편액이 독립 건축물에 붙어있는 경우는 찾아보기 어렵다. 일제 강점기 때 가게에 많이 붙였는데, 우리의 전통한옥에 옥(屋) 자 편액이 붙은 것은 찾기가 어려웠다. 일반적인 집을 옥으로 생각하고, 있기 때문에 옥(屋)을 편액으로 사용하지 않았을 수도 있다.

전북 장수군에 있는 대곡 관광지의 방촌옥, 백장옥, 의암옥, 충복옥은 최근의 관광 숙박시설로 지어, 편액을 붙였는데 보기가 좋았다. 그 외 춘운서옥, 춘옥 등이 있으나 전통한옥을 지으면서 붙인 편액이 아니어서 아쉬웠다. 그러나 옥(屋) 자를 붙였다는 자긍심이 있는 집들이라, 나는 그 집에 들어가서 옛 향기를 담고 왔다.

불애서옥은 무첨당의 한 공간이지만 딱 떼어내면 1칸의 큰 집이다. 옥은 원래 집을 의미한다고 하였다. 6개의 편액이 보여주는 공간과 루, 대청까지 포함하여 7개의 공간이 되는데 희, 노, 애, 락, 애, 오, 욕의 칠정이 생각나는 무첨당이다.

그중에 물애서옥은 기쁨이 있는 공간의 집이다. 이황과 기대승의 사단칠정론이 건축물에 상징적으로 많이 표현되었는데, 집은 상징을 이름으로 나타내는 것을 좋아한다. 사람의 이름은 집의 이름에 비해 짧다. 이름은 구별하기 위한 것이다.

건축물의 이름은 수도 없이 많다. 그 이름을 풀어보는 것이 그 건축물을 아는 것이기 때문에 누구든지 건축물 이름에 관심이 많을 것이다. 건축물의 구별은 사람과 문학을 아는 지름길이다. 집주인은 건축물의 이름을 함부로 지은 것이 하나도 없기 때문이다.

한 건축물에 6개의 정식공간과 루와 대청까지 포함하여 일곱 가지 용도로 쓰여지는 건축물은 무첨당이 유일할 것이다. 그만큼 오가는 이들이 흔적을 남기고 싶어 했기 때문이었다.

물애서옥(勿厓書屋)은 무첨당이란 사랑채에 있다. 사랑은 집주인의 업무공간이다. 오피스텔이다. 물애서옥의 용도는 책을 보는 공간이다. 책에는 오만 가지의 삶이 있기에 책은 큰 물건이다. 아주 큰 세상을 담고 있어 큰 집을 뜻하는 옥(屋) 자 편액을 붙였다고 본다.

편견 없이 세상을 보라고 원기둥을 사용하였고, 자유스럽고 부드러운 심성을 가지라고, 둥글고 휨이 있는 대들보가 말을 전해준다. 물애서옥이 나를 유혹하는 것은 중간기둥 좌우에 문이 있는 것이다. 드나듦이 있는 축의 공간이다. 문이 한쪽에만 있다면 옥이 아니고, 보통의 방으로만 있었을 것이다.

둘은 함께 같이라는 조화와 균형의 미를 만든다. 그래서 작은 것을 크게 볼 수 있는 시야가 생긴다. 둘은 생각을 나눌 수 있다. 이야기를 할 수 있다는 것이다. 물애서옥을 큰 집이라고 말하는 이유다. 옥이 매력 있는 것은 일반적인 집을 통틀어 말하기 때문이다

세상에 있는 모든 집은 옥(屋)이다. 옥은 규정되어 지는 틀이 아니고, 인간이 자유롭게 행동하고, 삶을 즐기는 집이다. 정약용이 쓴《아언각비》에 "옥은 집이다"라고 한다고 쓰여 있는 것이 옳은 말 같다.

집은 생각으로 그려서 몸으로 짓는다. '짓'이란 몸을 놀려 움직이는 동작이나, 재료를 들여 밥, 옷, 집을 짓다 또는 시, 소설, 노래 가사를 쓰다. 여러 가지 재료를 섞어 약을 만들다. 농사를 짓다. 등을 짓다라고 말한다.

나는 '짓'이란 글자를 좋아한다. 흥에 겨워 멋으로 하는 것을 '짓'이라 하기 때문이다. 짓거리란 비하적인 표현도, 좋은 표현이 질투가 나서 세월이 변화시킨 표현이다. 정성이 빠지면 '짓'은 나오지 않는다.

옥(屋)은 house의 의미로 전체적인 집을 뜻하는바, 인간이 보호

와 안전을 목적으로 짓는 것이다. 물애서옥에서 옥(屋)을 깊이 생각해 본다. 짓는다는 것은 좋아서 기뻐서 흥에 겨워 멋지게 아름답게 생각하며 건축물을 축조하는 것이다. 그리고 그 속에서 식, 주, 의를 펼치는 것이 삶이다.

옥은 이런 것을 만들어 주는 원초적인 집이란 것을 물애서옥에서 생각하며, 한옥이란 집을 돌아본다.

에필로그

집을 나타내는 한자어는 160개 이상으로 추측한다. 흔히들 "집은 집이지 집에 무슨 뜻이 있어?"라고 한다. 집은 집마다의 뜻이 있다. 그 뜻은 집의 이름표인 '편액'에서 알 수 있다.

노자는 "말로 표현할 수 있는 도는 영원불변의 도가 아니고, 이름 붙일 수 있는 이름은 영원불변의 이름이 아니다"라고 하였지만 집은 짓고 나면 편액이란 이름표를 걸어 집에 생명을 불어넣는다. 존재의 의미를 알려 달라고 의식까지 행하는 경우도 있다. 노자의 영향인지 모르지만 편액이 없는 집도 많다.

사람에게는 성명(姓名)이라는 것이 있다. 성과 이름을 아울러 이르는 말이다. 성(姓)은 가계의 이름이고, 명(名)은 개인의 이름이다.

이름은 인간이 대상을 다른 것과 구별하고자 사람, 사물, 현상 등에 붙여 한 단어로 만든 말이라고 한다.

집에 붙어 있는 편액이란 것은 그 집의 이름표이다. 구미에서의 이름에는 성이 뒤에 붙듯, 집의 성도 뒤에 붙는다. 나는 전(殿), 당(堂), 합(閤), 각(閣) 등은 성이라고 한다. 성이 뒤에 붙는 것은 중국의 말 순서 때문일 것으로 생각한다.

집을 나타내는 160여 개의 한자 중 우리 주변에서 흔히 볼 수 있는 28개를 다녀보고, 만나보고, 들어보면서 집의 특징과 이름의 뜻에 대하여 내 나름의 견해를 서술해 보았다.

집을 짓는 것은 장풍득수(풍수)와 과학적 원리가 같이 하지만 집은 이공학의 실체이다. 이 집에 이름을 지어 붙임으로서 인문학의 정신이 집에 깃드는 것이다. 정신의 놀이에 대한 집의 역할은 이공학의 분석과, 인문학의 직관을 연결시키는 것이 필요하다. 그것이 예(藝)의 정신이다.

이공학과 인문학의 통섭이 예술을 만들었다. 신과 죽은 자의 중간에 아고라가 있듯이, 이공학과 인문학의 사이에는 예술이 있다. 집은 최종에는 이공학과 인문학이 같이하는 예술이 된다. 이름표가 붙으면 명가, 명문 등의 우수한 예술의 향연장이 되기 위해 노력을 한다.

예(藝)는 재주와 심는 것을 말한다. 재주와 얼을 심는 것은 인간의 모든 것이다. 땅(土) 위에 있는 팔(八)과, 십(十)과 하나(一), 즉 81가지의 인생사를 둥글 환(丸) 자와 같이 이르게(云) 하여 세상을 새롭게 변화시키는 것이니, 인간 삶의 모든 뜻을 가진 글자가 예(藝) 자다.

술(術)은 사람이 행동하는 것에는 차조와 같이 잘 붙는 매끈한 손재주가 있어야 하는 것을 말하는 것이다.

예술은 세상을 아름답게 만들기 위한 이공학과 인문학의 놀이터이다. 놀이터에서 숙련된 이공학의 솜씨가 있어 집 짓는 사람들은 집 가(家)의 칭호를 받는다. 건축가이다.

예는 자연을 다듬는 것이며, 재주는 인간이라면 누구나 신으로부터 하나씩 받는 선물이다. 그래서 인간은 예인이다. 예(藝)나 술(術)은 재주라는 같은 뜻을 가진 단어이다. 재주와 재주가 합하여 예술을 심는 큰 뜻을 만드는 것이다.

그래서 집이 준공되면 편액이란 이름표를 걸어 가문의 혼을 심는 것이다. 심는 것이기에 예가 되고, 술이 기술로서 보완시키는 것이다. 혼은 정신이다. 정신은 정체성을 만드는 기본이기에 강하고, 똑똑하고, 경건하게 수련되도록 이름표에 강조한다.

"정신을 쓰는 사람은 다른 사람을 부리고, 육체의 힘을 쓰는 사람은 부림을 당한다"라는 말이 유종원이 쓴《재인전(梓人傳)》에 나온다. 원문에는 도목수를 도료장으로 이름하였는데 목수는 정신을 쓰는 사람이다. 책에 나오는 도목수는 '양잠'이란 성명을 가진 사람이다.

그는 집 짓는 사람으로서 사람을 부리고, 집을 완성시키는 능력이 탁월하기에 군주가 국가를 다스릴 때 양잠이 집을 짓듯이 하여야 한다는 것이 재인전이다.

능력 있는 사람은 일을 실행하고, 지혜가 있는 사람은 일을 계획한다고 한다. 도목수가 일하는 사람을 부리는 것은 왕이 신하를 부리는 것보다 더 계획적으로 실행한다.

그러면서 자신의 능력을 뽐내지 않는다. 기예 즉 예술은 뽐낸다고 빛나는 것이 아니고, 사람들이 보고, 느끼면서 알게 되는 것을 알기 때문이다. 또한 인간들이 하나씩 가지고 있는 재주의 꽃이라는 것을 알기 때문이다. 집 짓는 사람들은 법도를 알고, 말없이 실행하는 묵언 수행자들이기에 앎을 자랑하지 않고, 결과에 책임을 진다.

28채의 집을 알아보면서 하늘에는 이(理)가 있고, 사람에게는 성(性)이 있다는 것을 알았고, 자연과 집들의 조화, 이공학과 인문학의 화합, 자연과 인간들의 화합과 조화를 깊이 있게 알게 되었다. 이름표가 품고 있는 의미가 인간의 술(術)인 길을 말하고 있기에 이름의 중요성을 알게 되었다.

이름과 세상의 어울림이 조화되는 사람이 되어 세상을 조화롭게 만들어야겠다는 거창한 마음을 가져봤다. 특히 어린이와 청소년들이 집의 의미를 잘 알았으면 좋겠다.

집은 조화와 화합을 만들고, 만들어 내는 연속을 계승하는 공간이다. 그래서 집 짓는 사람들은 화(和)를 가지고 화(化)를 바라며 집을 짓는다.

“화갱(和羹)으로써 그 몸의 기를 평온히 하며, 화성(和聲)으로써 그 뜻을 안정되게 가지며, 화언(和言)을 채납함으로써 그 정치를 편안히 하며, 화행(和行)을 실천함으로써 그 덕을 평온히 한다”는 순열이 쓴《신감(申鑒)》에서 나오는 말에 집 짓는 사람을 군자에 비유하여 봤다.

집에는 식구들의 기(氣)와, 안정욕구, 평온의 느낌이 있어야 한다는 것을 순열은 알았을 것이다.

이 책을 마무리 지으면서 나는 아차산의 일출을 보았다. 삼라만상의 신들께 기원했다. 인간사회의 영원한 바람인 행복을 찾는 길을 쉽게 해달라고, 그리고 집의 이름표대로 모두 소원을 이루도록 해달라고 하였다. 그리고 가(家)는 매우 전문적인 사람들이 받는 칭호이니 아무나 못 쓰게 해달라고 소원을 빌었다. 꾼은 인(人) 되고, 인은 가(家)가 되도록 노력해야 나라가 발전한다.

이 책을 쓰는 동안 말과 자료로 지도해 준 분들께 배례를 드린다. 마지막으로 모든 사람들이 자기의 방문 위에 편액인 이름표를 걸어 자신의 바른 정체성을 갖기를 바란다.

1門, 28채

집 속에 있는 생각들

초판 1쇄 발행 2022. 10. 13.

지은이 전연익
펴낸이 김병호
펴낸곳 주식회사 바른북스

편집진행 김수현
디자인 김민지

등록 2019년 4월 3일 제2019-000040호
주소 서울시 성동구 연무장5길 9-16, 301호 (성수동2가, 블루스톤타워)
대표전화 070-7857-9719 | **경영지원** 02-3409-9719 | **팩스** 070-7610-9820

•바른북스는 여러분의 다양한 아이디어와 원고 투고를 설레는 마음으로 기다리고 있습니다.

이메일 barunbooks21@naver.com | **원고투고** barunbooks21@naver.com
홈페이지 www.barunbooks.com | **공식 블로그** blog.naver.com/barunbooks7
공식 포스트 post.naver.com/barunbooks7 | **페이스북** facebook.com/barunbooks7

ISBN979-11-6545-888-1 93540